Aktueller Stand der Diagnostik und Therapie von Hodentumoren

Beiträge zur Onkologie
Contributions to Oncology

Band 40

Reihenherausgeber
J. H. Holzner, Wien; *W. Queißer,* Mannheim

KARGER

Basel · München · Paris · London · New York · New Delhi · Bangkok · Singapore · Tokyo · Sydney

Aktueller Stand der Diagnostik und Therapie von Hodentumoren

Bandherausgeber
N. Jaeger; J. H. Hartlapp, Bonn

78 Abbildungen und 97 Tabellen, 1990

KARGER

Basel · München · Paris · London · NewYork · New Delhi · Bangkok · Singapore · Tokyo · Sydney

Beiträge zur Onkologie
Contributions to Oncology

CIP-Titelaufnahme der Deutschen Bibliothek
Aktueller Stand der Diagnostik und Therapie von Hodentumoren / Internat. Hodentumorsymposium,
Bonn-Bad Godesberg, 15. u. 16. April 1989. Bd.-Hrsg. N. Jaeger; J. H. Hartlapp.
Basel; München; Paris; London; New York; New Delhi; Bangkok; Singapore; Tokyo; Sydney:
Karger, 1990
(Beiträge zur Onkologie; Bd. 40)
ISBN 3-8055-5232-7
NE: Jaeger, Norbert [Hrsg.]; Internationales Hodentumorsymposium
< 1989, Bonn >; GT

Dosierungsangaben von Medikamenten
Autoren und Herausgeber haben alle Anstrengungen unternommen, um sicherzustellen, daß Auswahl und Dosierungsangaben von Medikamenten im vorliegenden Text mit den aktuellen Vorschriften und der Praxis übereinstimmen. Trotzdem muß der Leser im Hinblick auf den Stand der Forschung, Änderungen staatlicher Gesetzgebungen und den ununterbrochenen Strom neuer Forschungsergebnisse bezüglich Medikamenteneinwirkung und Nebenwirkungen darauf aufmerksam gemacht werden, daß unbedingt bei jedem Medikament der Packungsprospekt konsultiert werden muß, um mögliche Änderungen im Hinblick auf die Indikation und Dosis nicht zu übersehen. Gleiches gilt für spezielle Warnungen und Vorsichtsmaßnahmen. Ganz besonders gilt dieser Hinweis für empfohlene neue und / oder nur selten gebrauchte Wirkstoffe.

Inhalt

Geleitwort

Wissenschaftliche Tagungen, Seminare, Workshops und Symposien dienen der Wissensvermittlung. Je nach Art des Forums steht dabei die Fortbildung, die Weiterbildung, der Erfahrungsaustausch oder die intensive Diskussion bestimmter Probleme unter Experten im Vordergrund. Die Gestaltung des Programms für dieses Internationale Hodentumor-Symposium und die Auswahl der Referenten läßt erwarten, daß der letztgenannte Aspekt zentrales Anliegen ist. Auf der anderen Seite ist deutlich, daß mit dieser Veranstaltung der Zweck der Fortbildung intensiviert verfolgt werden soll. Es ist unstrittig, daß die Thematik der Keimzell-Tumoren zur intensiven Diskussion geradezu herausfordert. Es ist kaum ein anderer solider Organtumor denkbar, bei dem in den letzten 25 Jahren nicht nur die Diagnostik, sondern vor allem auch die Therapie signifikant verbessert werden konnte. Die Entwicklung und Standardisierung radikaler Operationstechniken zur Exstirpation retroperitonealer Metastasen auf der einen Seite und die Etablierung von effektiven systemischen Therapiekonzepten mit verschiedenen Schemata einer Polychemotherapie auf der anderen Seite beruhen auf dem wissenschaftlichen Verlangen die Mortalität der Erkrankung zu reduzieren. Dies ist sicherlich in einem hohen Maße gelungen. Der Euphorie über die erzielten Fortschritte folgte schnell jedoch die Erkenntnis, daß der Gewinn mit nicht immer kalkulierbaren Risiken vor allem mit Folgeschäden für den Patienten erreicht wurde. Im Einzelfall zeigt es sich, daß auch nach erfolgreicher Behandlung eines fortgeschrittenen Tumorleidens die behandlungsbedingte Störung, z. B. des Samentransportes, zum gravierenden Problem der meist jungen Patienten wurde. Dies zeigte sich umso mehr, wenn beim Patienten die Erinnerung an die lebensbedrohliche Erkrankung verblaßte. Es wuchs zudem die

Erkenntnis, daß auch die Polychemotherapie mehr oder weniger ausgeprägte irreversible Folgeschäden an verschiedenen Organsystemen verursachen kann.

Diese Fakten haben das Interesse auf die Prävention der therapiebedingten Morbidität konzentriert. Das wissenschaftliche Thema hat sich geändert und heißt heute Effektivität auf der einen Seite versus Morbidität auf der anderen Seite. Ohne auf die verschiedenen Ansätze, die zur Lösung der spezifischen Probleme gewählt wurden, näher einzugehen – hierzu wird ausführlich im Rahmen dieses Symposiums Stellung genommen – läßt sich jetzt schon feststellen, daß alle Bemühungen darin münden, die Patienten mit Keimzell-Tumoren noch individueller zu behandeln. Trotz dieser segensreichen Entwicklung bleibt die Tatsache, daß annähernd 30 % aller Patienten mit Keimzell-Tumoren auch bei Anwendung von risikoreichen Therapiekonzepten einschließlich einer daraus resultierenden schwerwiegenden Morbidität nicht geheilt werden können. Eine Verbesserung der Heilungschance setzt neben der Entwicklung von neuen Therapieformen eine klare Definition gravierender Risikofaktoren voraus. Ist es nur die überdimensionale Tumormasse oder spiegelt sich in ihr ein biologisches Potential eines besonders aggressiven Tumors wieder, der es bedingt, daß diese Patienten nicht geheilt werden können? Diese sehr kurzen, kursorischen Anmerkungen mögen den Sinn und Zweck dieses Symposiums verdeutlichen.

Von besonderem Anlaß ist es, daß die nationalen und internationalen Experten, führenden Wissenschaftler und Kliniker auf dem Gebiet Herrn Prof. Vahlensieck zu seinem 60. Geburtstag ehren wollen und hiermit dieses Buch widmen. Das ist zweifelsohne ein würdiger Anlaß, der auch zu einem erheblichen Maße die großen Bemühungen von Herrn Prof. Vahlensieck und von seinen Mitarbeitern widerspiegelt, die schon seit vielen Jahren zu verfolgen sind.

Düsseldorf, Juli 1990   *R. Ackermann*

Einleitung

Rückblickend läßt sich feststellen, daß von den Patienten, die in den 25 Jahren zuvor in der Chirurgischen Universitätsklinik Bonn behandelt worden waren, noch 20 % lebten, 80 % jedoch bereits innerhalb von 5 Jahren verstorben waren. Es ist wichtig, daß man sich diese Zahlen immer wieder einmal klar macht, vor allen Dingen, wenn heute gefragt wird, ob bei der Krebsbehandlung Fortschritte erzielt worden seien. Gerade auf dem Sektor «Diagnostik und Behandlung von Hodentumoren» ist wirklich ein echter Durchbruch erzielt worden. Denn dieser Tumor ist ein Paradebeispiel dafür, daß man bei der Krebsbehandlung großartige Erfolge erreichen kann, wenn man sich intensiv und engagiert damit beschäftigt, wie es in aller Welt viele Arbeitsgruppen getan haben.

Es sind vor allem 3 Punkte für die Zukunft wichtig: Es gilt als erstes, daß die Aufklärung der Bevölkerung, die Gesundheitserziehung noch verbessert werden kann. Es muß durchgesetzt werden, daß Eltern über die Problematik des Maldescensus Testis und der daraus resultierenden höheren Tumorgefahr informiert sind, auf ihre Kinder achten und daß die Jungen, wenn sie älter werden, über diese Probleme in der Schule aufgeklärt werden, daß sie sich selbst beobachten, so daß wir in Zukunft letztendlich zu einer Frühdiagnose kommen. Hier ist vieles getan worden; so hat Herr Weißbach in seinen Erhebungen dargestellt, daß die Latenzzeit kontinuierlich immer weiter zurückgegangen ist. Wir hatten vor 25 Jahren Latenzzeiten von durchschnittlich 15 Monaten. Sie konnten inzwischen auf 3–4 Monate reduziert werden. Aber das ist immer noch zu lang, die Öffentlichkeitsarbeit muß noch weiter vorangetrieben werden.

Der 2. Punkt ist, daß wir auf dem Gebiet der Diagnostik nach weiteren Wegen suchen müssen. Es gilt in Kooperation mit anderen Fachgebieten nach sicheren und neuen Verfahren zu suchen. Mit dem Einsatz der Immunszintigraphie bei der Diagnostik werden vielleicht eines Tages radioimmunologische Verfahren auch bei der Behandlung der Tumoren bzw. seiner Metastasen eingesetzt werden können. Ein weiteres Zeichen ist die Verbesserung der Treffsicherheit der Tumormarker. Neben unserer Forderung nach Verbesserung der diagnostischen Methoden dürfen wir nicht aus dem Auge verlieren, daß wir irgendwann auch klare Entscheidungen treffen müssen, auf welche invasiven Untersuchungsverfahren wir verzichten können. Es gilt einerseits, den Patienten nicht mit unnötigen Untersuchungen zu belasten und andererseits natürlich auch, einen Beitrag zur Kostendämpfung zu leisten. Diese Aspekte haben – und das ist der 3. Punkt – natürlich auch für die Therapie ihre Bedeutung. Hier ist es außerordentlich wichtig, daß wir uns um eine optimale Therapie bemühen, die den Patienten wenig belastet, aber andererseits ein Optimum an Heilungserfolg bietet.

Bonn, Juli 1990 *W. Vahlensieck*

Beitr Onkol. Basel, Karger, 1990, vol 40, pp 1–8.

Epidemiologie von Hodentumoren

A. Harstrick, H.-J. Schmoll, H. Wilke, J. Casper

Abt. Hämatologie/Onkologie, Medizinische Hochschule Hannover, Hannover, BRD

Bösartige Tumoren des Hodens gehören zu den seltenen Neoplasien. In westlichen Industrienationen machen sie ca. 1–2 % aller bösartigen Neubildungen bei Männern aus. Die altersbezogene Inzidenzkurve zeigt einen zweigipfeligen Verlauf mit einem deutlichen Gipfel im Alter zwischen 25 und 35 Jahren und einem zweiten, kleineren Gipfel im Alter von > 65 Jahren. In der Altersgruppe der 25- bis 35-jährigen Männer sind Hodentumoren die häufigsten Neoplasien [1, 2]. Über 90 % der Hodentumoren gehen vom Keimepithel des Hodens aus (sog. Keimzelltumoren), den Rest machen bösartige Neubildungen der Stütz- und Bindegewebe (Sertoli- und Leydigzelltumoren, Sarkome), Lymphome und Metastasen anderer Tumoren aus [3, 4]. Die folgenden epidemiologischen Studien beziehen sich nur auf die Gruppe der Keimzelltumoren.

In der Inzidenz der Keimzelltumoren zeigen sich deutliche geographische und ethnische Unterschiede. Zu den Ländern mit der höchsten Inzidenz gehören Dänemark, Deutschland, Großbritannien, die Benelux-Staaten, Frankreich und Nordamerika. Die alterskorrigierte Inzidenz in diesen Ländern liegt zwischen 8,0 pro 100 000 (Dänemark) und 3,7 pro 100 000 (USA) [2, 5, 6]. Im Vergleich hierzu sind Keimzelltumoren in den meisten asiatischen und afrikanischen Staaten ausgesprochen selten (Inzidenz < 0,5 pro 100 000) [5].

Am Beispiel der USA lassen sich ethnische Unterschiede in der Inzidenz von Hodentumoren besonders eindrucksvoll demonstrieren. Es zeigt sich, daß Schwarze und Angehörige der spanisch-mexikanischen Bevölkerung sehr viel seltener einen Hodentumor entwickeln als weiße Amerikaner [1, 7, 8]. So beträgt die Inzidenz für Weiße in Detroit oder Almeda County 3,3 bzw. 4,4, während die Inzidenz für Schwarze in diesen Gebieten nur bei 0,9 bzw. 0,5 liegt [1, 5]. Dennoch ist die Inzidenz für Schwarze in den USA deutlich höher als für Schwarze in afrikanischen Ländern mit einer Inzidenz von 0,1 pro 100 000. Einen weiteren Beleg dafür, daß neben der Rassenzugehörigkeit auch Umwelteinflüsse eine entscheidende Rolle spielen, liefert der Vergleich zwischen Angehörigen der spanisch-mexikanischen Bevölkerung, die in New Mexico, d. h. auf dem amerikanischen Festland, oder auf Puerto Rico lebt (Inzidenz 7,2 in New Mexico; 1,87 auf Puerto Rico) [9, 10].

Von besonderem epidemiologischen Interesse ist der deutliche Anstieg der Inzidenz von Keimzelltumoren in den letzten 50 – 70 Jahren, vor allem in der Altersgruppe zwischen 20 bis 35 Jahren. So stieg z. B. in Dänemark die Inzidenz im Zeitraum von 1945 – 1982 von 3,1 auf 8,0 pro 100 000. Während bei Hodentumoren im Kindesalter die Rate an Neuerkrankungen nahezu gleichblieb und bei den über 65-jährigen sogar abnahm, stieg die Inzidenz bei 25- bis 34-jährigen von 6,0 auf 18,0 an [6, 11]. Ähnliche Beobachtungen wurden aus anderen westlichen Industriestaaten berichtet [9, 12 – 15].

Diese epidemiologischen Eckdaten, der augenscheinliche Einfluß von durch das soziale Umfeld bedingten Risikofaktoren, sowie der sprunghafte Anstieg der Neuerkrankungsrate in den westlichen Staaten haben zu der Annahme geführt, daß Umwelteinflüsse, die mit dem modernen westlichen Lebensstil verbunden sind, die Entwicklung von Hodentumoren bewirken oder zumindest begünstigen. Bei den hierzu durchgeführten epidemiologischen Untersuchungen ist es zweckmäßig, zwischen Charakteristika der Eltern bzw. Familie, d. h. pränatalen Einflüssen und Charakteristika des Patienten, d. h. postnatalen Einflüssen zu unterscheiden.

In mehreren Studien konnte gezeigt werden, daß bestimmte familiäre Konstellationen mit einer erhöhten Erkrankungshäufigkeit einhergehen. In Familien aus höheren sozialen Schichten fand sich eine erhöhte Inzidenz, ebenso bei Familien mit nur wenigen Kindern, wobei Einzelkinder das höchste Risiko aufwiesen. Erstgeborene haben ein erhöhtes Erkrankungsrisiko im Vergleich zu später geborenen, das Risiko für Erstgeborene nimmt mit steigendem Alter der Mutter noch zu [16 – 18]. Die erhöhte Erkrankungshäufigkeit bei Mitgliedern höherer sozialer Schichten scheint aber kein statischer, sondern ein dynamischer Prozeß zu sein. In einer großen epidemiologischen Studie, bei der in 10-Jahres-Kohorten die Inzidenz analysiert wurde, konnte gezeigt werden, daß sich diese Klassenunterschiede in den letzten zwei bis drei Jahrzehnten zunehmend verkleinern [14]. Dies legt die Vermutung nahe, daß bestimmte Lebensumstände, die

die Entwicklung von Keimzelltumoren begünstigen, in immer mehr zunehmenden Maße auch von Angehörigen unterer sozialer Schichten übernommen werden.

Schon länger bekannt ist die erhöhte Erkrankungsrate an Hodentumoren in Familien, in denen Hodentumoren oder andere Anomalien des Urogenitalsystems, vor allem angeborene, inguinale Hernien und Kryptorchismus auftreten [19, 10, 21]. Bislang konnte keine Studie einen Zusammenhang zwischen Rauch- und Trinkgewohnheiten der Eltern, insbesondere der Mutter und der Erkrankungshäufigkeit zeigen [18, 22].

Ausgehend von experimentellen Arbeiten, in denen bei Nagern durch Gabe von Östrogenen, insbesondere von Diethylstilboestrol (DES), bei den Nachkommen Hodenatrophien und Kryptorchismus erzeugt werden konnte [23–25], wurde der Einfluß des hormonellen Milieus auf die Inzidenz von Hodentumoren umfangreich untersucht. Trotz mehrerer umfangreicher Case-Control-Studien war es bislang nicht möglich, einen direkten Zusammenhang zwischen vermehrter Hormoneinnahme, insbesondere DES, und einer erhöhten Erkrankungshäufigkeit zweifelsfrei zu belegen [22, 26, 27]. Dennoch konnten in diesen Studien mehrere Risikofaktoren, die indirekt auf ein gestörtes hormonelles Gleichgewicht während der Schwangerschaft hinweisen, identifiziert werden. So liegt eine erhöhte Inzidenz vor bei exzessivem Schwangerschaftserbrechen, bei vermehrten Blutungen während der Schwangerschaft sowie bei Adipositas der Mutter [22, 26, 28]. Henderson konnte zeigen, daß ein exzessives Erbrechen während der Schwangerschaft mit erhöhten Östrogenspiegeln einhergeht und daß adipöse Frauen erhöhte Spiegel von freiem Östrogen und erniedrigte Spiegel von Sexualhormon-bindendem Globulin haben [28–30]. Im Vergleich zu weißen Frauen haben schwarze im ersten Trimester signifikant höhere Testosteronspiegel und eine höhere Testosteron/Östrogen-Ratio, was möglicherweise zum Teil die niedrigere Inzidenz bei Schwarzen erklären kann [31]. Ein in allen Studien gezeigter Zusammenhang zwischen Kryptorchismus und erhöhter Inzidenz von Hodentumoren mag Ausdruck derselben, für beide Anomalien prädisponierenden hormonellen Störung während der Schwangerschaft sein. Der Kryptorchismus ist der bislang am besten dokumentierte und in den meisten Studien auch stärkste Risikofaktor für die Entwicklung eines Hodentumors mit einer «risk ratio» von 5–9 [26, 32–34]. Unklar ist allerdings, ob die Fehlposition des Hodens mit erhöhter Umgebungstemperatur oder die zugrundeliegende Störung, die zum fehlerhaften Descensus geführt hat, für die erhöhte Erkrankungsrate entscheidend ist. Dafür, daß die langdauernde Fehlpositionierung eine

Rolle spielt, sprechen einige retrospektive Studien, die einen gewissen protektiven Einfluß einer frühen Orchiopexie suggerieren [33, 35, 36]; für den
Einfluß einer übergeordneten Störung spricht die Tatsache, daß im Falle
eines Maldescensus nicht nur die Erkrankungsrate im befallenen, sondern
auch im normal descendierten kontralateralen Hoden erhöht ist [26, 36].
Ähnlich wie bei Patienten mit Kryptorchismus haben auch Patienten mit
angeborener inguinaler Hernie ein erhöhtes Risiko, an Hodentumoren zu
erkranken [32, 33].

Während bei den pränatalen Einflüssen Störungen des hormonellen
Gleichgewichts während der Schwangerschaft bei fast allen Studien als
Risikofaktoren identifiziert werden konnten, ist das Bild bei den untersuchten postnatalen Risikofaktoren weniger einheitlich. Während US-amerikanische Studien eine erhöhte Inzidenz bei der Landbevölkerung fanden, war
in Dänemark die Inzidenz in den großen Städten am höchsten [37–39]. Die
Beobachtung, daß Landwirte eine besonders hohe Inzidenz von Hodentumoren haben, konnte in zwei anderen Studien nicht belegt werden [40–42].
Dennoch zeichnen sich einige Berufsgruppen ab, die anscheinend ein
erhöhtes Erkrankungsrisiko haben. Dies sind vor allem Angehörige metallverarbeitender Berufe (Mechaniker, Dreher, Schmiede) sowie Berufe mit
engem Kontakt zu Lösungsmitteln und Öl- und Benzinprodukten (Tankwarte, Raffineriearbeiter, Arbeiter in Möbelfabriken) [40, 43–46]. Interessant sind in diesem Zusammenhang tierexperimentelle Daten, die zeigen,
daß durch intratestikuläre Injektion von Schwermetallen (Zink, Kadmium)
Hodentumoren induziert werden können und daß Stoffe wie Methylchlorantren als Promotoren wirken können [47–49].

Ob Erhöhungen der Umgebungstemperaturen oder wiederholte Traumen eine zusätzliche Rolle spielen, ist bislang unklar. Immerhin wiesen in
zwei Studien Personen, die enge Unterhosen (Jockey Shorts) trugen, ein
höheres Erkrankungsrisiko auf, als Personen, die weite Unterhosen (Boxer
Shorts) bevorzugen [50, 51]. In einer Studie wurde regelmäßiges Radfahren
oder Reiten als Risikofaktor identifiziert [45].

Durch Infektion bedingte Hodenatrophie scheint ebenfalls ein Risikofaktor für die Entwicklung eines Hodentumors zu sein. In den Studien, in
denen gezielt nach Mumpsorchitis (und nicht bloß nach Mumps) in der
Anamnese gefahndet wurde, zeigt sich Mumpsorchitis als Risikofaktor mit
einer «risk ratio» von 5,8 bis 12,7 [18, 50–52]. Ob darüber hinaus andere
Virusinfekte einen entscheidenden Einfluß haben, ist unklar. Von besonderem Interesse ist hier, daß kürzlich spezifische Retroviren aus Hodentumorzellinien isoliert werden konnten, deren Bedeutung für die Genese

dieser Erkrankung noch untersucht werden muß [53]. Algood konnte au-
ßerdem zeigen, daß Patienten mit Hodentumor signifikant häufiger hohe
Antikörpertiter gegen Ebstein-Barr-Virus haben, als gesunde gleichaltrige
Kontrollpersonen [54].

Neben den bisher genannten Risikofaktoren gibt es noch einige weitere, sehr seltene Erkrankungen, die mit einer erhöhten Inzidenz von Hodentumoren einhergehen, wie das Klinefelter-Syndrom (mediastinale Keimzelltumoren) sowie möglicherweise das Down's- und das Marfan-Syndrom
[55].

Die Vielzahl der aufgeführten, bisher identifizierten Risikofaktoren
darf jedoch nicht darüber hinwegtäuschen, daß keiner der erwähnten Faktoren einen so starken Einfluß ausübt, um den deutlichen Anstieg der
Erkrankungsrate an Hodentumoren erklären zu können. Wir verfügen
zwar über ein beachtliches Detailwissen, sind jedoch von einem Modell der
Tumorgenese, in das sich alle Faktoren einordnen lassen, noch weit entfernt. So können wir bis heute nicht entscheiden, welche der beobachteten
Faktoren Induktoren, d. h. Initialzünder bei der Entwicklung von Hodentumoren sind, welche nur als Promotoren wirken und welche möglicherweise
nur Epiphänomene der gleichen zugrundeliegenden Störung sind.

Genetische Prädispositionen, hormonelle Imbalancen während der
Schwangerschaft sowie möglicherweise virale Einflüsse mögen entscheidende Schlüsselereignisse für die maligne Entartung sein; Eigenschaften
des modernen Lebens, berufliche Noxen oder wiederholte Traumen können zur Promotion einer malignen Anlage führen. Experimentelle Studien
an etablierten Zellinien und geeigneten In-vivo-Modellen sowie die genaue
Verlaufsbeobachtung von Patienten aus Risikogruppen und Patienten mit
dokumentiertem Carcinoma in situ als Vorstufe des invasiven Karzinoms
[56] können hier weitere Einsichten in die Tumorgenese und Tumorpro-
motion geben.

Literatur

1   Schottenfeld D, Warshauser ME, Sherlock S, et al: The epidemiology of testicular
    cancer in young adults. Am J Epidemiol 1980;112:232–246.
2   Pottern LM, Goedert JJ: Epidemiology of testicular cancer, in Javadpor N (ed): Prin-
    ciples and management of testicular cancer. Thieme, New York, 1986; pp 108–120.
3   Mostofi FK: Testicular tumors: Epidemiologic, etiologic and pathologic features.
    Cancer 1973;32:1186–1201.
4   Haydu S: Pathology of germ cell tumors of the testis. Semin Oncol 1979;6:14–25.

5 Waterhouse J, Muir C, Correa P, et al: Cancer Incidence in five continents. Vol. IV. Lyon, France IARC Scientific Publications No. 42, 1982.
6 Osterlind A: Diverging trends in incidence and mortality of testicular cancer in Denmark, 1943 – 1982. Br J Cancer 1986;53:501 – 505.
7 Brown LM, Pottern LM, Hoover RN, et al: Testicular cancer in the United States: Trends in incidence and mortality. Int J Epidemiol 1986;15:164 – 170.
8 Graham S, Gibson R, West D: Epidemiology of cancer of the testis in upstate New York. J Natl Cancer Inst 1977;58:1255 – 1261.
9 Spitz RM, Sider JG, Pollack ES, et al: Incidence and descriptive features of testicular cancer among United States whites, blacks and hispanics. Cancer 1986;58:1785 – 1790.
10 Newell GR, Spitz MR, Sider JG, Pollack ES: Incidence of testicular cancer in the United States related to marital status, histology and ethnicity. J Natl Cancer Inst 1987; 78:881 – 885.
11 Clemmensen J: A doubling of morbidity from testis carcinoma in Copenhagen: 1943 – 1962. Acta Path Microbiol Scand 1968;72:345 – 349.
12 Petersen GR, Lee JAH, et al: Secular trends of malignant tumors of the testis in white men. J Natl Cancer Inst 1972;49:339 – 354.
13 Lee JAH, Hitosugi M, Petersen GR, et al: Rise in mortality from tumors of the testis in Japan, 1947 – 1970. J Natl Cancer Inst 1973;51:1485 – 1490.
14 Davies JM: Testicular cancer in England and Wales: some epidemiological aspects. Lancet 1981;I:928 – 932.
15 Pearce N, Sheppard RA, Horward JK, et al: Time trends and occupational differences in cancer of the testis in New Zealand. Cancer 1987;59:1677 – 1682.
16 Morrison AS: Some social and medical characteristics of army men with testicular cancer. Am J Epidemiol 1976;104:511 – 517.
17 Depue RH, Pike MC, Hendersen BE: Estrogen exposure during gestation and risk of testicular cancer. J Natl Cancer Inst 1983;71:1151 – 1155.
18 Swerdlow AJ, Huttly SRA, Smith PG: Prenatal and familial associations of testicular cancer. Br J Cancer 1987;55:571 – 577.
19 Tollerud DJ, Blattner WA, Fraser MC, et al: Familial testicular cancer and urogenital developmental abnormalities. Cancer 1985;55:1849 – 1854.
20 Rhagavan D, Jelikovsky T, Fox RM: Father-son testicular malignancy. Does genetic anticipation occurs? Cancer 1980;45:1005 – 1009.
21 Simpson JL, Photopulos G: Hereditary aspects of ovarian and testicular neoplasia. Birth Defects 1976;12:51 – 60.
22 Brown LM, Pottern LM, Hoover RN: Prenatal and perinatal risk factors for testicular cancer. Cancer Res 1986;46:4812 – 16.
23 Andervont HB, Shimkin MB, Couter HY: Susceptability of seven inbred strains and the F1 hybrids to estrogen-induced testicular tumors and occurrence of spontaneous testicular tumors in strain BALB/c mice. J Natl Cancer Inst 1960;25:1069 – 1081.
24 Mc Lachlan JA, Newbold RR, Bullock B: Reproductive tract lesions in male mice exposed prenatally to diethylstilbestrol. Science 1975;190:991 – 992.
25 Normuar T, Kanzaki T: Induction of urogenital abnormalities and some tumors in the progeny of mice receiving diethylstilbestrol during pregnancy. Cancer Res 1977; 37:1099 – 1104.
26 Henderson BE, Benton B, Jing J, et al: Risk factors for cancer of the testis in young men. Int J Cancer 1979;23:598 – 602.

27 Moss AR, Osmond D, Dacchetti P, et al: Hormonal risk factors in testicular cancer: a case control study. Am J Epidemiol 1986;124:39–52.

28 Henderson BE, Ross R, Bernstein L: Estrogens as a cause of human cancer: The Richard and Hinda Rosenthal foundation award lecture. Cancer Res 1988;48:246–253.

29 Depue RH, Bernstein L, Ross RK, et al: Hyperemesis gravidarum in relation to estradiol levels, pregnancy outcome and other maternal factors. Am J Obstet Gynecol 1987;156:1137–1141.

30 Zumhoff B: Relationship of obesity to blood estrogens. Cancer Res 1982;42:3289–3294.

31 Henderson BE, Bernstein L, Ross RK, et al: The early in utero oestrogen and testosterone environment of blacks and whites: Potential effects on male offspring. Br J Cancer 1988;57:216–218.

32 Franz RJ, Garnick MB, Retik A: The spectrum of genitourinary abnormalities in patients with cryptorchidism, with emphasis on testicular carcinoma. Cancer 1982;50:2243–2245

33 Pattern LM, Brown LM, Hoover RN, et al: Testicular cancer risk among young men: role of cryptorchidism and inguinal hernia. J Natl Cancer Inst 1985;74:377–381.

34 Batata M, Chu FC, Hilaris BS, et al: Testicular cancer in crytorchids. Cancer 1982;49:1023–1030.

35 Pike MC, Chilrers L, Peckham MJ: Effect of age of orchidopexy on risk of testicular cancer. Lancet 1986;II:1256–1248.

36 Strader CH, Weiss NS, Daling JR: Cryptorchidism, orchidopexy and the risk of testicular cancer. Am J Epidemiol 1988;127:1013–18.

37 Mason TJ, McKay FW, Hoover R, et al: Atlas of cancer mortality of US-counties, 1950–1969. Washington DC, Dept. of Health and Welfare, 1985, 75–780.

38 Talerman A, Kaeleen JG, Pokkons W, et al: Rural preponderance of testicular neoplasms. Br J Cancer 1974;27:176–78.

39 Danish Cancer Registry: Incidence of cancer in Denmark, 1973–77. Copenhagen, Danish Cancer Society, 1982.

40 Mills PK, Newell GR, Johnson DE: Testicular cancer associated with employment in agriculture and oil and natural gas extraction. Lancet 1984;I:207–210.

41 Jensen OM, Olsen JH, Osterlind A: Testis cancer risk among farmers in Denmark. Lancet 1984;I:794.

42 Brown LM, Pottern LM: Testicular cancer and farming. Lancet 1984;II:1356.

43 Garland FC, Gorham ED, Garland CF, Ducatman A: Testicular cancer in US Navy personnel. Am J Epidemiol 1988;127:411–414.

44 MCDowell ME, Balarajan R: Testicular cancer mortality in England and Wales 1971–1980: variations by occupation. J Epidemiol Com Health 1986;40:26–29.

45 Coldman AJ, Elwood JM, Gallaghan RP: Sports activities and risk of testicular cancer. Br J Cancer 1982;46:749–756.

46 Rhomberg W, Schmoll HJ: High incidence of metal workers among patients with testicular cancer, in Nieburg HE (ed): Detection and Prevention of cancer. New York, Marcel Dekker, 1978; vol 2, pp 1337–1343.

47 Carleton RL, Friedman NB, Bomze EJ: Experimental teratomas of the testis. Cancer 1953;6:464–473.

48 Hunt LD, Harvard BM, Glenn JF: Experimental testicular tumorigenesis. J Urol 1962;87:438–443.

49 Guthrie J: Histological effects of intratesticular injections of cadmium chloride in domestic fowl. Br J Cancer 1964;18:255–260.

50 Loughlin JE, Robboy SJ, Morrison AS: Risk factors for cancer of the testis. N Engl J Med 1988;303:112.

51 Lin RS, Kessler II: Epidemiologic findings in testicular cancer. Am J Epidemiol 1979; 110:357.

52 Brown LM, Pottern LM, Hoover RN: Testicular cancer in young men: the search for causes of the epidemic increase in the United States. J Epidemiol Com Health 1987; 41:349–54.

53 Bronson DL, Saxinger WE, Rizzi DM, Fraley EE: Production of virions with retrovirus morphology by human embryonal carcinoma cells in vitro. J Gen Virol 1984; 65:1043–1051.

54 Algood CB, Newell GR, Johnson DE: Viral etiology of testicular tumors. J Virol 1988;139:308–310.

55 Dexeus FH, Logothetis CJ, Chong C, et al: Genetic abnormalities in men with germ cell tumors. J Urol 1988;140:80–84.

56 Skakkebaek NE, Berthelsen JG, Giwercman A, Müller, J: Carcinoma in situ of the testis: possible origin from gonocytes and precursor of all types of germ cell tumors except spermatocytoma. Int J Androl 1987;10:19–28.

Dr. med. A. Harstrick, Abt. Hämatologie/Onkologie,
Med. Hochschule Hannover, Konstanty-Gutschow-Straße 8,
D-3000 Hannover 61 (BRD)

Beitr Onkol. Basel, Karger, 1990, vol 40, pp 9-26.

Nicht-germinale Hodentumoren bei Erwachsenen[1]

W. Vahlensieck jr., W. Zeman

Urologische Abteilung der Universität Freiburg, BRD

Einleitung

Intraskrotale nicht-germinale Tumoren treten zwar nur selten auf, sind aber differentialdiagnostisch wichtig und wegen der endokrinologischen Besonderheiten interessant [41].

Da klinisch Tumoren des Nebenhodens und des Samenstranges oft nicht von Hodentumoren abgegrenzt werden können, werden erstere in diesem Zusammenhang mit erörtert [41, 74].

Weiterhin führen gelegentlich gutartige Läsionen wie Mißbildungen, Spermatozelen, Epidymitis, Orchitis und Einblutungen zur Verdachtsdiagnose Hodentumor [31, 73, 74].

Die Einteilung der intraskrotalen Raumforderungen erfolgt nach der WHO-Klassifikation 1977 von Mostofi und Sobin [62] (Tab. 1).

Patienten und Methode

Von Januar 1971 bis Dezember 1988 wurden alle Hodentumorfälle und von November 1985 bis Dezember 1988 alle klinischen Hodentumorverdachtsfälle (n = 106) sowie alle intraskrotalen Erkrankungen (n = 251) analysiert. Die operativen Ergebnisse wurden mit den klinischen Verdachtsdiagnosen verglichen. Akute skrotale Erkrankungen wie frische Traumen, Hodentorsionen und Hydatidentorsionen wurden ausgeschlossen.

---

[1] Meinem Vater, Prof. Dr. W. Vahlensieck, zum 60. Geburtstag gewidmet

Tabelle 1. WHO-Klassifikation der nicht-germinalen skrotalen Tumoren [62]

I. Keimstrang-/Stromatumoren [9, 18, 22, 24, 37, 39, 41, 53, 64, 68, 84, 87]

    A. Gut differenziert

        Leydig-Zelltumor   Sertoli-Zelltumor

        Granulosa-Zelltumor   Theka-Zelltumor

    B. Gemischte Formen

    C. Inkompl. differenzierte Formen:

        Stroma-Tumor   Androblastom

II. Keimzell- und Keimstrang-Stromaelemente [41, 51, 68]

    A. Gonadoblastom   B. Andere

III. Verschiedene

    A. Benigne

        Epidermoide Zyste [41, 63]   Zystadenom [14]

        Fibrom [41]   Lipom [41]

        Fibrolipom   Hämangiom

        Neurofibrom   Leiomyom [20, 41]

        Chondrom   Brenner-Tumor [41]

        T. alb. Adenomatoid [8, 41]

    B. Maligne

        Karzinoid [41, 76, 80, 83]   Zystadenokarzinom [40]

        Sarkome

    C. Lymphatische und hämatopoetische Tumoren [1, 17, 21, 27, 81]

    D. Metastasen [11, 41, 48, 56, 60, 66, 82]

IV. Tumoren von Gangsystem, Rete, Epididymidis, Samenstrang, Kapsel, Stützgewebe und Appendizes ausgehend

    A. Benigne

        Adenomatoidtumor [25, 41, 73, 86]   Mesotheliom

        Zystadenom   Leiomyom

        Fibrom   Lipom

        Neurinom   Hämangiom

        Lymphangiom   Myxom

        Brenner-Tumor

    B. Maligne

        Adenokarzinom der Appendix testis   Karzinom

        Melanot. neuro-ektoderm. Tumor   Rhabdomyosarkom

        Osteosarkom   Lymphosarkom

        Leiomyosarkom   Liposarkom

        Fibrosarkom   Maligner Adenomatoidtumor

        Malignes Mesotheliom   Metastasen

V. Nicht klassifizierbare Tumoren

Fortsetzung von Tabelle 1.

VI. Tumorähnliche Veränderungen

   A. Mißbildungen

       Splenogonadale Fusion [6, 55]   Adrenale Reste [41, 73, 75]

       Zysten [70, 71]   Polyorchidie [71]

       Nebenhodenmißbildungen [85]   Appendizes

   B. Leydig-Zellhyperplasie [41]

   C. Entzündungen

       Malakoplakie [41, 66]   Fibromatöse Periorchitis [41]

       Spermagranulom [41, 61, 71]   Lipogranulom [54]

       Vaskulitis   Spermatozele

       Hodenabszeß

       (Un)spez. (granulom.) Orchitis [3, 26, 43, 57, 71]

   D. Spontane / traumat. Blutungen [30]   Narben

       Hodeninfarkt

   E. Andere

       Skrotale Kalzinose [59]   Hernien

Tabelle 2. Histologisch gesicherte Hodentumoren an der Urologischen Abteilung der Universität Freiburg 1/1971–12/1988 (n = 262)

Seminome	96 (36,7 %)
Nicht-Seminome und Mischtumoren	156 (59,5 %)
Nicht-germinale Hodentumoren	10 (3,8 %)
Leydig-Zelltumor	8 (3,0 %)
Leukosen (1 Retikulosarkom, 1 Non-Hodgkin-Lymphom)	2 (0,8 %)

Ergebnisse

Insgesamt wurden von 1971 bis 1988 262 Hodentumoren behandelt (Tab. 2). Davon waren 96 (36,7 %) reine Seminome, 156 (59,5 %) germinale Nicht-Seminome oder Mischtumoren mit Seminom- und Nicht-Seminomanteil. Außerdem wurden 10 (3,8 %) nicht-germinale Hodentumoren gefunden: 8 Leydig-Zelltumoren (3 %), 1 Retikulosarkom und 1 lymphoblastisches Non-Hodkin-Lymphom (NHL) (0,8 % Leukosen) (Tab. 2).

Die präoperative Verdachtsdiagnose intraskrotaler Tumor bestätigte sich im Zeitraum November 1985 bis Dezember 1988 bei 78,4 % der Fälle (83/106). Von 79 Hodentumoren waren 73 maligne (93 %) (72 Germinalzelltumoren, 1 Non-Hodgkin-Lymphom), 5 semimaligne (6 %) (Leydigzelltumoren) und 1 benigne (1 %) (Zyste der Tunica albuginea). Von 4 skrota-

len Tumoren waren 2 maligne (50 %) (1 Leiomyosarkom, 1 Plattenepithelkarzinom) und 2 benigne (50 %) (1 Nebenhodenadenomatoidtumor, 1 Nebenhodenzyste). Damit machten maligne Tumoren 72 % (75/106), semimaligne 5 % (5/106) und benigne 3 % (3/106) aller skrotalen Raumforderungen aus (Tab. 3).

Bei den Hodenraumforderungen fanden sich 84 % (73/87) Malignome,
bei allen extratestikulären intraskrotalen Raumforderungen 11 % (2/19).

Nach Abzug der 72 Germinalzelltumoren verblieben 34 nichtgermi-
nale Raumforderungen.

10 Epididymitiden, je eine Nebenhodentuberkulose und eine Sperma-
tozele und 2 Orchitiden ergeben einen Anteil von 13,2 % präoperativ für
einen Hodentumor gehaltene entzündliche Skrotalerkrankungen.

6 Narben der Tunica albuginea und 1 Hodenhämatom nach Poly-
trauma summieren sich zu 6,6 % traumatisch bzw. durch Narben bedingten
klinischen Hodentumorverdachtsfällen.

Tabelle 3. Hodentumorverdachtsfälle an der Urologischen Abteilung der Universität Freiburg 11/1985–12/1988 (n = 106).

Endgültige Diagnosen.			
Hodentumoren		79	(74,5 %)
Germinalzelltumoren	72		
NHL	1		
Leydig-Zelltumoren	5		
Tunica-alburginea-Zyste	1		
Restliche skrotale Tumoren		4	(3,8 %)
Leiomyosarkom	1		
Plattenepithelkarzinom	1		
Adenomatoidtumor	1		
Nebenhodenzyste	1		
Entzündliche Veränderungen		14	(13,2 %)
Epididymitis	10		
Nebenhodentuberkulose	1		
Spermatozele	1		
Orchitis	2		
Narben		6	(5,7 %)
Hodenhämatom		1	(0,9 %)
Hydatide		1	(0,9 %)
Skrotalhernie		1	(0,9 %)

Insgesamt machten skrotale Tumoren 33,1 % (83/251) aller stationär behandelten Skrotalerkrankungen aus. Entzündungen (93 Epididymitiden, 1 Nebenhodentuberkulose, 8 Spermatozelen, 2 Mumpsorchitiden, 2 Orchitiden) fanden sich bei 42,2 % (106/251) und Hydrozelen bei 20,7 % (52/251) (Tab. 4).

Eine skrotale Sonographie wurde nur bei 8/34 nichtgerminalen Raumforderungen (24 %) mit dem Brüel & Kjaer 5-MHz-Gerät durchgeführt. Bei 6 von diesen 8 Patienten wurde die Raumforderung sonographisch dem richtigen intraskrotalem Organ zugeordnet: 2 von 2 zystischen Prozessen wurden als solche erkannt und 3 malignomverdächtige Befunde wurden einmal operativ bestätigt und zweimal entkräftet (Tab. 5).

Tabelle 4. Stationär behandelte Skrotalerkrankungen an der Urologischen Abteilung der Universität Freiburg. 11/1985–12/1988 (n = 251)

Hodentumoren	79	(31,5 %)
Restl. skrotale Tumoren	4	(1,6 %)
Entzündliche Veränderungen	106	(42,2 %)
Hydrozelen	52	(20,7 %)
Narben/Hodenatrophie	7	(2,8 %)
Hodenhämatom	1	(0,4 %)
Hydatide	1	(0,4 %)
Skrotalhernie	1	(0,4 %)

Tabelle 5. Sonographiebefunde bei 8 nicht-germinalen intraskrotalen Raumforderungen (Brüel & Kjaer, 5 MHz)

Sonographie	Operationsbefund
V.a. Skrotalhernie	Skrotalhernie
V.a. Epididymitis	Epididymitis
V.a. Hodentumor	Posttraumatische Zyste mit Blutung
V.a. Hodentumor	Tunic. alb. fibrose
V.a. Hodentumor	Skrotales Leiomyosarkom
Spermatozele	Epididymitis
Nebenhodenzyste	z.T. nekrot. Epididymitis
Unauffällig	Tunic. alb. fibrose

Von den 106 klinisch vermuteten Hodentumoren wurden die 75 intra-
skoralen Malignome alle inguinal semikastriert und bei den beiden skrotalen Malignomen wurde eine Hemiskrotektomie angeschlossen (Tab. 6).

Bei den 5 Patienten mit Leydigzelltumoren wurde dreimal eine inguinale Semikastration, 1 × eine Enukleation und 1 × eine linksseitige inguinale Semikastration sowie in gleicher Sitzung eine rechtsseitige Enukleation bei bilateralem Leydigzelltumor und adrenogenitalem Syndrom
(AGS) durchgeführt.

Die 3 benignen Tumoren (Zyste der Tunica albuginea, Adenomatoidtumor, Nebenhodenzyste) wurde durch lokale Exzision oder Enukleation
behandelt.

Diskussion

Epidemiologie

1–16 % aller histologisch gesicherten Hodentumoren sind nicht-
germinaler Genese (3,8 % im eigenen Krankengut). Dabei sind 1–18 %
benigne [18, 34, 46, 64, 66, 74, 87] (eigene Resultate: 1/79 = 1 %) 4–6 % semimaligne [74] (eigene Resultate: 5/79 = 6 % und 71–95 % maligne) (Tab. 3).

Bezogen auf alle klinisch vermuteten Hodentumoren liegt die Quote
der nicht-germinalen Tumoren bei 5,7 %.

Die meisten dieser Tumoren entstehen im Hodenstroma [64, 66] und
nur wenige aus dem duktalen System, dem fibrovaskulären Stroma oder
der Tunica albuginea [64].

Nimmt man präoperativ fälschlicherweise für Hodentumoren gehaltene
Skrotalerkrankungen hinzu (23/106 = 21,7 % im eigenen Krankengut), erklä-
ren sich Angaben über inguinale Semikastrationen ohne intraoperativen
Nachweis eines malignen Tumors in bis zu 51 % der semikastrierten Fälle [5].

Benigne nicht-germinale Hodentumoren sind z.B. Hodenzysten [66,
70, 72], Tunica-albuginea-Zysten [70], Adenomatoidtumoren der Tunica
albuginea [8, 20, 25, 34, 86] oder benigne mesenchymale Tumoren wie
Leiomyome, Fibrome, Chondrome, Lipome oder Fibrolipome [20, 29, 34].
Die Tumoren des gonadalen Stromas, vom primitiven gonadalen Stroma
ausgehend, wie z.B. Leydig-Zelltumoren, Sertoli-Zelltumoren, Granulosa-
Zelltumoren, Theka-Zelltumoren und Androblastome, die 1–6 % aller
Hodentumoren ausmachen, weisen in 7–14 % ein malignes Verhalten auf
[9, 14, 18, 37, 39, 41, 44, 51, 53, 61, 64, 74].

Tabelle 6. Therapie bei Hodentumorverdacht an der Urologischen Abteilung der Universität Freiburg 11/1985–12/1988 (n = 106)

Germinalzelltumoren:	72	inguinale Semikastration
Leydig-Zelltumoren:	3	inguinale Semikastration
	1	Enukleation
	1	Exzision re., Semikastration li.
Non-Hodkin-Lymphom	1	inguinale Semikastration
Skrotales Leiomyosarkom	1	Semikastration und Hemiskrotektomie
Plattenepithelkarzinom	1	Semikastration und Hemiskrotektomie
Adenomatoidtumor, NH-Zyste, Tunic. alb. zyste	3	Enukleationen
Epididymitis	1	Orchiektomie (Hoden nekrot.)
	8	Enukleationen / Exzisionen
	1	Inspektion
Nebenhodentuberkulose	1	Ablatio und Hemiskrotektomie
Orchitis	1	Probeexzision
	1	Ablatio
Spermatozele	1	Abtragung
Traumen / Narben	6	Exzisionen oder Probeexzisionen
	1	Inspektion
Hydatide	1	Abtragung
Skrotalhernie	1	Herniotomie

Histologisch können alle Phasen der Entwicklung des Hodens mit Ausnahme der Keimzellen nachgeahmt werden, wobei entweder ein einziger Zelltyp oder eine Mischung vorliegt [41, 44].

Die histologische Differenzierung zwischen Leydig-Zellhyperplasie und -tumor ist manchmal schwierig [61].

Tumoren mit sowohl Stroma- als auch Germinalzellelementen wie z. B. die oft in dysplastischen Gonaden vorkommenden Gonadoblastome sind immer als maligne anzusehen [41, 44, 61].

Maligne nicht-germinale Hodentumoren wie primäre Hodenkarzinoide mit enterochromaffinen Zellen, Zystadenokarzinome, Brenner-Tumoren und maligne mesenchymale Tumoren wie Hämangiosarkome, Leiomyosarkome, Rhabdomyosarkome und Osteosarkome sind selten [14, 40, 41, 76, 80, 83].

Durch lokale Streuung, lymphogen oder hämatogen können vor allem im höheren Alter Hodenmetastasen auftreten. Sie machen 2–6 % aller

Hodentumoren aus [41, 60, 82]. In etwa 15 % tritt ein bilateraler Befall auf [82]. Gelegentlich werden Hodenmetastasen als Erstmanifestation eines Tumors entdeckt [56].

Tabelle 7 gibt die Primärtumorverteilung bei 215 Hodenmetastasen wieder [56], wobei Prostataadenokarzinom, Lungenkarzinom und Melanom als Primärtumoren an erster Stelle stehen [56, 66, 82].

1-7 % aller Hodentumoren sind Lymphome [1, 2, 10, 12, 17, 21, 45, 58]. Primäre Hodenlymphome ohne Nachweis eines generalisierten Befalls machen je nach Aufwand bei der Diagnostik 10-74 % aller Hodenlymphome aus [1, 17, 81]. Im Rahmen eines generalisierten Lymphoms sind die Hoden je nach histologischem Typ klinisch in 0,2-8,4 % und autoptisch in bis zu 29 % der Fälle betroffen [1, 21, 27, 34, 58]. In 10-30 % tritt ein bilateraler Befall auf [1, 12, 27, 34, 61]. Der Altersgipfel liegt zwischen 60 und 80 Jahren. In dieser Altersgruppe ist das Lymphom mit 25-50 % der häufigste Hodentumor [1, 12, 21, 45]. Histologisch finden sich beim Erwachsenen meist Non-Hodgkin-Lymphome oder Retikulosarkome, während Hodgkin-Lymphome, Plasmozytome [81] und Leukämien im Hoden des Erwachsenen nur als Raritäten auftreten [1, 2, 10, 27, 52]. Der Hoden ist meist diffus, selten nodulär befallen [34].

Differentialdiagnosen zum nicht-germinalen Hodentumor sind: benigne intraskrotale Veränderungen wie z. B. das Lipogranulom [54], traumatische oder spontane Blutungen [30], Nebennierenreste bei Nebennierenunterfunktion [41, 75], Epidermoidzysten mit Hornlamellen als Inhalt [34, 41, 46, 63, 66, 74], einfache Zysten des Hodens oder der Tunica albuginea [34], posttraumatische oder postentzündliche fibröse Pseudotumoren (fibromatöse Periorchitis) [41, 61, 66], Epididymitis, Orchitis, auch als Pseudolymphom imponierend [3], – insbesondere die granulomatöse Form bei Lues, Tuberkulose, Brucellose, Harnwegsinfektionen, Sarkoidose, Bilhar-

Tabelle 7. Verteilung der Primärtumoren bei 215 Hodenmetastasen (nach [56])

Prostata	63	29,3 %	Lunge	34	15,8 %
Melanom	25	11,6 %	Darm	21	9,7 %
Niere	19	8,8 %	Neuroblastom	15	6,9 %
Magen	10	4,7 %	Harnblase	6	2,8 %
Pankreas	6	2,8 %	Nebenniere	3	1,4 %
Auge	3	1,4 %	Unklar	3	1,4 %
Penis	2	0,9 %	Appendix	1	0,5 %
Gallengang	1	0,5 %	Speicheldrüse	1	0,5 %
Schilddrüse	1	0,5 %	Ureter	1	0,5 %

ziose, Pilzen, Hernien, posttraumatisch oder Lepra [26, 34, 41, 43, 54, 57, 66] –, Polyorchidie [66], hämorrhagischer Hodeninfarkt bei Vaskulitis oder Infekt [30, 43], splenogonadale Fusion [6, 55] oder andere Mißbildungen [66, 71, 85], Malakoplakie mit Michaelis-Gutmannkörpern enthaltenden Histiozyten [66] oder die benignen paratestikulären intraskrotalen Erkrankungen.

Bei intraskrotalen Raumforderungen finden sich benigne extratestikuläre Tumoren in 2 – 12 % (eigene Resultate; [86]) und maligne in 2 % (eigene Resultate).

Paratestikuläre Tumoren sind in 50 – 70 % benigne.

Bei Nebenhodentumoren stehen mesenchymale Adenomatoidtumoren (33 - 71 % aller extratestikulären Tumoren) und Leiomyome (20 %; 15 % bilateral, 50 % mit Begleithydrozele) im Vordergrund [25, 41, 50, 61, 73, 86].

Bei Samenstrangtumoren stehen Lipome, entdifferenzierte Sarkome (30 %), Rhabdomyosarkome (20 %) und Leiomyosarkome (10 %) an erster Stelle [36].

Das Rhabdomysarkom befällt meist den Samenstrang und nur selten Hoden oder Nebenhoden [41, 69].

Anamnese

Neben der uncharakteristischen skrotalen Symptomatik sind einige anamnestische Angaben für nicht-germinale skrotale Tumoren diagnoseweisend [86]:

1. Analatresie, Spina bifida, Thoracopagus, Craniosynostosis, Mikrognathie, Peromelie und Herzmißbildungen bei *splenogonadaler Fusion* [6, 55, 66];

2. Flush, Diarrhöe, Tachykardie, Asthma und Migräne beim *Karzinoid* [83];

3. Asbestexposition beim *paratestikulären Mesotheliom* [67];

4. Diäthylstilböstrol-Exposition während der Schwangerschaft und Zeichen der von-Hippel-Lindauschen Erkrankung (Hämangiome in Kleinhirn, Retina und Rückenmark; Pankreas-, Nieren- und Leberzysten) bei *Nebenhodenzystadenomen* [13, 34, 41, 61, 77, 85].

5. Peutz-Jeghers-Syndrom, Klinefelter-, Cushing- und adrenogenitales Syndrom, Pseudohermaphroditismus, Pubertas praecox, Gynäkomastie, Impotenz, Feminisierung und herabgesetzte Libido bei etwa 10 – 40 % der *Tumoren des gonadalen Stromas* [18, 22, 37, 39, 41, 44, 46, 53, 61, 66, 68, 84];

6. eine Nebennierenunterfunktion (congenitale Nebennierenrinden-hyperplasie, Addison-, Cushingsyndrom) bei *adrenalen Resten* im Hoden [75];

7. ein adrenogenitales Syndrom bei insbesondere bilateralen *Leydig-Zelltumoren* oder einer *Leydig-Zell-Hyperplasie* [61];

8. der Nachweis eines *Primärtumors* bei Hodenmetastasen;

9. die Angabe von Trauma, Urogenitalinfektion, Tuberkulose sowie Bilharziose bei *benignen tumorösen Skrotalerkrankungen* [11, 27, 48, 57, 66].

Diagnostik

Klinische und laborchemische Untersuchungen geben keine spezifischen Hinweise auf nicht-germinale skrotale Tumoren.

Sonographisch kann mit einer Genauigkeit von bis zu 99 % eine Differenzierung zwischen extra- und intratestikulärer intraskrotaler Raumforderung getroffen werden [4, 13, 16, 23, 33, 79]. Auch wenn vor allem fokale Parenchymveränderungen des Hodens selbst in bis zu 100 % der Fälle [4, 16, 33, 79] erfaßt werden, kann über deren Dignität nur eine vage Aussage gemacht werden, da Mißbildungen, Hodeninfarkte, Fibrosen, Orchitiden, Spermagranulome, Abszesse, Hämatome, und benigne sowie maligne Hodentumoren ähnliche Echomuster hervorrufen können [4, 13, 26, 33, 38, 46, 71, 72, 78, 79]. Eine im Ultraschall zystische oder echoreiche Hodenraumforderung mit homogenem Echomuster und mit einer Verdickung von Nebenhoden, Hodenhüllen und Skrotalwand sowie großer Begleithydrozele spricht eher für einen benignen Prozeß [4, 38, 63, 71, 72, 78, 79]. Es kommen allerdings auch zystische Adenokarzinome, Teratome und Sertoli-Zelltumoren vor [72, 76]. Auch ist an die Begleithydrozelen bei malignen Mesotheliomen zu denken [67].

Zu achten ist auch auf das gleichzeitige Vorkommen von benignen und malignen Raumforderungen in einem Hoden [4, 13, 16, 23, 66].

Inwieweit die Durchführung einer Radionuklidszintigraphie, wie von Garty 1986 [35] berichtet («kalte» benigne, «heiße» maligne Tumoren) oder von CT oder Kernspintomographie eine bessere Differenzierung bezüglich der Dignität von Hodenraumforderungen ermöglicht, bleibt abzuwarten. Größere Untersuchungsreihen dazu sind noch nicht publiziert.

Mit der Tc^{99}-Szintigraphie läßt sich eine splenogonadale Fusion nachweisen [6].

Bei malignen oder semimalignen Tumoren sollte die bildgebende Diagnostik wie bei malignen Keimzelltumoren durchgeführt werden.

Die obligate Diagnostik bei Hodenlymphomen besteht aus: Anamnese, klinischem Befund, HNO-Untersuchung, Labor- einschließlich Elektrophorese und Differentialblutbild, Sonographie, Ausscheidungsurogramm, Thoraxröntgenaufnahme, Magen-Darmpassage, Leber- und Milzszintigraphie, Computertomographie, Knochenszintigraphie und Knochenmarkbiopsie. Fakultativ kommen Cavographie, Splenektomie, Lymphknoten- und Leberbiopsie, und die Lymphographie zum Einsatz [1].

Therapie

Bei klinischem Hodentumorverdacht sollte immer eine inguinale Freilegung erfolgen, da eine skrotale Freilung bei malignem Tumor – laut Literaturmitteilungen bei zwischen 1/4 – 1/3 der Fälle durchgeführt – zur Kontamination des Skrotums mit der Möglichkeit der atypischen Metastasierung in die inguinale und iliakale Lymphknotenstation führen kann [16].

Die Schnellschnittuntersuchung bei klinischem Hodentumorverdacht hat eine Irrtumswahrscheinlichkeit von 8 – 17 % [34, 74]. Eine zweizeitige inguinale Semikastration ohne Hemiskrotektomie verschlechtert nach falsch-negativem Schnellschnitt die Prognose nicht [74]. In einer Serie von 30 Tumoren konnten so 24 (80 %) organerhaltend operiert werden [74].

In unserem Krankengut wiesen 31 von 106 Patienten (29,3 %) mit klinischem Verdacht auf einen Hodentumor keinen malignen Tumor auf. Diese Patienten hätten bei unkritischer Semikastration ihren Hoden ohne stichhaltigen Grund verloren.

Bei allen Patienten war ein erfahrener Operateur involviert und vor der Semikastration nach Abklemmen des Samenstrangs wurde immer eine Inspektion des Tumors nach Eröffnung der Tunica vaginalis testis, ggfs. mit Schnellschnittuntersuchung, durchgeführt. Dadurch erklärt sich das Fehlen von bei benignen Erkrankungen mit erhaltenswertem Parenchym fälschlich entfernten Hoden in unserem Krankengut.

Sonographisch oder bei Freilegung komplett destruierte Hoden sollten über einen inguinalen Schnitt entfernt werden [46, 74]. Bleibt die Diagnose präoperativ bei kleinem, demarkiertem, beweglichem Tumor mit zystischer oder echoreicher Binnenstruktur und langer Anamnese mit Angaben zu einer möglichen benignen Hodenerkrankung (s.o.) sowie fehlendem Metastasennachweis unklar, sollte eine inguinale Hodenfreilegung mit Schnellschnittuntersuchung erfolgen [34, 74, 79]. Dieses Vorgehen empfiehlt sich immer bei bilateralem Tumor, nur sonographisch nachgewiesenem Tumor, extratestikulärem Tumor oder Einzelhoden [26, 74].

Falls noch erhaltenswertes Hodengewebe vorhanden ist [26, 63] und Gutartigkeit sichergestellt wurde, bedürfen benigne intraskrotale Veränderungen nur einer Probeexzision oder Entfernung des Prozesses. Die Entfernung von drei Hoden mit benigner Erkrankung bei unseren Patienten war aufgrund der ausgedehnten Befunde ohne funktionsfähiges Restparenchym gerechtfertigt.

Benigne Hodentumoren sollten organerhaltend enukleiert oder exzidiert werden.

Bei den Tumoren des gonadalen Stromas sind bei fehlender Metastasierung die histologischen Kriterien für Malignität wie gehäufte Mitosen, Atypien, Pleomorphie, Einblutung und Nekrose, Infiltration der Hodenhüllen und Gefäßinvasion insbesondere bei der Schnellschnittuntersuchung nicht immer eindeutig zu stellen, so daß diese semimalignen Tumoren inguinal semikastriert werden sollten [24, 39, 41, 87]. Bei sehr kleinen Tumoren, Ablehnung der Semikastration durch den Patienten oder bilateralem Befall (6–9 % bei Leydig-Zelltumoren [44, 61]) ist auch an die Möglichkeit der lokalen Tumorexzision, wie bei zwei unserer Fälle, zu denken [22, 24, 34, 66, 74]. Beide Patienten sind bisher ohne Hinweis für ein Tumorrezidiv, und bei dem Patient mit bilateralem Befall ist die endokrine Funktion erhalten.

Primäre Hodenkarzinoide mit enterochromaffinen Zellen, Zystadenokarzinome und maligne mesenchymale Tumoren wie Hämangiosarkome, Leiomyosarkome, Rhabdomyosarkome und Osteosarkome sind selten und sollten inguinal orchiektomiert werden [14, 40, 41, 76, 80, 83]. Ein monophyletisches Teratom, daß heißt ein Teratom mit dem Überwiegen nur eines Zellbildes muß dabei sicher ausgeschlossen sein [29, 41, 47, 61, 80].

Bei nicht radikal therapiertem Primärtumor werden Hodenmetastasen nur aus palliativen Gründen entfernt [41, 48, 56, 60, 66, 82]. Nach erfolgreicher Therapie eines Primärtumors sollte der metastasentragende Hoden durch inguinale Orchiektomie entfernt werden.

Bei extratestikulären intraskrotalen Tumoren ist immer eine inguinale Freilegung mit Schnellschnittuntersuchung angezeigt, da 50–75 % dieser Tumoren benigne sind (eigene Resultate, [19, 73, 86]). Hydrozelenpunktionen sollten wegen der Gefahr der Tumorzellverschleppung bei extratestikulären Malignomen, wie zB. dem malignen Mesotheliom der Tunica vaginalis oder dem Leiomyosarkom, nicht durchgeführt werden [7, 27, 28, 32, 65, 73], wenn im Ultraschall ein Tumor nachgewiesen wurde.

Bei benignen Tumoren wie dem mesothelialen Adenomatoidtumor [25, 34] oder dem Leiomyom [34] ist die lokale Exzisiton oder Enukleation ausreichend, wobei auf eine komplette Tumorentfernung zu achten ist, um lokale Rezidive zu vermeiden [15, 36, 41]. Bei extratestikulären intraskrotalen Malignomen sollte der inguinalen Orchiektomie bei skrotaler Kontamination (Voroperation, Traumen, etc.) die Hemiskrotektomie der betroffenen Seite folgen [19, 32, 65, 67, 69].

Für extratestikuläre intraskrotale Metastasen gilt das oben für Hodenmetastasen Gesagte [11].

Adjuvante Therapie

Bei benignen Tumoren ist nach histologischer Sicherung die Entfernung der Läsion ohne weitere Therapie ausreichend, wobei auf eine komplette Entfernung zwecks Rezidivprophylaxe vor allem bei extratestikulären Tumoren zu achten ist.

Kontrovers wird die primäre Lymphadenektomie bei semimalignen gonadalen Stromatumoren ohne Metastasennachweis diskutiert, da, falls Metastasen einmal aufgetreten sind, sie bisher nur in Einzelfällen auf Chemo- oder Radiotherapie ansprachen [9, 18, 22, 27, 39, 41, 44, 74].

Vorhandene Metastasen sollten operativ entfernt werden [41]. Tumoren mit sowohl Stroma- wie auch Germinalzellanteil sollten wie Germinalzelltumoren entsprechend ihrem Germinalzellanteil behandelt werden [41, 51].

Bei den anderen malignen intraskrotalen Nicht-Keimzelltumoren ist eine retroperitoneale Lymphadenektomie nur bei einer nachgewiesenen Lymphknotenmetastasierung erforderlich [7, 41, 49, 65, 69, 80]. Radio- und Chemotherapie sind in ihrer Wirksamkeit bei jeweils geringer Fallzahl nicht hinlänglich untersucht [7, 40, 47, 65, 67, 76]. Allerdings sind Metastasen einiger dieser Tumoren, wie vor allem des Rete-testis-Karzinoms, des Zystadenokarzinoms und des Rhabdomyosarkoms chemo- und radiotherapieresistent. Hier empfiehlt sich eventuell die primäre retroperitoneale Lymphadenektomie [14, 40, 41, 47, 69, 76] mit Chemotherapie bei befallenen Lymphknoten.

Bei systemischen Lymphomen mit Hodenbefall führt der kombinierte Einsatz von inguinaler Semikastration, Bestrahlung des kontralateralen Hodens und systemischer Chemotherapie zu einer Verbesserung der Überlebensrate zwischen bis zu 93 % im Stadium I und 20 % im Stadium IV [1, 21, 27, 52]. Bei bekannter Histologie kann auf die Semikastration auch verzichtet werden, da die Chemotherapie wohl die Blut-Hodenschranke durchbricht [42].

Ob dieses Therapieregimen auch bei primären, auf den Hoden beschränkten Lymphomen angewendet werden sollte, ist umstritten [12, 17, 52, 81].

Nachsorge

Bei benignen Tumoren ist auf eine vollständige Entfernung zur Vermeidung von Lokalrezidiven zu achten.

Maligne Tumoren sollten analog zu den Richtlinien für Germinalzelltumoren 5 Jahre nachgesorgt werden [24, 37, 44, 61].

Schlußfolgerungen

Eine sorgfältige klinische Anamnese kann Hinweise auf nicht-germinale skrotale Raumforderungen geben. Wichtig ist dabei, daß an diese seltenen Erkrankungen gedacht wird.

Die Wertigkeit von CT, NMR und nuklearmedizinischen Methoden zur Differentialdiagnostik bei Skrotalerkrankungen muß an größeren Kollektiven überprüft werden.

Diagnostische und therapeutische Hydrozelenpunktionen sollten nur nach sicherem Ausschluß eines extratestikulären, intraskrotalen Tumors durchgeführt werden, da gegebenenfalls Tumorzellen eines malignen Mesothelioms verschleppt werden können.

Läßt sich sonographisch ein palpabler Tumor nicht verifizieren, so empfiehlt sich eine inguinale Hodenfreilegung mit Schnellschnittuntersuchung.

Ein sonographisch komplett destruierter Hoden sollte inguinal semikastriert werden, da er keine wesentliche Funktion mehr aufweist.

Zirkumskripte, kleine, bewegliche, gut abgrenzbare, zystische Hodentumoren mit langer Anamnese und ohne Metastasennachweis sollten schnellschnittgesteuert inguinal freigelegt werden.

Ein sonographisch extratestikulärer Tumor sollte auf jeden Fall schnellschnittgesteuert freigelegt werden, da etwa 3/4 dieser Tumoren benigne sind.

Literatur

1   Adolphs HD: Testikuläre Manifestation des malignen Lymphoms, in Weißbach L, Hildenbrand G (eds): Register und Verbundstudie für Hodentumoren. München, Zuckschwerdt, 1982, pp 340–346.

2   Adolphs HD, Lindenfelser R, Steffens L, Rübben H: Immunoblastisches Sarkom mit klinischer Erstmanifestation am Hoden, Urol Intern 1977;32:8–17.

3   Algaba F, Santaularia JM, Garat JM, Cubells J: Testicular pseudolymphoma. Eur Urol 1986;12:362–363.

4   Al-Naieb MG, Kleinschmidt K, Schülke J, Wolters A: Skrotale Sonographie, in Weißbach L, Bussar-Maatz R. (eds): Die Diagnostik des Hodentumors und seiner Metastasen, Beitr. Onkol. Basel, Karger, 1987, vol 28, pp 37–57.

5   Altaffer IV, Steele SM: Scrotal explorations negative for malignancy. J Urol 1980; 124:617–619.

6   Andrews RW, Copeland DD, Fried FA: Splenogonadal fusion. J Urol 1985; 133:1052–1053.

7   Antman K, Cohen S, Dimitrov NV, Green M, Muggia F: Malignant mesothelioma of the tunica vaginalis testis. J Clin Oncol 1984;2:447–451.

8   Arcadi JA: Adenomatoid tumors in the tunica albuginea of the testis. J Surg Oncol 1988;37:38–39.

9   Athanassiou AE, Barbounis V, Dimitriadis M, Pectasidis D, Bafaloukos D: Successful chemotherapy for disseminated testicular sertoli cell tumour. Br J Urol 1988; 61:456–457.

10 Bach D, Weißbach L, Adolphs HD: Das maligne Lymphom des Hodens – eine urologische oder nichturologische Erkrankung? Z Urol Nephrol 1978;71:201–206.

11 Bahnson RR, Snopek TJ, Grayhack JT: Epididymal metastasis from prostatic carcinoma. Urol 1985;26:296–297.

12 Baldetorp LA, Brunkvall J, Cavallin-Stahl E, Henrikson H, Holm E, Olson AM, Akerman M: Malignant lymphoma of the testis. Br J Urol 1984;56:525–530.

13 Barth RA, Teele RL, Colodny A, Retik A, Bauer S: Asymptomatic scrotal masses in children. Radiol 1984;152:65–68.

14 Brito CG, Bloch T, Foster RS, Bihrle R: Testicular papillary cystadenomatous tumor of low malignant potential: a case report and discussion of the literature. J Urol 1988; 139:378–379.

15 Bruijnes E, Ladde BE, Dabhoiwala NF, Stukart RAH: Fibrous pseudotumor of the tunica vaginalis testis. Urol Intern 1984;39:314–317.

16 Bullock N: Benign testicular tumours. Br Med J 1987;295:456.

17 Byrne DJ, Stewart PA, Parapia LA: Primary malignant lymphoma of the testis: diagnosis and management. Br J Urol 1988;61:99.

18 Cervenakov I, Lepies P, Mardiak J, Ondrus B, Durcany, V: Malignant Leydig-cell tumour of testis. Intern Urol Nephrol 1984;16:227–232.

19 Chala Y: Benign genital mesothelioma. Eur Urol 1985;11:285–287.

20 Chiaramonte RM: Leiomyoma of tunica albuginea of testis. Urol 1988;31:344–345.

21 Connors JM, Klimo P, Voss N, Fairey RN, Jackson S: Testicular lymphoma: improved outcome with early brief chemotherapy. J Clin Oncol 1988;6:776–781.

22 Corrie D, Norbeck JC, Thompson IM, Rodriguez F, Teague JL, Rounder JB, Spence CR: Ultrasound detection of bilateral Leyding cell tumors in palpable normal tests. J Urol 1987;137:747–748.

23 Csapo Z, Bornhof C, Giedl J: Impalpable testicular tumors diagnosed by scrotal ultrasonography. Urol 1988;32:549–552.

24 Dahl C, Iversen HG, Engelhom SA, Jacobsen M: Leydig cell tumour – a malignant tumour? Scand J Urol Nephrol 1984;18:337–340.

25 Detassis C, Pusiol T, Piscioli F, Luciani L: Adenomatoid tumor of the epididymidis: immunohistochemical study of 8 cases. Urol Intern 1986;41:232–234.

26 Dieberg S, Merkel KHH, Weißbach L: Die granulomatöse Orchitis. Akt Urol 1989; 20:36–38.

27 Doll DC, Weiss RB: Malignant lymphoma of the testis. Am J Med 1986;81:515–522.

28 Donovan MG, Fitzpatrick JM, Gaffney EF, West AB: Paratesticular leiomyosarcoma. Br J Urol 1987;60:590.

29 Dounis A: Primary chondroma of testis. Br J Urol 1984;56:334–335.

30 Evans KJ, Teddi RJ, Weatherby E: Spontaneous intratesticular hemorrhage masquerading as a testis tumor. J Urol 1985;134:1211.

31 Erpenbach K, Reis M, Pust RA, Göller T: Die Epididymektomie: Eine sinnvolle Operationsmethode! Fertilität 1988;4:65–70.

32 Fitzmaurice H, Hotiana MZ, Crucioli V: Malignant mesothelioma of the tunica vaginalis testis. Br J Urol 1987;60:184.

33 Fournier GR, Laing FC, Jeffrey RB, Mc Anninch JW: High resolution scrotal ultrasonography: a highly sensitive but nonspecific diagnostic technique. J Urol 1985; 134:490–493.

34 Friedrichs R, Rübben H, Lutzeyer, W: Differential diagnosis and therapy of rare testicular tumors. Eur Urol 1986;12:217–223.

35 Garty I, Chaimovitsh G, Sudarsky M: Re: the high incidence of benign testicular tumors. J Urol 1988,139:144–145.

36 Gluck RW, Bloiso G, Glasser J: Paratesticular desmoid tumor. Urol 1987;29:648–649.

37 Godec GJ: Malignant Sertoli cell tumor of testicle. Urol 1985;26:185–188.

38 Goodman JD, Carr L, Ostrovsky PD, Sunshine R, Yeh HC, Cohen EL: Testicular lymphoma: sonographic findings. Urol Radiol 1985;7:25–27.

39 Grem JL, Robins HI, Wilson KS, Gilchrist K, Trump DL: Metastatic Leydig cell tumor of the testis. Cancer 1986;58:2116–2119.

40 Haas GP, Ohorodnik JM, Farah RN: Cystadenocarcinoma of the rete testisa. J Urol 1987;137:1232–1233.

41 Harzmann R, Stiens R: Intraskrotale nicht-germinale Tumoren, in Weißbach L, Hildenbrand G. (eds): Register und Verbundstudie für Hodentumoren. München, Zuckschwerdt, 1982, pp 306–339.

42 Heaney JA, Klauber GT, Conley GR: Acute leukemia: diagnosis and management of testicular involvement. Urol 1983;21:573–577.

43 Heydermann E, O'Donnell PJ, Lloyd-Davies RW: Stony testicle: case of calcific granulomatous orchitis. Urol 1988;31:346–348.

44 Javadpour N: Gonadal stroma tumors of the testis, in Javadpour N. (ed): Principles and management of testicular cancer. New York, Thieme, 1986, pp 383–386.

45 Kalash S: Malignant lymphoma of the testis, in Javadpour N. (ed): Prinicples and management of testicular cancer. New York, Thieme, 1986, pp 387–396.

46 Kressel K, Hartmann M: Nicht-germinale, benigne Hodentumoren – ein Erfahrungs-bericht. Urologe A 1988;27:96–98.

47 Kumar PVN, Khezri AA: Pure testicular rhabdomyosarcoma. Br J Urol 1987;59:282.

48 Kushner BH, Vogel R, Hajdu SI, Helson L: Metastatic neuroblastoma and testicular involvment. Cancer 1985;56:1730–1732.

49 Linn R, Moskovitz B, Bolkier M, Munichor M, Levin DR: Paratesticular papillary mesothelioma. Urol Intern 1988;43:60–61.

50 Manson AL: Adenomatoid tumor of testicular tunica albuginea mimicking testicular carcinoma. J Urol 1988;139:819–820.

51 Marshall FF, Little B: Malignant gonadal stromal tumor of the testis arising with a malignant teratoma. J Urol 1986;136:1089–1091.

52 Martenson JA, Buskirk SJ, Ilstrup DM, Banks PM, Evans RG, Cologan JP, Earle JD: Patterns of failure in primary testicular non-Hodgkin's lymphoma. J Clin Oncol 1988; 6:297–302.

53 Masterson JST, McCullough AR, Smith RRL, Jeffs RD: Neonatal gonadal stromal tumor of the testis: limitation of tumor markers. J Urol 1985;134:558–559.

54 Matsuda T, Shichiri Y, Hida S, Okada Y, Takeuchi H, Nakashima Y, Yoshida O: Eosionophilic sclerosing lipogranuloma of the male genitalia not caused by exoge-nous lipids. J Urol 1988;150:1021–1024.

55 McClellan MW, Trulock TS, Finnerty DP, Woodard J: Splenic gonadal fusion. Urol 1988;32:521–524.

56 Meacham RB, Mata JA, Espada R, Wheeler TM, Schum CW, Scardino PT: Testicu-lar metastasis as the first manifestation of colon carcinoma. J Urol 1988;140:621–622.

57 Mikhail NE, Twafric MI, Hadi AA, Akl M: Schistosomal orchitis simulating malig-nancy. J Urol 1988;140:147–148.

58 Mohler JL, Jarow JP, Marshall FF: Unusual urological presentations of acquired immune deficiency syndrome: large cell lymphoma. J Urol 1987;138:627–628.

59 Moskovitz B, Bolkier M, Ginesin Y, Levin DR, Bassan L: Idiopathic calcinosis of scrotum. Eur Urol 1987;13:130–131.

60 Moskovitz B, Kerner H, Levin DR: Testicular metastasis from carcinoma of the pros-tate. Urol Intern 1987;42:79–80.

61 Mostofi FK, Sesterhenn IA, Davis CJ: Pathology of testicular tumors, in Javadpour N (ed): Principles and management of testicular cancer. New York, Thieme, 1986, pp 33–72.

62 Mostofi FK, Sobin LH: Histological typing of testis tumours, WHO, Genf, 1977.

63 Nichols J, Kandzari S, Elyaderani MK, Rochlani S: Epidermoid cyst of testis: a report of 3 cases. J Urol 1985;133:286–287.

64 Okoye MI, Dewitt BL, Mueller WF, Blight CO, Chang CY, Lau JM, Congdon DE: Testicular gonadal stromal (Sertoli cell) tumor. Urol 1985;25:184–186.

65 Peters HP, Wieland WF, Rößler W, Dressler W, Permanetter W: Malignes Mesothe-liom der Tunica vaginalis testis. Akt Urol 1989;20:45–47.

66 Petersen RO: Urologic pathology. Philadelphia, Lippincott, 1986.

67 Prescott S, Taylor RE, Sclare G, Bussuttil A: Malignant mesothelioma of the tunica vaginalis testis: a case report. J Urol 1988;140:623–624.

68 Ramaswamy G, Jagadha V, Tchertkoff V: A testicular tumor resembling the sex cord with annular tubules in a case of the androgen insensitivity syndrome. Cancer 1985; 55:1607–1611.

69 Raney RB, Tefft M, Lawrence W Jr, Ragab AH, Soule EH, Beltangady M, Gehan EA: Paratesticular sarcoma in childhood and adolescence. Cancer 1987;60:2337–2343.

70 Redman JF, Rountree GA: Bilateral cysts of tunica albuginea of testes. Urology 1988; 32:259–261.

71 Rifkin MD: Scrotal ultrasound. Urol Radiol 1987;9:119–126.

72 Roberts SD, LiPuma JP, Resnick MI: Ultrasonography of the scrotum and retroperitoneum, in Javadpour N (ed): Principles and management of testicular cancer. New York, Thieme, 1986, pp 178–192.

73 Rüesch R, Morger R: Kavernöses Hämangiom des Nebenhodens, ein Fallbericht. Z Kinderchir 1987;42:384–385.

74 Schnell D, Thon WF, Stief CG, Heymer B, Altwein JE: Organerhaltendes Vorgehen bei gutartigem Hodentumor? Akt Urol 1987;18:127–132.

75 Seidenwurm D, Smathers RL, Kan P, Hoffmann A: Intratesticular adrenal rests diagnosed by ultrasound. Radiol 1985;155:479–481.

76 Smith SJ, Vogelzang RL, Smith WM, Moran MJ: Papillary adenocarcinoma of the rete testis: sonographic findings. Am J Radiol 1987;148:1147–1148.

77 Sozua Andrade J de, Bambirra EA, Bicalho OJ, Sozua AF de: Bilateral papillary cystadenoma of the epididymidis as a component of von Hippel-Lindau's syndrome: Report of a case presenting as infertility. J Urol 1985;133:288–289.

78 Subramanyam BR, Horii SC, Hilton S: Diffuse testicular disease: sonographic features and significance. Am J Radiol 1985;145:1221–1224.

79 Tackett RE, Ling D, Catalona WJ, Melson GL: High resolution sonography in diagnosing testicular neoplasms: clinical significance of false positive scans. J Urol 1986; 135:494–496.

80 Terhune DW, Manson AL, Jordon GH, Peterson N, Auman JR, MacDonald GR: Pure primary testicular carcinoid: a case report and discussion. J Urol 1988;139:132–133.

81 Terzian N, Blumenfrucht MJ, Yook CR, Seebode JJ, Sporer A: Plasmocytoma of the testis. J Urol 1987;137:745–746.

82 Thon W, Mohr W, Altwein JE: Hoden- und Nebenhodenmetastasen eines Prostatakarzinoms. Urologe A 1985;24:287–290.

83 Umeda T, Tokuda H, Hara T, Kishi H, Niijima T: Primary testicular carcinoid tumor in a 19-year-old boy. Eur Urol 1987;13:215–216.

84 Waxman M, Damjanov I, Khapra A, Landau SJ: Large cell calcifying Sertoli tumor of the testis. Cancer 1984;54:1574–1581.

85 Wollin M, Marshall FF, Fink MP, Malhotra R, Diamond DA: Aberrant epididymal tissue: a significant clinical entity. J Urol 1987;138:1247–1250.

86 Zajaczkowski T, Straube W, Schlake W: Gutartige paratestikuläre Tumoren. Urologe B 1988;28:355–357.

87 Zein TA, Khauli RB, Kramer HC: Interstitia Leydig cell tumor of testis. Urol 1985; 26:590–593.

Dr. med. W. Vahlensieck jr., Urologische Universitätsklinik,
Klinikum Großhadern, Marchioninistr. 15, D-8000 München 70 (BRD)

Beitr Onkol. Basel, Karger, 1990, vol 40, pp 27–31.

Der Stellenwert der Tumormarker beim Hodentumor und der Einfluß von Immunstimulantien auf das Meßergebnis

N. Dahlmann

Institut für Klinische Biochemie der Universitätsklinik Bonn, BRD

Wie bei keinem anderen soliden Tumor haben die Fortschritte in der kombinierten Operations-, Chemo- und Radiotherapie dazu geführt, daß der Hodentumor heute zu den weitgehend kurablen Krebserkrankungen zählt. Unter den Hodentumoren gehören die Keimzelltumoren mit 1 % zu den seltenen Tumoren des Mannes, machen aber 90–95 % der Hodentumoren aus. Die Prognose wird weitgehend von der Histologie des Primärtumors, dem Staging sowie dem Ausmaß der Disseminierung bestimmt. Neben der klinischen Untersuchung sowie der Anwendung bildgebender Verfahren nehmen die Tumormarker einen hohen Stellenwert in der Diagnostik ein. Wie bei kaum einem anderen Tumor spiegeln sie das maligne Geschehen wieder. Möglich wurde dies durch die Anwendung monoklonaler Antikörper, die die Nachweisempfindlichkeit und Spezifität der Testsysteme erheblich gesteigert haben. Allerdings wurden dadurch auch Fehlerquellen möglich, die dem Kliniker bewußt sein sollten und auf die später noch eingegangen wird. Der hohe Stellenwert der Tumormarker beim Hodentumor – und hier dominieren das AFP und HCG – erklärt sich aus der ersten Phase des embryonalen Wachstums.

Am 6. Tag nach der Befruchtung kommt es zur Innidation in die durch Progesteron vorbereitete Uterusschleimhaut. Das befruchtete Ei liegt jetzt als Blastozyste vor und hat eine innere Höhle gebildet. Der äußere Anteil wird zum Synzytiotrophoblast und nimmt den Kontakt zum mütterlichen Gewebe auf. Hier wird das HCG gebildet, das zur Aufrechterhaltung der Schwangerschaft notwendig ist. Der eigentliche Embryo entwickelt sich aus der Embryonalplatte mit den 3 Keimblättern Entoderm, Mesoderm und Exoderm. Aus dem Entoderm geht der Dottersack hervor, der das AFP produziert und später verkümmert. Die meisten Hodentumoren entstehen

aus omnipotenten Keimzellen, die zu einem ähnlichen Differenzierungs-
gang wie in der Ontogenese befähigt sind. Sie können sich zu Seminomen
oder embryonalen Karzinomen ausdifferenzieren. Von diesen ist eine Weiterentwicklung in extraembryonale Tumore möglich (Choriokarzinom,
Dottersacktumor) oder sie reifen weiter aus zu embryonalen Strukturen
(Teratome). Die histologische Zusammensetzung spiegelt sich dabei serologisch wieder. Nur die extraembryonalen Tumoren sind Marker-positiv,
es sei denn, es liegt ein Mischtumor vor. Im folgenden ist die klinische Wertigkeit der einzelnen Tumormarker aufgeführt.

AFP

Alpha-Fetoprotein (AFP) wurde 1965 zum ersten Mal von Tatarinov
im Serum von Patienten mit hepatozellulären Karzinomen gefunden. Es
handelt sich um ein saures Glykoprotein mit einem Molekulargewicht von
ca. 70000 Dalton und einer elektrophoretischen Beweglichkeit im α1-Glo-
bulin-Bereich. In der Embryonalperiode wird AFP physiologischerweise
im Verdauungstrakt, der Leber und im Dottersack gebildet. Da es plazentar
durchgängig ist, erklärt dies, warum nicht nur Säuglinge bis zum ersten
Lebensjahr, sondern auch Schwangere physiologischerweise erhöhte AFP-
Spiegel aufweisen.

Die Hauptindikation zur AFP-Bestimmung stellen die Hepatome und
die Keimzelltumoren dar. Bei den Keimzelltumoren produzieren nur solche
Tumoren AFP, die Dottersackstrukturen haben. Das sind reine Dottersacktumoren, die selten sind und nur im Hoden und Ovar von Kleinkindern auftreten sowie Teratokarzinome. Dabei handelt es sich um gemischte Formen, die
embryonale und extraembryonale Strukturen besitzen und häufig (50–70 %)
AFP-positiv sind [7, 9]. Bei benignen Erkrankungen, insbesondere in der re-
generierenden Leber, bei Hepatiden (15 %) und Leberzirrhose (20 %), aber
auch bei benignen Tumoren des Ovars und des Gastrointestinaltraktes, können erhöhte Spiegel nachgewiesen werden. Dadurch ist die Spezifität des AFP
als Tumormarker eingeschränkt (Literaturübersicht bei [10]).

Nach operativer Entfernung des Tumors sinken die AFP-Werte mit
einer Halbwertzeit von 5 Tagen. Da der Katabolismus über die Leber läuft,
sind hier Funktionsstörungen bei der Beurteilung zu berücksichtigen.
Ansteigende oder persistierende Markerwerte sind mit einer Tumorre-
mission unvereinbar. Rezidive können oft Monate vor bildgebenden Verfahren angezeigt werden.

HCG

Das HCG (human chorionic gonadotropin) ist ein Glykoproteinhormon, das aus zwei Untereinheiten besteht, die nichtkovalent miteinander verbunden sind. Nur das Dimer ist biologisch aktiv. Die α-Untereinheit (MG 14 000) wird durch ein einziges Gen auf dem Chromosom 6 kodiert und ist mit der entsprechenden Untereinheit der Hormone LH, FSH sowie TSH weitgehend identisch. die β-Untereinheit (MG 24 000) wird von einer Familie von 6 Genen auf dem Chromosom 19 kodiert, von denen mindestens zwei transkribiert werden. Sie ist für die biologische Spezifität verantwortlich und unterscheidet sich somit von den β-Untereinheiten der anderen Glykoproteine [1]. Nach der Glykosylierung erfolgt die Sekretion.

Physiologischerweise erfolgt die Synthese des HCG im Synzytiotrophoblast der Plazenta, sowie in trophoblastären Strukturen oder einkernigen Riesenzellen von Keimzelltumoren. Eine ektopische Bildung in anderen Tumoren ist ebenfalls möglich (bis zu 50 % beim Pankreas-, Mamma- oder Ovarialkarzinom), hat jedoch wegen geringer Sensitivität keine praktische Bedeutung erlangt.

Aus dem Syntheseort läßt sich ableiten, daß Chorionkarzinome sowie trophoblastisch differenzierte Teratome immer (100 %) und Blasenmolen fast immer (97 %) HCG positiv sind (Sammelstatistik bei [5]). Die übrigen Teratome vom Intermediärtyp sind dagegen je nach histologischer Zusammensetzung Marker-positiv (Übersichtstabelle bei [8]). Wenn ein Seminom HCG-positiv ist, so ist das immunhistologisch auf den Nachweis von synzytiotrophoblastischen Riesenzellen zurückzuführen. Die Angaben für die Positivrate bei reinen Seminomen gehen in der Literatur auseinander und schwanken zwischen 8 und 49 % (Sammelstatistik bei [6]). Die Ursache dürfte bei den verschiedenen Assays liegen, ob und wie gut diese die freie β-Untereinheit messen; denn bei 42 % aller Seminome werden offenbar freie β-Ketten sezerniert [6]. Dies könnte auf eine Regulationsstörung des komplexen Synthesemechanismus der β-Untereinheit zurückzuführen sein. Deshalb sollte in jedem Fall darauf geachtet werden, daß Assays verwendet werden, die sowohl das Gesamtmolekül als auch die freie β-Kette erfassen. Der Marker spricht gut auf eine erfolgreiche Therapie an (Halbwertzeit 1–3 Tage) und zeigt Rezidive frühzeitig an. Da bei einigen Tumoren (bes. Choriokarzinom) mit extrem hohen Werten gerechnet werden muß, ist auf die Gefahr eines Hook-Effektes zu achten [2]. Das Problem besteht darin, daß bei sehr hohen Antigenkonzentrationen sich das Signal im Test vermindert. Die Werte liegen dann innerhalb der Stan-

dardkurve und können nicht als erhöht erkannt werden. Solche Fehlbe-
stimmungen können nur durch Plausibilitätsüberlegungen des Klinikers
aufgedeckt werden. Ein weiteres Problem bei der Interpretation von Testergebnissen ist von erheblicher klinischer Relevanz und soll im folgenden
kurz dargestellt werden.

Tumormarker und Immunstimulantien

Kürzlich wurde von einem Patienten berichtet, bei dem aufgrund
erhöhter AFP-Werte eine Chemotherapie durchgeführt wurde [3]. Der
Vergleich verschiedener Testsysteme ergab, daß die Werte im monoklonalen Enzymimmunoassay fälschlich erhöht waren, während alle polyklona-
len Kits richtig-negative Ergebnisse anzeigten. Der Faktor, der für die
fälschliche Erhöhung verantwortlich ist, konnte gereinigt und als ein IgG-
Molekül identifiziert werden [4]. Bemerkenswert ist die Tatsache, daß der
Patient nicht mit Mäuseantikörpern behandelt wurde, weder zu diagnostischen noch zu therapeutischen Zwecken, und bei seiner Arbeit keinerlei
Kontakt zu Tieren hat.

Als Ursache für den Entstehungsmechanismus wurden 18 Präparate
analysiert, die der Patient neben der Zytostatikatherapie eingenommen
hatte. Es handelt sich dabei ausschließlich um sogenannte Immunstimulantien, teils pflanzlicher, teils tierischer Herkunft. Von den 18 Präparaten enthalten die Präparate Apia prophycan, Wobe Mugos und Wob-
enzym-Polypeptidketten von größer als 10 000 Dalton. Jedoch nur das
Präparat Wobenzym und nicht die anderen Präparate reagieren mit der
IgG-Fraktion des Patienten und lassen sich immunologisch anfärben
(Western Blot). Zusätzlich wurde mit allen Präparaten kompetitive
Inhibitionsversuche durchgeführt. Während die unverdünnte Wobenzym-Lösung den AFP-Wert auf annähernd Null hemmt, wird mit
zunehmender Verdünnung der Hemmeffekt wieder aufgehoben
(Abb. 1).

Damit konnte gezeigt werden, daß der Patient sich mit dem Präparat
Wobenzym immunisiert und somit Antikörper gebildet hat, die mit
Maus-IgG kreuzreagieren. Dafür spricht auch der Zeitpunkt der Einnahme und der Titerverlauf, der sich ohne weitere medikamentöse Ein-
wirkung wieder normalisiert hat. Bei fraglichen Testergebnissen insbesondere in monoklonalen Systemen ist daher auf die Einnahme von tie-
rischen Immunstimulantien zu achten.

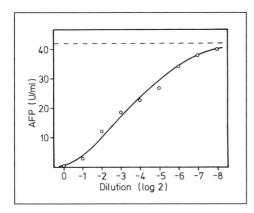

Abb. 1. Wobenzym-Hemmung. Je 50 µl Serum wurden mit 25 µl einer Wobenzym-Lösung in verschiedenen Verdünnungen versetzt und für eine Stunde bei 37°C inkubiert. 25 µl wurden dann in den monoklonalen AFP-Kit eingesetzt und entsprechend den Angaben des Herstellers (Abbott) gemessen. Die Verdünnungen erfolgten mit dem Null-Standard des Testkits. Der ungehemmte Serumwert entspricht einer AFP-Konzentration von 42 U/ml.

Literatur

1   Andersen B, Milsted A, Kennedy G, Nilsen JH: Cyclic AMP and phorbol esters inter-
    act synergistically to regulate expression of the chorionic gonadotropin genes. J Biol
    Chem 1988;263:15578–15583.
2   Dahlmann N: Hook-Effekt als Ursache fälschlich erniedrigter β-HCG-Werte. Dtsch
    Med Wschr 1989;114:36–37.
3   Dahlmann N, Hartlapp JH: False positivity with one-step monoclonal assay for alpha-
    fetoprotein. Lancet 1988;I:1172–1173.
4   Dahlmann N, Hartlapp JH: Chemotherapy of a patient because of spuriously eleva-
    ted alpha-fetoprotein levels. Identification of the responsible factor. Klin Wschr 1989;
    67:408–412.
5   Mann K: Wertigkeit serologischer Untersuchungen von HCG und AFP bei Keim-
    zelltumoren des Hodens. Lab Med 1985;9:1–8.
6   Paus E, Fossa A, Fossa SD, Nustad K: High frequency of incomplete human chorio-
    nic gonoadotropin in patients with testicular seminoma. J Urol 1988;139:542–544.
7   Scardion PT, Cox HD, Waldmann TA, McIntire KR, Mittemeyer B, Javadpour N:
    The value of serum tumor markers in the staging and prognosis of germ cell tumors
    of the testis. J Urol 1977;118:994–999.
8   Thomas L: Labor und Diagnose. Med. Verlagsges., Marburg, 1988, p 993.
9   Waldmann T.A, McIntire KR: The use of a radioimmunoassay for alpha-fetoprotein
    in the diagnosis of malignancy. Cancer 1974;34:1510–1515.
10 Wepsic HT, Kirkpatrick A: Alpha-fetoprotein (AFP) and its relevance to human
    disease. Gastroenterology 1978;77:787–796.

Prof. Dr. N. Dahlmann, Inst. für Klinische Biochemie,
Sigmund-Freud-Straße 25, D-5300 Bonn 1 (BRD)

Beitr Onkol. Basel, Karger, 1990, vol 40, pp 32–44.

Stellenwert der skrotalen Sonographie bei Hodentumoren

M. Meyer-Schwickerath

Urologische Universitätsklinik Essen, BRD

Einleitung

In der Diagnostik unklarer skrotaler Befunde und in der Frühdiagnostik testikulärer Raumforderungen hat die Sonographie das urologische diagnostische Instrumentarium wesentlich bereichert. Testikuläre und paratestikuläre Befunde können sicher voneinander abgegrenzt werden. Befunde, die durch eine Begleithydrozele der Palpation unzugänglich sind, werden durch die Sonographie aufgedeckt (Abb. 1). Bei Hodentumoren wird seit der Verfügbarkeit von hochauflösenden Ultraschallgeräten und Angiodynographen (Color-Ultraschallgeräte) die Möglichkeit einer Artdiagnose mittels Sonographie diskutiert. Darüber hinaus wird immer häufiger über die sonographische Diagnostik nicht palpabler Hodentumoren berichtet.

Wir haben unsere präoperativen und intraoperativen Ultraschallbefunde bei Hodentumoren mit den histologischen Ergebnissen verglichen, um zu sehen, ob der sonographische Befund eine Aussage über Art und Dignität des Hodentumors erlaubt und inwieweit die präoperativen Ultraschallbefunde die operative Strategie beeinflussen können.

Material und Methode

Neben 416 nicht-seminomatösen Hodentumoren sahen wir im Zeitraum von 1974 bis 1987 13 «ausgebrannte» Hodentumoren (3 %), 4 Leydigzell-Tumoren (1 %), 4 Epidermoidzysten (1 %) und 1 Hodenzyste (0,2 %).

Seit 1978 führen wir bei allen Erkrankungen des Hodens und der Hodenhüllen eine skrotale Sonographie durch. Kam anfänglich nur ein statischer Compound-Scanner mit

5 MHz zur Anwendung, so stand uns seit 1980 ein Realtime-Ultraschallgerät zur Ver-
fügung, das 1982 mit einem hochauflösenden 5-Mhz-Schallkopf ausgerüstet wurde.
Zusätzlich entwickelten wir 1983 einen Smallpart-Schallkopf für die intraoperative
Anwendung. Erste Erfahrungen mit einem Angiodynographen (B-Bild-Sonographie plus
Farb-Doppler) bei der Hodenuntersuchung wurde 1989 gewonnen.

Wurde früher der zu untersuchende Hoden durch eine «Wasservorlaufstrecke» in
den Fokus der Schallwellen gebracht, um eine gute Detailauflösung im Schallbild zu erreichen, so haben die Schallgeräte der heutigen Generation variable Foci und hochfre-
quente Schallköpfe, so daß die skrotale Untersuchung durch direkten Kontakt des Schall-
kopfs mit dem Skrotum erfolgt.

Ultraschallbefund bei Hodentumoren

Das Echomuster eines Gewebes ist abhängig von der Anzahl der aku-
stischen Grenzflächen und der Impedanzunterschiede im Gewebe. So
lassen sich anhand des makroskopischen und mikroskopischen sowie des
angiographischen Befundes bei Hodentumoren [9] die sonographischen
Echomuster bei Hodentumoren erklären.

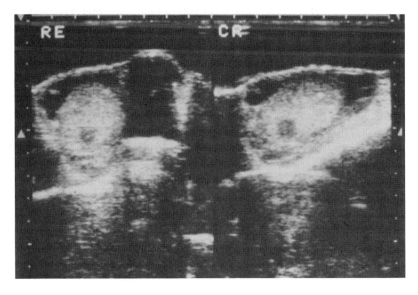

Abb. 1. Sonographisches Bild eines durch eine Hydrozele kaschierten, nicht palpablen kleinen Seminoms. Im Transversalschnitt (RE) und Longitudinalschnitt (CR) zeigt
sich im Hodenparenchym eine ca. 5 mm große echoarme homogene Raumfoderung. Der
Hoden selbst ist von einem echolosen Saum umgeben, der der Begleithydrozele entspricht.

Nicht-seminomatöse Tumoren

Diese Tumoren sind durch ausgedehnte, unscharf begrenzte Nekrosen mit Einblutungen gekennzeichnet [13]. Schon makroskopisch zeigt sich an der Schnittfläche ein sehr inhomogenes buntes Gewebsmuster, was sich im angiographischen Bild fortsetzt [9].

Der sonographische Schnitt läßt sich mit dem morphologischen Befund vergleichen (Abb. 2), gekennzeichnet durch ein inhomogenes Echomuster im Tumorbereich. Es finden sich echoarme Bezirke neben echoreichen Arealen. Es kommen sehr helle Reflexe mit Auslöschungsphänomenen zur Darstellung, die Verknorpelungen und Verkalkungen entsprechen.

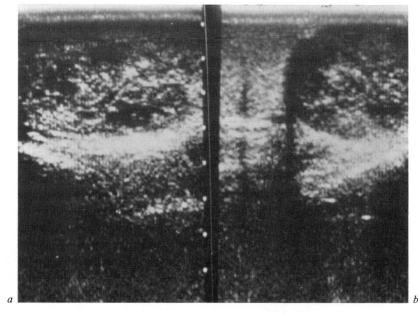

a   *b*

Abb. 2. Ultraschallbefund eines nicht-seminomatösen Hodentumors. Der Tumor ist gekennzeichnet durch echoreiche und echoarme Bezirke. Insgesamt zeigt der tumorbefallene Hoden eine sehr inhomogene Struktur und ist im Vergleich zum nicht befallenen rechten Hoden sowohl echoärmer als auch echoreicher. *a* Sonographischer Longitudinalschnitt durch den tumorbefallenen linken Hoden. *b* Sonographischer Transversalschnitt vergleichend durch normalen rechten Hoden und tumorbefallenen linken Hoden.

Seminome

Seminome lassen sich bereits durch eine homogene, hellweiße Schnittfläche von allen anderen Keimzelltumoren unterscheiden [13]. Auch das angiographische Bild ist gekennzeichnet durch ein homogenes Vaskularisationsmuster kleinlumiger Gefäße [9].

Sonographisch imponiert das Seminom durch ein homogenes Reflexmuster. Im Vergleich zum normalen Hoden ist der Tumor echoärmer und läßt sich vom normalen Hodengewebe gut abgrenzen (Abb. 3).

«Ausgebrannte» Hodentumoren

Sie finden sich häufig in atrophischen Hoden, so daß paradoxerweise der zu kleine Hoden auf den Sitz des Primarius hinweist.

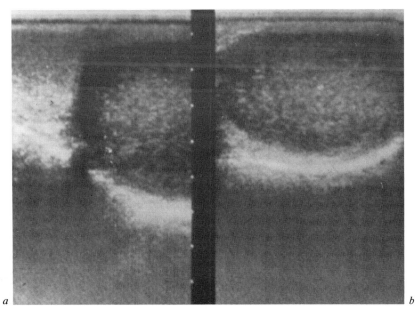

a   *b*

Abb. 3. Ultraschallbefund eines Seminoms: Das Seminom ist sonographisch gekennzeichnet durch eine sehr homogene Echomorphologie. Der tumorbefallene Hoden ist im Vergleich zum normalen Hoden echoärmer und vergrößert. *a* Sonographischer Transversalschnitt vergleichend durch normalen rechten Hoden und tumorbefallenen linken Hoden. *b* Sonographischer Longitudinalschnitt durch den tumorbefallenen linken Hoden.

Sonographisch ist der atrophe Hoden etwas echoärmer als der normale Hoden, und es finden sich nahe dem Rete testis helle Reflexe mit dahinterliegender Auslöschung, die der (verkalkten) Narbe entsprechen (Abb. 4 a, b).

Leydigzell-Tumoren

Leydigzell-Tumoren kommen häufig schon als sehr kleine, kaum oder nicht palpable Tumoren zur Diagnostik, da die Patienten klinisch durch die testikuläre Feminisierung auffallen.

Sonographisch imponieren die Leydigzell-Tumoren als kleine, echoarme Raumforderungen, die sich gut vom Hodenparenchym abgrenzen lassen. Sie sind etwas echoärmer als das Seminom (Abb. 5 a, b).

Lymphome und Leukosen

Infiltrate im Hodenparenchym durch Lymphome oder Leukosen zeichnen sich sonographisch durch ein sehr homogenes Echomuster aus. Die Infiltrate sind unscharf begrenzt und echoärmer als das normale Hodenparenchym. Das sonographische Bild gleicht dem Seminom, bei ansonst meist eindeutiger Klinik mit Blutbildveränderungen etc.

Epidermoidzysten

Epidermoidzysten sind zystische Gebilde, die von einem verhornenden Plattenepithel ausgekleidet und mit abgestoßenen Hornlamellen angefüllt sind [7].

Entsprechend findet sich sonographisch ein scharf abgegrenzter Tumor im Hodenparenchym, der echoarm und von homogener Echotextur ist (Abb. 6 a, b).

Hodenzysten

Bei Hodenzysten handelt es sich um dünnwandige Zysten des Hodenparenchyms, die mit einer serösen Flüssigkeit gefüllt sind (Abb. 7).

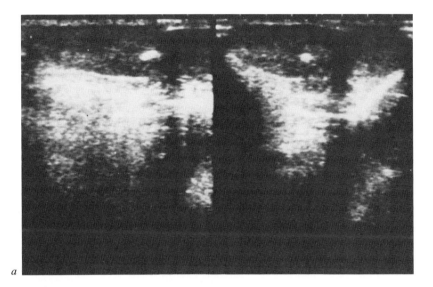

a

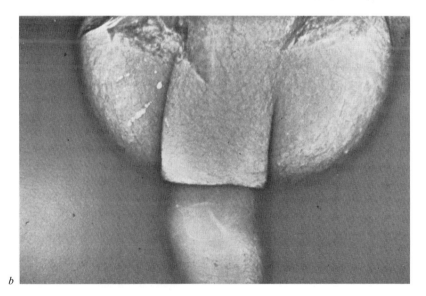

b

Abb. 4. Ausgebrannter Hodentumor. *a* Sonographischer Longitudinal- und Transversalschnitt durch einen ausgebrannten Hodentumor des rechten Hodens mit einem einzelnen sehr hellen Reflex mit nachfolgender diskreter Auslöschung als Zeichen des Reflexverhaltens der Narbe bzw. der verkalkten Narbe. Ansonsten zeigt der Vergleich beider Hoden ein identisch homogenes Echomuster. *b* Xeroradiographie mit Darstellung der gleichen Verkalkung im rechten Hoden, was radiologisch nur selten gut gelingt.

Sonographisch finden sich die typischen Zeichen einer Zyste, d. h. eine zirkuläre Raumforderung im Hodenparenchym ohne Binnenechos, mit dahinterliegender Schallverstärkung und ohne Nachweis einer kräftigen reflexreichen Tumorkapsel, wie sie bei zystischen Teratokarzinomen gefunden werden (Abb. 8).

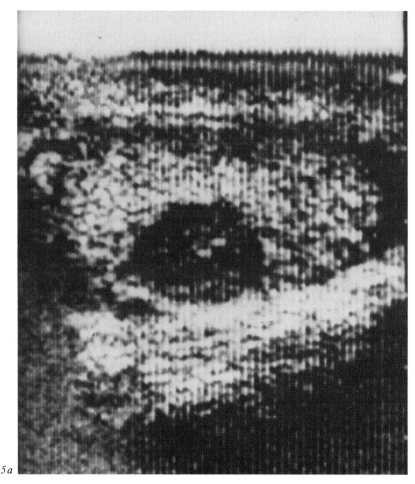

5 a

Abb. 5. Leydigzell-Tumor. *a* Sonographischer Longitudinalschnitt eines Hodens mit einer echoarmen, gut abgrenzbaren Raumforderung in der Nähe des rete testis. *b* Operationspräparat des gleichen Hodens, das den homogenen Tumor im Bereich des rete testis zeigt.

Diskussion

Neben der Palpation ist die Sonographie zum wichtigsten Untersuchungsverfahren des Skrotums geworden. Sie ermöglicht die sichere Differenzierung zwischen liquiden und soliden sowie testikulären und paratestikulären Raumforderungen [11].

Gelingt es darüber hinaus, anhand der Echomorphologie von testikulären Raumforderungen Hodentumoren präoperativ exakter einzuordnen:

1. Lassen sich benigne von malignen Tumoren abgrenzen?
2. Wird die operative Strategie durch den Schallbefund beeinflußt?
3. Wann und welche nicht palpablen Hodentumoren können durch die Sonographie entdeckt werden?

Sonographie und Histologie: Versuche einer sonographischen Gewebsbestimmung werden regelmäßig mitgeteilt. Sichere, klinisch anwendbare Ergebnisse stehen aber noch aus. Ansätze einer Gewebsdifferenzierung bestehen in der mathematischen Erfassung erfahrungsorientierter Schallreflexveränderungen bei Tumoren, sowie der rechnergestützten Erarbeitung von Schalldämpfungskoeffizienten für verschiedene Tumoren [12, 15]. Reproduzierbare Rechenmodelle, die die Dignität eines Prozesses erfassen, sind bis jetzt noch nicht gelungen. Somit kann die Sonographie zur Zeit noch keine Mikroskopie ersetzen. Aber die Echomorphologie

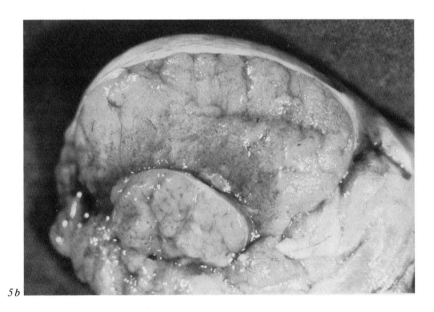

5b

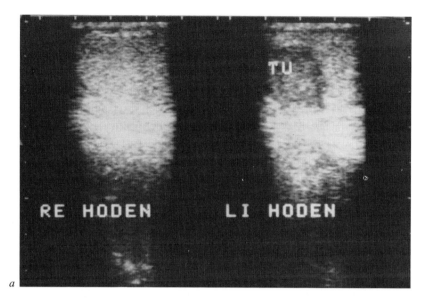

a

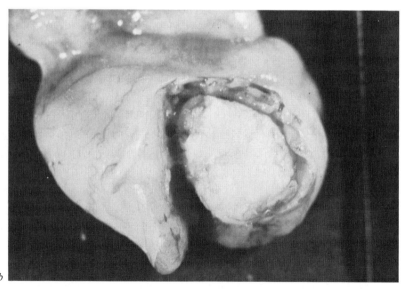

b

Abb. 6. Epidermoidzyste. *a* Sonographisches Bild einer Epidermoidzyste des linken Hodens. Im Hodenparenchym zeigt sich eine sehr homogene echoarme Raumforderung. *b* Intraoperative Freilegung der Epidermoidzyste, die reseziert wurde bei Hodenerhaltung.

kann erfahrungsbedingte Hinweise auf Art und Dignität und Hodentumoren geben. Zusammen mit den Tumormarkern lassen sich die Seminome von den nicht-seminomatösen Hodentumoren abgrenzen.

Gutartige Hodenzysten haben eine sehr typische Morphologie mit einer echolosen, scharf abgegrenzten intratestikulären Raumforderung, die keine derbe Kapsel hat. Wie schwierig jedoch die Abgrenzung zu einem zystischen Teratokarzinom ist, zeigt unser Beispiel (Abb. 7, 8).

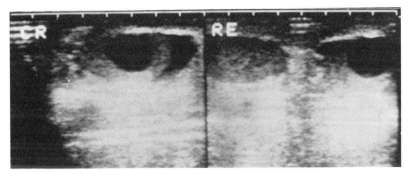

Abb. 7. Hodenzyste. Sonographischer Longitudinalschnitt (CR) und Transversalschnitt (RE) mit Darstellung einer scharf abgegrenzten echolosen Raumforderung mit folgender Echoverstärkung des linken Hodens. Ein Kapsel- oder Wandreflex ist nicht nachweisbar (s. Abb. 8).

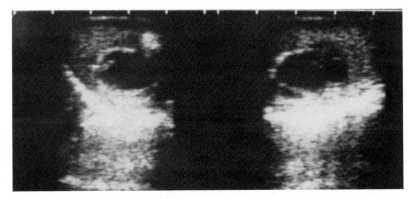

Abb. 8. Zystisches Teratokarzinom. Sonographischer Longitudinalschnitt und Transversalschnitt mit Darstellung einer etwas unscharf abgegrenzten echolosen Raumforderung, die von einer sehr echoreichen Kapsel/Wand umgeben ist. Eine nachfolgende Schallverstärkung ist nicht mehr so eindeutig nachweisbar.

Die gutartigen Epidermoidzysten und die nicht immer benignen Leydigzell-Tumoren sind echomorphologisch nicht sicher voneinander abgrenzbar, da beide Tumoren homogen, echoarm sind.

Sonographie und Operationsstrategie: Die unterschiedliche Echomorphologie von testikulären Raumforderungen erlaubt schon präoperativ eine zielsichere Verdachtsdiagnose. Ist ein maligner Prozeß zu erwarten, wird sich am operativen Vorgehen nichts ändern. Liegt aber die Vermutung nahe, daß es sich um einen gutartigen Hodentumor handelt, kann diese Diagnose durch eine perioperative Schnellschnittuntersuchung gestützt werden und der Hoden eventuell erhalten werden. So wird über die intraoperative ultraschallgesteuerte Resektion von Leydigzell-Tumoren berichtet [3]. Da wir von 4 Leydigzell-Tumoren einen bösartigen Tumor hatten, an dem der Patient 3 Jahre nach Erstdiagnose verstarb, verzichten wir auf eine organerhaltenden Tumorresektion und führen bei histologischer Sicherung eine Orchiektomie durch. Die 4 Epidermoidzysten in unserem Krankengut konnten aber durch die präoperative sonographische Diagnose organerhaltend reseziert werden.

Sonographie und nicht palpable Hodentumoren: Eine der wichtigsten Bereicherungen in der Diagnostik testikulärer Raumforderungen erbrachte die Sonographie beim nicht palpablen Hodentumor [6, 10]. Häufig kommen Patienten zur Behandlung mit sekundären Zeichen eines Hodentumors wie zum Beispiel Schmerzen durch größere retroperitoneale Raumforderungen (Abb. 9), Kurzatmigkeit durch disseminierte pulmonale Metastasierung, testikuläre Feminisierung mit Ausbildung einer Gynäkomastie (Abb. 10) und Libidoverlust oder lediglich Laborveränderungen mit Erhöhung des AFP, beta-HCG, des FSH und Östradiols und erniedrigtes Testosteron und vermehrter Ausscheidung von 17-Ketosteroiden [8].

Bei diesen Laborkonstellationen und negativem Palpationsbefund kann die Sonographie heutzutage viele Tumoren aufdecken, die früher als extragonadale Tumoren eingestuft wurden. Gerade die ausgebrannten Hodentumoren sind nicht tastbar. Lediglich ein anormal kleiner Hoden deutet auf einen ausgebrannten Hodentumor hin, und großzügige intraoperative Schnellschnittuntersuchungen werden angeraten [13]. Hier kann die Sonographie in vielen Fällen schon präoperativ die Diagnose sichern und die gezielte Ablatio testis ermöglichen, wie wir bei 12 ausgebrannten Hodentumoren zeigen konnten (Abb. 4a, b).

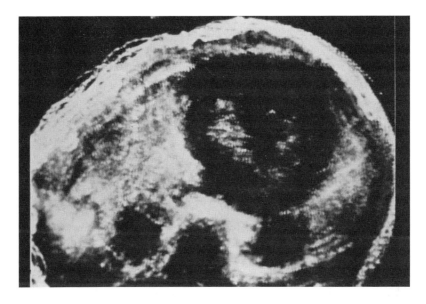

Abb. 9. Sonographische Darstellung einer riesigen retroperitonealen, echoarmen Raumforderung, die dem linken Psoas aufliegt, das halbe Abdomenlumen einnimmt und sich bis zur Bauchdecke erstreckt.

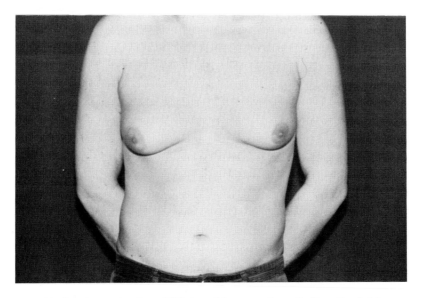

Abb. 10. Gynäkomastie eines 29jährigen Mannes mit testikulärer Feminisierung durch einen kleinen, kaum palpablen Leydigzell-Tumor (s. Abb. 5).

Literatur

1 Anderegg LA, Boillat JJ: Echography of the scrotum. J Francais d'Echogr 1983; 1:23-30.

2 Belville WD, Insalaco SJ, Dresner ML, Buck AS: Benign testis tumors. J Urol 1982; 28:1198-1200.

3 Buckspan MB, Klotz PG, Golfinger M, Stoll S, Fernandes B: Intraoperative ultrasound in the conservative resection of testicular neoplasms. J Urol 1989;41:326-327.

4 Deshmukh AS: Leydig cell tumor in undescended testis. Urol 1982;20:543-545.

5 Digiacinto TM, Patten D, Willscher M, Daly K: Sonography of the scrotum. Med Ultrasound 1982;6:95-101.

6 Glazer HS, Lee JKT, Melson GL, McClenann BL: Sonographic detection of occult testicular neoplasms. Am J Radiol 1982;138:673-675.

7 Kröpfl D, Behrend H, Richter HJ: Die Epidermoidzyste des Hodens. Klinik, Pathologie und Therapie dieses seltenen Tumors. Urologe 1982;21:166-168.

8 Kropp W, Meyer-Schwickerath M, Ringert RH: Ultrasound in diagnosis of leyding cell tumors. 78th Annual Meeting, AUA, Las Vegas, 18.-22.4.1983, J Urol AUA Programm, 123.

9 Meyer-Schwickerath M, Müller KAM: Angiographische und morphologische Befunde bei Hodentumoren. Urologe A 1981;20:58-62.

10 Moudy PC, Makhija JS: Ultrasonic demonstration of a non-palpable testicular tumor. J Clin Ultrasoun 1983;11:54-55.

11 Nathan M, Halbig W, Stosch M: Die Diagnose der Hodentumoren im Ultraschall. Urologe B 1983;23:201-203.

12 Nauth P, Pfannenstiel P, Loch EG, von Seelen W: Gewebsdifferenzierung und Therapiekontrolle durch rechnergestützte Bildverarbeitung und Auswertung von Streusignalen. Ultraschalldiagnostik 1986;85:748-749.

13 Richter HJ, Nikodem T: Zur Pathologie der testikulären Keimzelltumoren, in Höffgen K (ed): Hodentumoren. Diagnostik und Therapie. Ergebnisse der Internistischen Onkologie. Stuttgart, Enke, 1988, pp 1-18.

14 Staehler G, Gebauer A, Mellin HE: Sonographische Untersuchung bei Erkrankungen des Skrotalinhaltes, Urologe A 1978;17:247-250.

15 Zuna I, Schlaps D, Räth U, Volk JF, Lorenz A, Lorenz D, van Kaick G, Lorenz WJ: Physikalische und mathematische Grundlagen der Ultraschallgewebsanalyse. Ultraschalldiagnostik 1986;85:744-745.

PD Dr. Martin Meyer-Schwickerath, Urologische Uniklinik Essen, Hufelandstraße 55, D-4300 Essen 1 (BRD)

Beitr Onkol. Basel, Karger, 1990, vol 40, pp 45–54.

Sonographie und MR-Tomographie der Gonaden

N. Leipner, T. Harder, O. Rollmann, H. Schüller, W. Dewes

Radiologische Klinik der Universität Bonn, BRD

Seit 1981 wurden in der Radiologischen Klinik der Universität Bonn über 2500 sonographische Untersuchungen des Skrotums durchgeführt. In dieser Zeit wurden 172 maligne Hodentumoren sonographisch diagnostiziert. Bei 152 Patienten konnten die Ultraschallbefunde mit den Ergebnissen der histopathologischen Aufarbeitung verglichen werden (Tab. 1).

Ergebnis dieser Analyse war:
1) Hodentumoren, insbesondere die Seminome, waren echoarm.
2) Etwa 40 % der Hodentumoren waren gemischt reflektierend und hatten zusätzlich echoreiche Anteile.
3) Isoreflektierende oder echoreiche Hodentumoren waren eine Rarität.

Tabelle 1. Schallverhalten der Hodentumoren im Vergleich zum Hodenparenchym

Histologie		Ausbreitungsmuster		Reflexmuster		
		fokal	diffus	echoarm	echoreich	gemischt
Seminom	(n = 64)	20 (31 %)	44 (69 %)	44 (69 %)	0	20 (31 %)
Teratom	(n = 55)	25 (45 %)	30 (55 %)	27 (49 %)	0	28 (51 %)
Mischtumor	(n = 22)	5 (23 %)	17 (77 %)	12 (56 %)	1 (5 %)	9 (41 %)
Leydig-Zelltumor	(n = 6)	5 (83 %)	1 (17 %)	2 (33 %)	0	4 (66 %)
Lymphom	(n = 3)	0	3	2	0	1
Metastase	(n = 2)	2	0	2	0	0

Liquide Tumoranteile wurden bei 18 % der Seminome und 32 % der übrigen Tumoren gefunden. Sie entsprachen histopathologisch regressiven Veränderungen oder Tumoreinblutungen. 9 % der Seminome, 20 % der Teratome und 18 % der Mischtumoren wiesen echoreiche Reflexzonen z. T. mit dorsalem Schallschatten auf. Bei Seminomen handelte es sich hierbei um Fibrosierungen. Bei Teratomen wurden zusätzlich Knochen- und Knorpelanteile sowie Verkalkungen gefunden.

Nicht nur die Hodentumoren, sondern auch die gutartigen gonadalen Läsionen wie Narben oder atrophische Areale, erschienen sonographisch echoarm, so daß die Differentialdiagnostik nach den sonographischen Kriterien allein nicht immer eindeutig war. Bei einem 20-jährigen Patienten mit einer Hodenkontusion (Abb. 1), die sonomorphologisch Kriterien eines Hodentumors erfüllte, war die Diagnose nur durch die Anamnese und die klinischen Symptome zu sichern. Die sonographischen Verlaufskontrollen ließen die Resorption des testikulären Hämatoms und die Ausbildung von Pseudozysten erkennen. Nicht immer war eine sichere Zuordnung des pathologischen Prozesses zum Hoden oder Nebenhoden sonographisch möglich. Bei einem 54-jährigen Patienten (Abb. 2) mit einer blanden Schwellung des linken Hoden wurde der Verdacht einer Nebenhodentuberkulose nur differentialdiagnostisch erwähnt.

MR-Tomographie

Mit der Einführung der MRT entwickelte sich die Hoffnung, auch bei der skrotalen Diagnostik zusätzliche Informationen zu erhalten, die über die Aussagekraft der Sonographie hinausgeht. Aus diesem Grunde wurden in der Radiologischen Klinik der Universität Bonn seit 1987 kernspintomographische Untersuchungen an Patienten durchgeführt, deren sonographische Diagnose unsicher war oder die ein interessantes Krankheitsbild boten. Bei allen 32 Patienten, die bis jetzt untersucht wurden, erfolgte die MR-Tomographie mit einer magnetischen Feldstärke von 1,5 Tesla unter Anwendung von Oberflächenspulen in Spin-Echo-Technik, wobei sowohl Nativ-T1- als auch T2-betonte Sequenzen durchgeführt wurden. Der diagnostische Wert von Gadolinium-DTPA bei T1-gewichteten SE-Sequenzen konnte bislang noch nicht beurteilt werden. Zur Unterdrückung des Cremasterreflexes wurden die Patienten in Bauchlage untersucht.

Ergebnisse

Pathologische intratestikuläre Veränderungen waren am besten auf T2-gewichteten SE-Sequenzen darstellbar und zeigten im Vergleich zum normalen Hodenparenchym meist eine gringere Signalintensität. Bei der Orchtitis (Abb. 3) war eine homogen verminderte Signaldichte des vergrößerten Hodens sichtbar, wobei meist ein signalreicher schmaler Flüssigkeitssaum als Ausdruck einer Begleithydrozele auffiel. Bei der chronischen Torsion (Abb. 4) war der betroffene Hoden verkleinert und signalarm. Der

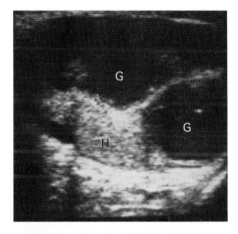

Abb. 1. Sonogramm: Tuberkulöse Granulome (G) des Nebenhodens. Hoden (H).

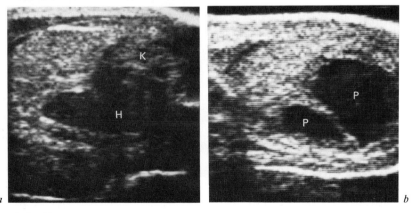

a   *b*

Abb. 2. 20-jähriger Patient; Hodenkontusion. *a* Sonogramm: Frische Kontusionsherde (K) mit Hämatom (H). *b* Sonogramm 14 Tage später: Resorption des Hämatoms mit Bildung von Pseudozysten (P).

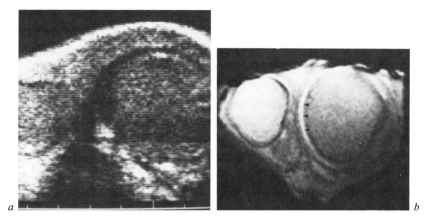

Abb. 3. 56-jähriger Patient: Orchitis. *a* Transversales Sonogramm: vergrößerter linker Hoden mit diffus vermindertem Reflexmuster. Schwellung der Hodenhüllen. *b* Transversale MRT: T2 gewichtete SE-Sequenz, linker Hoden vermindert signalintensiv. Begleitserozele (>).

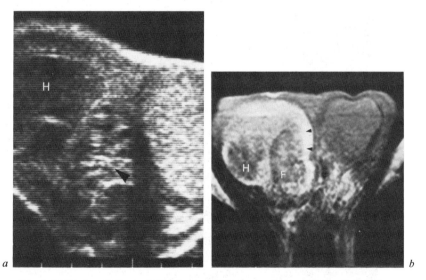

Abb. 4. 25-jähriger Patient: 2 Wochen alte Hodentorsion. *a* Transversales Sonogramm: Verkleinerter hyporeflektierender re. Hoden (H); vergrößerter Nebenhoden und hyperreflektierender Funiculus psermaticus (>). *b* Transversale MRT: Protonengewichtete SE-Sequenz; verkleinerter re. Hoden (H), vergrößerter re. Nebenhoden und F. spermaticus (F), Hämatozele (>).

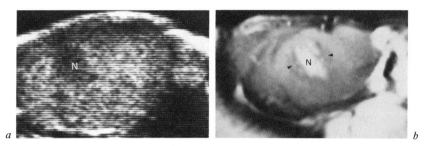

a *b*

Abb. 5. 45-jähriger Patient: Ischämische Nekrose des Hodens. *a* Sonogramm: Hypo-reflektierendes Areal innerhalb des rechten Hodens (N). US-Diagnoe: Verdacht auf ein Seminom. *b* MRT: T2-gewichtete SE-Sequenz; signalreiche Darstellung des nekrotischen Gewebes (N), signalarmer Randsaum (>).

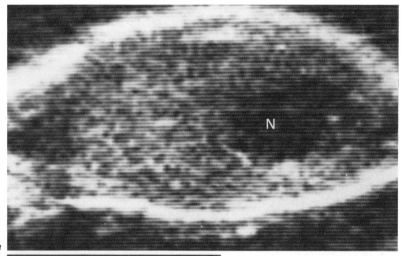

a

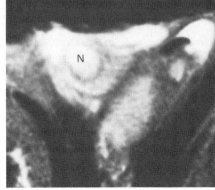

b

Abb. 6. 40-jähriger Patient: Spontannekrose eines Seminoms. *a* Sonogramm: Hyporeflektierende Raumforderung (N), US-Diagnose: Verdacht auf ein Seminom. *b* Transversales MRT: T2-gew. SE-Sequenz; signalreiche Darstellung der Tumornekrose (N) im re. Hoden mit signalvermindertem Randsaum.

Nebenhoden und der Funiculus spermaticus (sonographisch echoreich) waren vergrößert. Zusätzlich bestand eine Hydro- bzw. Hämatozele.

Intratestikuläre Nekrosen wie z. B. eine ischämische Nekrose (Abb. 5) oder eine Spontannekrose eines kleinen Seminoms (Abb. 6) waren die einzigen Veränderungen, die sich bei T2-gewichteten SE-Sequenzen signalreich darstellten. Alle maligne Hodentumoren waren überwiegend signalarm (Abb. 7–9). Die Signaldichte wurde mit der Größe des Tumors zunehmend inhomogener.

So wie das pathognomonische Bild einer Varikozele im Sonogramm eine sichere Diagnose zuläßt, erwies sich die MRT bei der lymphangiomatösen Dysplasie des Nebenhodens und des Funiculus spermaticus als die Untersuchungsmethode der Wahl. Sonographisch ließ sich die Diagnose nur vermuten. Nur der untere Pol des rechten Hodens konnte abgebildet werden (Abb. 10a). Die übrigen Anteile des rechten Skrotalfachs stellten sich so dar, als handele es sich um fokale Totalreflexionen des Schalls an

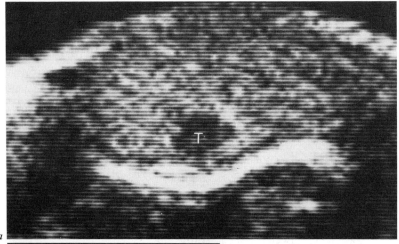

a

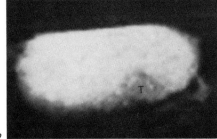

b

Abb. 7. 21-jähriger Patient: embryonales Karzinom: *a* Sonographie: 4 mm großer, hyporeflektierender, maligner Tumor (T). *b* MRT: T2-gew. SE-Sequenz; signalarme Darstellung des Tumors (T).

der Skrotalhaut bei nicht ausreichendem Kontaktgel (Abb. 10b). Auch bei extratestikulären Raumforderungen des Skrotums brachte die MRT Zusatzinformationen. Bei einem Patienten, bei dem 3 Tage zuvor eine transfemorale Angiographie durchgeführt wurde, konnte der Inhalt einer bis dahin klinisch nicht bekannten Skrotalhernie kernspintomographisch als nicht mehr frische Einblutung identifiziert werden (Abb. 12).

Diskussion

Die MR-Tomographie ist eine wertvolle Zusatzuntersuchung, die bei gezieltem Einsatz differentialdiagnostische Hilfen bietet. Die homogene und sehr hohe Signalintensität des normalen Hodengewebes auf T2-gewichteten Bildern bietet einen hohen Kontrast zu pathologischen Veränderungen, die sich überwiegend signalarm darstellen [1–3, 5, 6]. Intratestikuläre Nekrosen und Hämatome, die sich sonographisch hyporeflektierend wie Hodentumoren darstellen, erscheinen kernspintomographisch signalreich und lassen sich dadurch von den malignen Läsionen unterscheiden. Durch die Anwendung von Oberflächenspulen und einer magnetischen Feldstärke von 1,5 Tesla wird kernspintomographisch eine ähnlich hohe räumliche Auflösung erreicht wie im Ultraschall. Tumorkapseln, Faszien, Hodenhüllen oder das Peritoneum bei Skrotalhernien sind in der MRT besser darstellbar als im Ultraschall (Abb. 9, 11). Bei der Diagnostik entzündlicher Hodenerkrankungen hat die MRT eine höhere Sensitivität als die Sonographie [5, 6]. Pathognomonisch ist der MRT-Befund bei Lymphangiomen, wie dies schon von Untersuchungen angiomatöser Gesichtsschädeltumoren bekannt ist. Die erfolgreiche Durchführung der MRT setzt jedoch die Kenntnis des Ultraschallbefundes voraus. Als diagnostische Screeningmethode ist die MRT ungeeignet. Die Untersuchung

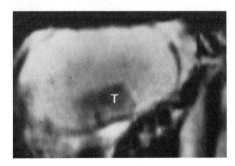

Abb. 8. MRT: Protonengewichtete SE-Sequenz; 19-jähriger Patient; embryonales Karzinom (T).

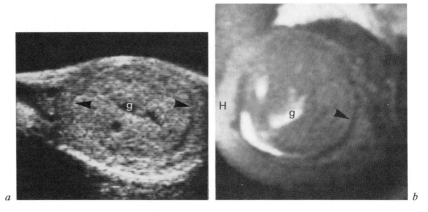

Abb. 9. 25-jähriger Patient: Maligner Keimzelltumor (abgekapselter Dottersacktumor). *a* Sonogramm: Im Vergleich zum Hodenparenchym iso- bis leicht hyperreflektierender Tumor mit glatter Kapsel (>) und Gefäßstrukturen (g). *b* MRT: T1-gew. SE-Sequenz; isointenser Tumor mit Kapsel (>) und Blutgefäßen (g).

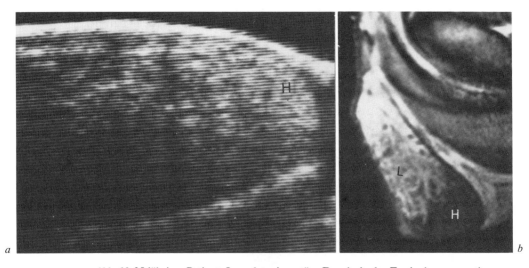

Abb. 10. 25-jähriger Patient: Lymphangiomatöse Dysplasie des Funiculus spermaticus und des Nebenhodens. *a* Sonographie: Hoden und Nebenhoden nicht abgrenzbar, nur im unteren Drittel normales Hodenparenchym erkennbar (H). *b* MRT: T1-gew. SE-Sequenz; signalintensive Darstellung des dysplastischen Lymphgefäßkonvolutes (L), Hoden (H).

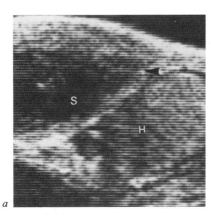
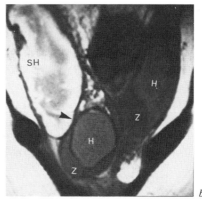

a   b

Abb. 11. 65-jähriger Patient: Skrotales Hämatom nach transfemoraler Angiographie.
a Sonographie: Skrotalhernie (S), Hoden (H) und Nebenhoden unauffällig, Bruchsack (>).
b MRT: T1-gew. SE-Sequenz; Signalintensives Hämatom innerhalb der Skrotalhernie
(SH), Bruchsack (>), Hydrozele bds. (Z), Hoden (H).

ist zeitaufwendig und teuer. Zudem ist die Sonographie wegen der rasch
variablen bildlichen Schnittführung bei kombinierter klinischer Untersuchung der MRT überlegen.

Die sonographische Diagnostik testikulärer Veränderungen stützt sich
auf folgende Parameter: 1) Echodichte, 2) Homogenität der Schallreflexe
und 3) Begrenzung der Läsion [4–10]. Zur Bewertung der einzelnen Merkmale müssen auch die klinischen Symptome und das Alter des Patienten
hinzugezogen werden. In manchen Fällen läßt sich sonographisch sogar
die Tumorhistologie (z. B. Seminom oder Mischtumor/Dottersackanteile)
richtig vermuten. Es bleibt dem persönlichen Ehrgeiz des Untersuchers
überlassen, sich in dieser histologischen Differentialdiagnostik zu üben.
Eine klinische Konsequenz resultiert daraus nicht, da die Primärbehandlung bei allen malignen Hodentumoren gleich ist und die Weichen der differenzierten Nachbehandlung erst nach der genauen histologischen Aufarbeitung gestellt werden. Im übrigen gilt bei allem Fortschritt der bildgebenden Verfahren nach wie vor, daß jeder unklare Hodenbefund biopsiert
werden muß.

Literatur

1   Baker LL, Hajek PC, Burkahrd TK, Dicapua L, Leopold GR, Mattrey RF: Magnetic
     resonance imaging of the scrotum: normal anatomy. Radiol 1987;163:89.

2   Baker LL, Hajek PC, Burkahrd TK, Dicapua L, Landa HM, Leopold GR, Hesselink
     JR, Mattrey RF: Magnetic resonance imaging of the scrotum: Pathologic conditions.
     Radiol 1987;163:93.
3   Fournier GR, Lang FC; Jeffrey RB, McAnich JW: High resolution scrotal ultrasono-
     graphy: A highly sensitive but nonspecific diagnostic technique. J Urol 1985;134:490.
4   Grantham JG, Charboneau JW, James EM, et al: Testicular neoplasms: 29 tumors
     studied by high-resolution US. Radiol 1985;157:775.
5   Hajek PC: Magnetische Resonanztomographie (MRT) des Skrotum – erste Ergeb-
     nisse und Vergleich mit der Sonographie. Teil I: Normale Anatomie und extratesti-
     kuläre Pathologie. Radiologe 1987;27:522.
6   Hajek PC: Magnetische Resonanztomographie (MRT) des Skrotum – erste Ergeb-
     nisse und Vergleich mit der Sonographie. Teil II: Intratestikuläre Pathologie. Radio-
     loge 1987;27:529.
7   Hausegger K: Sonographische Differentialdiagnose von Erkrankungen des Skro-
     tums. Fortschr. Röntgenstr 1987;146:538.
8   Krahe T, Leipner T, Porst H: Echomorphologie der Hodentumoren. Fortschr Rönt-
     genstr 1988; 148:609.
9   Shawker TH, Javadpour N, O'Leary T, Sharpiro E, Krudy AE: Ultrasonic detection of
     «burned out» primary testicular germ cell tumors in clinically normal testis. J Ultra-
     sound Med 1983;2:477.
10   Tackett R, Ling D, Catalona WJ, Melson GL: High resolution sonography in diagnos-
     ing testicular neoplasms. Clinical significance of false positive scans. J Urol 1986;
     135:494.

Dr. Norbert Leipner, Radiologische Klinik der Universität Bonn,
D-5300 Bonn 1 (BRD)

Beitr Onkol. Basel, Karger, 1990, vol 40, pp 55–60.

Treffsicherheit der Sonographie und anderer diagnostischer Verfahren bei der Abklärung von Lymphknotenmetastasen beim Hodentumor

H. Behrendt[a], *N. Niederle*[b]

[a] Urologische Klinik
[b] Innere Klinik (Tumorforschung),
   Medizinische Einrichtungen der Universität Essen, BRD

Einleitung

Der retroperitoneale Lymphknotenstatus beim Germinalzellkarzi-
nom ist diagnostisch sowohl der Sonographie, der Computertomographie
als auch der Lymphographie zugänglich. Will man zur Treffsicherheit
dieser Methoden eine Aussage machen und zieht hierzu Daten aus der
Literatur heran, so stößt man allerdings auf Schwierigkeiten. Dies liegt in
erster Linie daran, daß in vielen Untersuchungen das Patientengut nicht
nach der Ausdehnung des retroperitonealen Tumorbefalls unterteilt ist.
Dies zeigt sich auch in den Ergebnissen der TNM-Validierungsstudie zur
Diagnostik des Hodentumors und seiner Metastasen [8]. Für die Sonographie gilt zusätzlich, daß ihre Treffsicherheit bei zunehmender Adiposi-
tät des untersuchten Patienten leidet.

Bereits vorliegende Daten zur N-Staging-Effizienz der Sonographie
beim Hodentumor lassen in einem nicht stadienunterteilten Krankengut
korrekte Befunde in einer Größenordnung von 77–82 % erwarten bei einer
Sensitivität von 69–93 % und einer Spezifität von 57–94 % [2, 5, 9]. Vergleichbare Daten liegen für die Computertomographie bei diesem Patient-
gut vor mit korrekten Befunden in einer Größenordnung von 73–87 % und
einer Sensitivität zwischen 14–93 % sowie einer Spezifität von 80–90 % [2,
3, 7, 9]. Nach Kademian und Wirtanen [6] liefert die Lymphographie in
79–89 % korrekte Befunde bei einer Sensitivität zwischen 67 und 88 %
sowie einer Spezifität von 82–100 %.

Um eine relevante Aussage über die Treffsicherheit der uns für die
Diagnostik des Retroperitoneums zur Verfügung stehenden bildgebenden

Verfahrens machen zu können, müssen wir den Blick auf die Fähigkeit dieser Methoden zur Erfassung sehr kleiner tumorbedingter Veränderungen fokussieren. Diese Fähigkeit ist auch im Hinblick auf die sich wandelnden Therapiemodalitäten in den frühen Stadien des Germinalzelltumors von größter Bedeutung. Die Sonographie kann Lymphknotenmetastasen von einer Größe von etwa 1 – 1,5 cm an erfassen. Im folgenden werden die im Tumorzentrum Essen erhobenen Daten zur Diskriminierung des Stadium I und IIa des nicht-seminomatösen Hodentumors dargestellt.

Methodik

Zunächst wurde in einer retrospektiven Untersuchung die Effektivität der Sonographie zur Beurteilung des retroperitonealen Lymphknotenstagings an einem großen Patientengut geprüft. Diese Daten sind zum Teil publiziert [1]. In eine anschließende prospektive Analyse gingen 36 Patienten ein, welche nach Semikastration tumormarkernegativ waren und einen unauffälligen sonographischen Befund des Retroperitoneums aufwiesen. Diese Patienten erhielten im Laufe der weiteren Diagnostik zunächst eine Computertomographie des Abdomens sowie anschließend eine Lymphographie. Daran schloß sich die radikale retroperitoneale Lymphadenektomie und histologische Aufarbeitung der entnommenen Lymphknoten an. Es ging in dieser Analyse um die Frage, inwieweit bei dem hochselektierten Krankengut Computertomographie und Lymphographie zu einer diagnostischen Verbesserung beitragen können, bzw. in welcher Höhe ein nicht vermeidbarer Staging-Irrtum bestehen bleibt.

Resultate

Retrospektive Analyse

In diese Untersuchung gingen 148 Patienten mit nicht-seminomatösen Hodentumoren der Stadien I bis IIc ein. Die erhobenen Daten sind den Tabellen 1 – 3 zu entnehmen.

Die Aufteilung des Patientengutes entsprechend der retroperitonealen Tumorausdehnung läßt als Problemgruppe eindeutig das Stadium IIa erkennen, in dem von 48 Patienten in 29 Fällen eine falsch-negative Diagnose erhoben wurde. Fassen wir die Patientengruppen zusammen, bei welchen es um die Diskriminierung der retroperitonealen Tumorfreiheit von dem frühen metastatischen Lymphknotenbefall geht, so konnten wir zwar in 71 % eine korrekte Diagnose erreichen, die Sensitivität der Sonographie lag bei diesem Patientengut jedoch nur noch bei 40 % mit einem prädiktiven Wert der negativen Diagnose von lediglich 67 % (Tab. 3). Hierbei ist zu betonen, daß von den 29 Patienten des Stadiums IIa, welche einen falsch-negativen sonographischen Befund des Retroperitoneums auf- wiesen, 20 Patienten (69 %) bezüglich AFP, Beta-HCG und LDH marker- negativ waren. Im Hinblick auf die Diskriminierung Stadium I/IIa ergab sich aus dieser retrospektiven Analyse, daß durch Ultraschall und Tumor- marker-Bestimmmung 42 % der Patienten im Stadium IIa understaged waren und irrtümlich dem Stadium I zugeordnet wurden.

Prospektive Analyse

36 Patienten, die nach Semikastration tumormarkernegativ waren und sonographisch einen unauffälligen retroperitonealen Befund aufwiesen, gingen in diese Studie ein. Es handelte sich somit um ein hochselektiertes Krankengut, bei dem die Frage der Erkennbarkeit von Metastasen in prak- tisch nicht vergrößerten Lymphknoten zu beantworten war. 12 der 36 Patienten wiesen bei der retroperitonealen Lymphadenektomie bzw. bei der histologischen Aufarbeitung der entnommenen Lymphknoten teils nur mikroskopisch kleine Lymphknotenmetastasen auf. Beim Vergleich der N-Staging-Effizienz von Computertomographie (Tab. 4) und Lympho- graphie (Tab. 5) bei diesem selektierten Krankengut schneidet die Lym- phographie wesentlich besser ab. Die Lymphographie war immerhin in der Lage, 6 (50 %) der Stadium-IIa-Patienten als solche zu erkennen, was mit der Computertomographie nur bei 2 Patienten gelang. Besonders hin- zuweisen ist auch auf die Tendenz zum Overstaging bei der Computer- tomographie. Der prädiktive Wert des positiven Befundes betrug bei dieser Untersuchung lediglich 29 % gegenüber 75 % bei der Lymphographie.

Tabelle 1. Resultate des sonographischen Stagings Statium I–IIc (n = 148)

Pathologisches Stadium	Patienten	Diagnose	Ultraschall	
		korrekt	falsch	
			pos.	neg.
I	56	98	1	—
IIa	48	40	—	29
IIb	25	96	—	1
IIc	19	100	—	—

Tabelle 2. Resultate des sonographischen Stagings Stadium I - II c (n = 148)

Diagnose korrekt	79 %
Sensitivität	67 %
Spezifität	98 %
Prädiktiver Wert	
pos. Diagnose (62 / 63)	99 %
neg. Diagnose (56 / 85)	66 %

Tabelle 3. Resultate des sonographischen Stagings Stadium I - II a (n = 104)

Diagnose korrekt	71 %
Sensitivität	40 %
Spezifität	98 %
Prädiktiver Wert	
pos. Diagnose (19 / 29)	95 %
neg. Diagnose (56 / 84)	67 %

Tabelle 4. Resultate der Computertomographie bei 36 Patienten (Marker-negativ und sonographisch o. B.)

Diagnose korrekt	58 %
Sensitivität	17 %
Spezifität	79 %
Prädiktiver Wert	
pos. Diagnose (2 / 7)	29 %
neg. Diagnose (19 / 29)	66 %

Tabelle 5. Resultate der Lymphographie bei 36 Patienten (Marker-negativ und sonographisch o.B.)

Diagnose korrekt	78 %
Sensitivität	50 %
Spezifität	92 %
Prädiktiver Wert	
pos. Diagnose (6 / 8)	75 %
neg. Diagnose (22 / 28)	79 %

Unter Ausnutzung aller diagnostischer Möglichkeiten (Tumormar-
ker-Bestimmung, Sonographie, Computertomographie, Lymphographie)
lag in der hier vorgelegten prospektiven Studie der Staging-Irrtum bei
21,4 %. Dieser Anteil von Patienten im Stadium IIa wurde irrtümlich dem
Stadium I zugeordnet. Der Verzicht auf die Computertomographie hätte
im übrigen diesen Staging-Irrtum nicht erhöht.

Diskussion

Die erhobenen Daten zeigen die offensichtlich aktuellen Grenzen der
Tumormarker-orientierten und bildgebenden Diagnostik zu Beurteilung
des retorperitonealen Lymphknotenstatus beim Hodentumor auf. Die
Daten korrelieren gut mit der Relaps-Rate, wie sie aus wait-and-see-Proto-
kollen im Stadium I des nicht-seminomatösen Germinalzelltumors berichtet werden. Diese liegt bei 32 %, wobei zwei Drittel der Relapse auf das
Retroperitoneum (entsprechend dem von uns festgestellten Staging-
Irrtum von 21,4 %) entfallen, der Rest auf viszerale Relapse [4]. Eine Verbesserung der Treffsicherheit von Sonographie, Computertomographie
und Lymphographie zur Abklärung des retroperitonealen Lymphknotenstatus ist vorab nicht zu erwarten. Die zusätzliche Anwendung der Kernspintomographie scheint nach unseren ersten Erfahrungen nicht zu einer
Erhöhung der Staging-Sicherheit bei diesem Patientengut beizutragen.
Inwieweit andere Methoden bis hin zur Verwendung monoklonaler Antikörper zu einer Senkung des Staging-Irrtums führen können, muß
zunächst dahingestellt bleiben.

Literatur

1   Behrendt H, Heckemann R, Meyer-Schwickerath M, Hartung R: Die Rolle der Sono-
     graphie und der Tumormarker beim Staging von Hodentumoren unter besonderer
     Berücksichtigung der Stadien I und IIa. Urol Intern 1983;38:279–284.
2   Burney BT, Klatte EC: Ultrasound and computed tomography of the abdomen in the
     staging and management of testicular carcinoma. Radiology 1979;132:415–419.
3   Ehrlichmann RJ, Kaufmann SL, Siegelman SS, Trump DL, Walsh PC: Computer-
     ized tomography and lymphangiography in staging testis tumors. J Urol 1981;
     126:179–181.
4   Freedman L, Parkinson M, Jones W, Oliver R, Peckham M, Read G, Newlands E,
     Williams C: Histopathology in the prediction of relapse of patients with stage I testi-
     cular teratoma treated by orchiectomy alone. Lancet 1987;I:294–297.

5   Hutschenreiter G, Alken P, Schneider HM: The value of sonography and lymphogra-
    phy in the detection of retroperitoneal metastases in testicular tumors. J Urol 1979;
    122:766–769.
6   Kademian M, Wirtanen G: Accuracy of bipedal lymphangiography in testicular
    tumors. Urol 1977;9:218–220.
7   Richie JP, Garnick MB, Finberg H: Computerized tomography: Now accurate for
    abdominal staging of testis tumors? J Urol 1982;127:715–717.
8   Weißbach L, Bussar-Maatz R: Die Diagnostik des Hodentumors und seiner Metasta-
    sen – Ergebnisse einer TNM-Validierungsstudie. Beitr Onkol. 28, Basel, Karger, 1988,
    vol 28.
9   Williams RD, Feinberg SB, Knight LC, Fraley EE: Abdominal staging of testicular
    tumors using ultrasonography and computed tomography. J Urol 1980;123:872–875.

Prof. Dr. med. H. Behrendt, Urologische Klinik,
Universität Essen, Hufelandstr. 55, D-4300 Essen 1 (BRD)

Beitr Onkol. Basel, Karger, 1990, vol 40, pp 61–73.

CT und MRT retroperitonealer Lymphknotenmetastasen bei nicht-seminomatösen Hodentumoren

T. Harder, N. Leipner, B. Siewert, W. Dewes

Radiologische Klinik der Universität Bonn, BRD

Die CT ist eine heute nicht mehr verzichtbare Untersuchungs-methode bei der Abklärung abdomineller Lymphknotenmetastasen von Hodentumoren. Vor einer zytostatischen oder operativen Therapie wird sie im Rahmen des Tumor-Staging regelmäßig durchgeführt. Darüber hinaus wird sie auch neben oder ergänzend zur Sonographie bei der Kontrolle der Therapieergebnisse sowie im Rahmen der Tumornachsorge eingesetzt. Obgleich die CT heute als «goldener Standard» angesehen wird, an dem andere bildgebende Verfahren gemessen werden, gibt es auch bei der Interpretation des CT-Bildes Problemfälle. Dazu zählen morphologisch nicht vergrößerte Lymphknoten sowie eine nach zytostatischer Therapie nicht vollständige Regredienz vergrößerter Lymphknoten. Um den Stellenwert der CT bei der Bewertung abdomineller Lymphknotenmetastasen nach zytostatischer Therapie zu beurteilen, wurden die CT-Befunde und Aufnahmen von 99 Patienten mit dem Operationssitus und dem histologischen Ergebnis verglichen, bei denen wegen eines malignen Hodentumors eine Laparotomie mit ggfs. folgender Lymphadenektomie durchgeführt wurde.

Untersuchungsmethode

Die CT-Untersuchungen wurden durchgeführt an einem Tomoscan 350 (Fa. Philips) und an einem Somatom SF (Fa. Siemens). Die Schichtdicke betrug 8 oder 10 mm und der Schichtabstand 8 mm. Allen Patienten wurde vor der Untersuchung oral Kontrastmittel gegeben, um den Gastrointestinaltrakt zu kontrastieren. Zusätzlich wurden zur besseren Darstellung der Gefäße intravenös 100 ml Kontrastmittel (300 mg/ml) injiziert. Bei nahezu allen Patienten lagen mehrere Untersuchungsserien vor, da die Patienten bei nachgewiese-

nen Lymphknotenmetastasen zunächst zytostatisch vorbehandelt wurden. Bei dieser Auswertung wurden nur Untersuchungen berücksichtigt, die in der Radiologischen Klinik
angefertigt worden waren.

Bei 15 Patienten wurde ergänzend zur CT auch ein MRT an einem 0,5 bzw. 1,5 Tesla
System (Gyroscan, Fa. Philips) durchgeführt. Die Untersuchungen wurden als T1- und
T2-gewichtete Spin-Echo-Sequenzen mit einer Schichtdicke von 10 mm in transversaler
Schnittführung angefertigt.

Ergebnisse

Bei 99 Patienten mit einem malignen, nicht der Gruppe der Seminome
zugehörigen Hodentumor wurde in einem Zeitraum von unter vier
Wochen vor der Lymphadenektomie in der Radiologischen Klinik ein CT
durchgeführt, so daß der histologische Befund der retroperitonealen
Lymphadenektomie mit dem der CT verglichen werden konnte. Bei 84 der
99 Fälle ergab sich eine Übereinstimmung zwischen CT Befund und Histologie (Abb. 1–4). Bei 15 Patienten fand sich dagegen ein differenter Befund
zwischen CT und dem Operationssitus mit nachfolgender Histologie. In 13
Fällen, in denen im CT aufgrund der noch bestehenden retroperitonealen
Gewebsvermehrung die Diagnose retroperitonealer Lymphknotenmetastasen gestellt wurde, ergab die histologische Aufarbeitung nur nekrotische
Lymphknoten, ohne daß sich aktives Tumorgewebe nachweisen ließ.
Dabei handelt es sich fünfmal im CT um als größere Tumorreste imponie-
rende Veränderungen mit einem Durchmesser von bis zu 5 Zentimeter, die
nach der induktiven Chemotherapie eines Bulky Tumors zu beobachten
waren. Sie wiesen zwar alle zentral hypodense Areale auf, die als Ausdruck
von Nekrosen interpretiert wurden, aber aufgrund ihrer Größe wurde auch
noch aktives Tumorgewebe angenommen (Abb. 5). Bei zwei Patienten, bei
denen trotz oraler Kontrastmittelgabe im CT eine sichere Differenzierung
zwischen Lymphknotenmetastasen und nicht kontrastiertem Darm nicht
gelang, fand sich je einmal ein noch aktives Teratom bzw. eine nekrotische
Lymphknotenmetastase.

Bei den 15 Patienten, bei denen neben der CT auch eine MRT durchgeführt wurde, ergab die MRT eine der CT vergleichbare Darstellung der
retroperitonealen Lymphknoten (Abb. 6, 7). Allerdings war eine intravenöse Kontrastmittelgabe zur Kontrastierung der Gefäße, vor allem der
Aorta abdominalis und der V. vaca inferior, nicht erforderlich, da die
Gefäße aufgrund des Blutflusses sich im MRT signalfrei gegenüber den
soliden Strukturen abgrenzen lassen. Die Verlagerung bzw. Kompression

der retroperitonealen Gefäße durch Lymphknotenmetastasen konnte somit bereits im Nativ-MRT beurteilt werden.

Diskussion

Die CT gilt heute als die Untersuchungsmethode der Wahl bei Verdacht auf eine abdominelle Lymphknotenerkrankung. Sie ergänzt sowohl beim Tumorstaging als auch bei der Therapiekontrolle die Sonographie, mit der insbesondere die Lymphknoten im kleinen Becken und die retrokruralen Lymphknoten ist der Regel nicht ausreichend beurteilt werden können. Die CT ist eine wenig invasive Untersuchungsmethode, die lediglich eine intravenöse und orale Kontrastmittelgabe erfordert. Sie ermög-

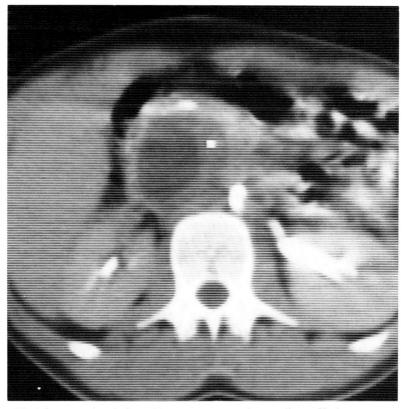

Abb. 1. Interaortokavale Lymphknotenmetastase eines malignen Hodenteratoms.

licht gut reproduzierbare Schnittebenen und ist im Gegensatz zur Sonographie weitgehend Untersucher-unabhängig. Dies erleichtert die Verlaufsbeobachtung, da die einzelnen Aufnahmen direkt miteinander verglichen werden können. Die CT liefert eine überlagerungsfreie Darstellung der in der Schichtebene gelegenen Strukturen und besitzt darüber hinaus eine große diagnostische Breite, da in Abhängigkeit von der Fensterwahl neben den parenchymatösen Organen und den großen Gefäßen auch die Weichteile sowie das Skelettsystem dargestellt werden können. Im Gegensatz zur Sonographie wirken sich Adipositas und Luft in den Darmschlingen nicht negativ auf die Bildqualität aus. Ein Nachteil der CT gegenüber der Sonographie ist jedoch, daß sie nur transversale Schnittaufnahmen im Gegensatz zur frei wählbaren Abbildungsebene der Sonographe zuläßt. Zwar sind bei der CT auch sekundäre Rekonstruktionen in anderen Ebenen möglich,

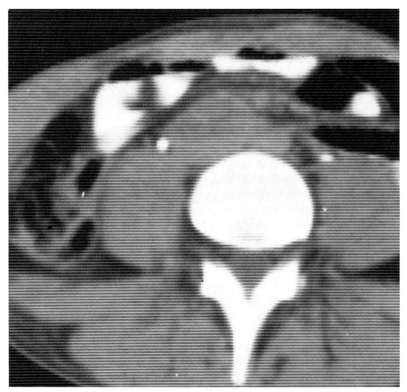

Abb. 2. 2,5 cm große Lymphknotenmetastase eines malignen Embryonalzellkarzinoms, die ventral und in Höhe der Bifurkation mit der V. cava inf. verbacken ist.

jedoch erfordern diese zahlreiche, eng beieinanderliegende Aufnahmen. Probleme können bei der Analyse einer Raumforderung im CT auftreten, wenn das Objekt in der Schichtebene nicht vollständig erfaßt ist, so daß der dann eintretende «partial volume effect» sowohl zu einer Verfälschung der Kontur als auch der Dichte des Objektes führt.

Normale, nicht vergrößerte, retroperitoneale Lymphknoten stellen sich im CT als rundliche, weichteildichte Strukturen mit einer Dichte von 30 – 50 HE und einer Größe von 3 – 10 mm dar. Die Größe der normalen Lymphknoten variiert in Abhängigkeit von der Lokalisation. Bei der Auswertung von 102 normalen bipedalen Lymphogrammen waren die retrokruralen Lymphknoten bis 7 mm, die lumbalen Lymphknoten bis 10 mm, die iliakalen bis 12 mm und die inguinalen Lymphknoten bis 18 mm groß [18]. Bei der Beurteilung der Lymphknotengröße im CT muß berücksichtigt werden, daß bei den iliakalen Lymphknoten aufgrund des im Vergleich

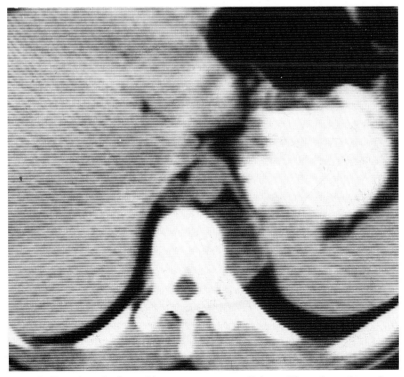

Abb. 3. Retrokrurale Lymphknotenmetastasen, links größer als rechts, eines malignen Keimzelltumors.

zur CT-Ebene schrägen Gefäßverlaufes nicht der exakte Querdurchmesser, sondern der etwas größere Lymphknotenschrägdurchmesser bestimmt
wird. Da abgesehen von der seltenen Lymphknotenfibrolipomatose die
Binnenstruktur der Lymphknoten mit der CT nicht analysiert werden
kann, stellt die Lymphknotengröße das wichtigste Kriterium für die
Lymphknoten-Beurteilung dar [17]. Weitere Kriterien für die Diagnose
eines pathologischen Lymphknotenbefundes (Verlust des «Fettwinkels»
um die Aorta oder Vena cava inf., Verlagerung oder Kompression von
Gefäßen) erfordern ebenfalls eine Lymphknotenvergrößerung. Stomper
et. al. [25] überprüften bei insgesamt 51 Patienten mit nicht-seminomatösen Hodentumoren die Sensitivität und Spezifität der CT beim Nachweis
retroperitonealer Lymphknotenmetastasen. Die Sensitivität wurde dabei
definiert als der Anteil der Patienten, bei denen histologisch Lymphkno-

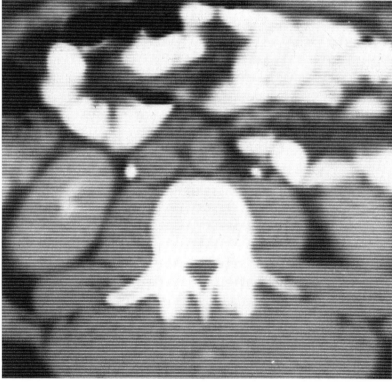

Abb. 4. Präkavale Lymphknotenmetastase eines malignen Teratoms mit zentralen
Nekrosen und randständig vitalem Tumorgewebe.

tenmetastasen nachgewiesen wurden und bei denen auch im CT die Diagnose Lymphknotenmetastase gestellt worden war. Je höher die Größe für einen metastatisch befallenen Lymphknoten angesetzt wird, desto geringer ist die diagnostische Sicherheit der CT, da dann kleinere Lymphknotenmetastasen nicht erkannt werden. Wurden alle Lymphknoten mit einem Durchmesser von mehr als 5 mm als metastatisch befallen interpretiert, so betrug die Sensitivität 88 %. Wurde diese Grenze jedoch auf 20 mm heraufgesetzt, so sank die Sensitivität auf 46 %. Die Spezifität (Anteil der Patienten, bei denen histologisch unauffällige Lymphknoten nachgewiesen wurden und bei denen auch im CT die Lymphknoten als unauffällig beurteilt wurden) weist ein gegenteiliges Verhalten auf. Wurden alle Lymphknoten dieser Patientengruppe bis 25 mm als normal befundet, betrug die Spezifität 100 %. Hierbei handelte es sich allerdings auch um Konglomerate kleinerer Lymphknoten, die im CT als große Lymphknoten erschienen. Wurden dagegen alle Lymphknoten mit einem Durchmesser von mehr als 9 mm als metastatisch befallen gewertet, so sank die Spezifität auf 46 %, da jetzt auch entzündlich-reaktiv veränderte Lymphknoten als Lymphknotenmetastasen interpretiert wurden.

Lymphknoten, die von Tumorzellen durchsetzt, aber noch normal groß sind, werden von der CT nicht als pathologisch erkannt. Die hierzu erforderliche Beurteilung der Lymphknotenstruktur ist nur mit der Lymphographie möglich, so daß im Frühstadium abdomineller Lymphknoten-

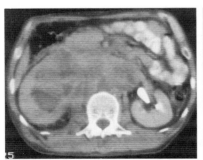
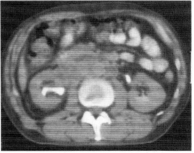

Abb. 5. a «Bulky tumor», der nahezu den gesamten Retroperitonealraum ausfüllt, die Aorta nach ventral verdrängt und zu einer rechtsseitigen Harnstauung führt. *b* Nach der induktiven Chemotherapie deutliche Regredienz der retroperitonealen Lymphknotenmetastasen, aber aufgrund der noch erheblichen Tumormassen wurde im CT der Verdacht auf noch aktives Tumorgewebe geäußert. Histologisch wurden jedoch keine aktiven Tumorzellen, sondern nur noch Nekrosen nachgewiesen. Die Ausscheidungsfunktion der rechten Niere hat sich wieder gebessert, es besteht aber noch eine Harnabflußbehinderung.

metastasen die Lymphographie falsch-negative Befunde liefert [15]. Die Darstellung vergrößerter Lymphknoten im CT allein erlaubt keine Aussage, ob als Ursache für diese Lymphknotenvergrößerung eine benigne

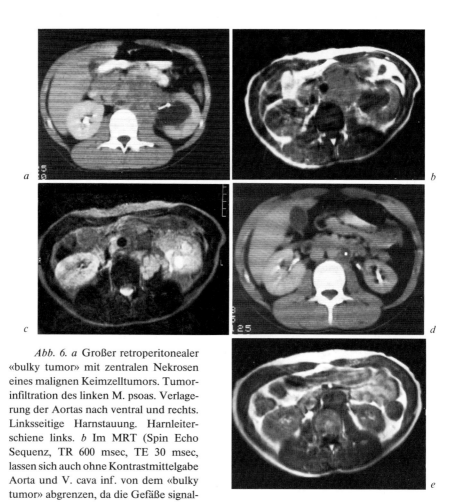

Abb. 6. a Großer retroperitonealer «bulky tumor» mit zentralen Nekrosen eines malignen Keimzelltumors. Tumorinfiltration des linken M. psoas. Verlagerung der Aortas nach ventral und rechts. Linksseitige Harnstauung. Harnleiterschiene links. *b* Im MRT (Spin Echo Sequenz, TR 600 msec, TE 30 msec, lassen sich auch ohne Kontrastmittelgabe Aorta und V. cava inf. von dem «bulky tumor» abgrenzen, da die Gefäße signalfrei sind. *c* Die inhomogenen Signalintensitäten des Bulky Tumors in der T2 betonten Sequenz der MRT (TR 1800 msec, TE 100 msec) sind auf die verschiedenen Gewebskomponenten des Tumors mit nekrotischen und zystischen Arealen zurückzuführen. *d* Nach Polychemotherapie deutliche Regredienz mit jetzt nur noch 2 cm großem, zentral hypodensem (HE 38 HE) Resttumor. Histologisch nur Nachweis von Gewebs- und Tumornekrosen ohne aktives Tumorgewebe. *e* Die MRT (Spin Echo Sequenz, TR 550 msec, TE 20 msec) zeigt wie die CT nur noch einen kleinen Resttumor.

oder maligne Erkrankung vorliegt [3]. Problemfälle bei der CT sind somit die Metastase im noch nicht vergrößerten Lymphknoten sowie der entzündlich vergrößerte Lymphknoten [10, 19]. Große Lymphknotenkonglomerate sind allerdings eher durch eine maligne Erkrankung hervorgerufen. In unklaren Fällen kann eventuell auch eine CT-gesteuerte Punktion weiterhelfen. In der Literatur wird die Sensitivität der CT beim Nachweis retroperitonealer Lymphknotenmetastasen mit 51–80 % und die Spezifität mit 79–95 % angegeben [6, 9, 12, 20, 26, 28]. Für die Sonographie wird eine Sensitivität von 47–52 % und eine Spezifität von 70–81 % genannt [26, 28]. Bei der Lymphographie wird eine Sensitivität von 59–77 % und eine Spezifität von 53–95 % beobachtet [6, 9, 12, 26, 28].

Durch die Kombination von Lymphographie und CT wurde die Sensitivität auf 82 bis 90 % und die Spezifität auf 85 bis 100 % erhöht [9, 26]. Die Lymphographie wird deshalb von einigen Autoren [8, 9, 28] ergänzend empfohlen, wenn die CT einen unauffälligen oder nicht eindeutigen Befund liefert. Trotz Einsatz von Lymphographie und CT beobachteten aber Freitag et. al. [9] noch in 8,1 % falsch-negative Befunde. Metastasen mit einem Durchmesser bis zu 5 mm wurden mit keinem Verfahren erfaßt. Lien et. al. [14] berichten, daß bei 28 von 69 Patienten mit einem unauffälligen CT histologisch Lymphknotenmetastasen nachgewiesen wurden. Die zusätzlich durchgeführte Lymphographie ermöglichte nur bei 4 dieser 28 im CT falsch-negativen Befunde die korrekte Diagnose, da auch die Lymphographie in 24 Fällen einen falsch-negativen und einmal einen falsch-positiven Befund lieferte. Bei den 24 Patienten mit falsch-negativem CT und Lymphogramm wurde in 20 Fällen die Diagnose «Lymphknotenmetastase» bereits makroskopisch bei der Operation und viermal erst mikroskopisch gestellt. Bei der Mehrzahl dieser Patienten (17 von 24) lagen 2–5 Lymphknotenmetastasen vor. Bei 5 Patienten fand sich allerdings nur ein metastatisch veränderter Lymphknoten, nur bei 2 Patienten waren es mehr als 5 Lymphknoten. Die Größe der Lymphknotenmetastasen betrug bei 12 Patienten weniger als 10 und bei 4 Patienten sogar weniger als 5 mm. Die geringe Größe und die niedrige Anzahl der Lymphknotenmetastasen erklärt die nicht befriedigenden Ergebnisse der bildgebenden Diagnostik in diesem frühen Stadium.

Eine Vergrößerung retroperitonealer Lymphknoten kann im CT vorgetäuscht werden durch Anomalien des Gefäßsystems (z. B. gedoppelte V. cava inferior, Linkslage der V. cava inferior, erweiterte V. azygos oder V. hemiazygos, retroaortal verlaufende Nierenvene, variköse Kollateralen zwischen V. renalis und V. lumbalis ascendens). Nicht kontrastierte Darmschlingen können, besonders im Bereich Pankreaskopf/V. cava inferior sowie zwischen Aorta und linkem M. psoas, den Eindruck eines soliden Tumors hervorrufen. Auch die retroperitoneale Fibrose führt zu dem Bild einer retroperitonealen Raumforderung. Mit Hilfe einer bolusförmigen Kontrastmittelinjektion sowie durch eine komplette Kontrastierung des Magen-Darm-Traktes, gegebenenfalls ergänzt durch CT-Spätaufnahmen, können die primär auf Lymphknotenmetastasen verdächtigen Strukturen meist eindeutig zugeordnet werden. Zahlreiche kleinere Lymphknoten können im CT als ein großer Lymphknoten imponieren. Lymphzysten lassen sich dagegen aufgrund ihrer zentral meist homogen niedrigen Dichte und ihres schmalen Randsaumes sicher erkennen [2, 16, 27].

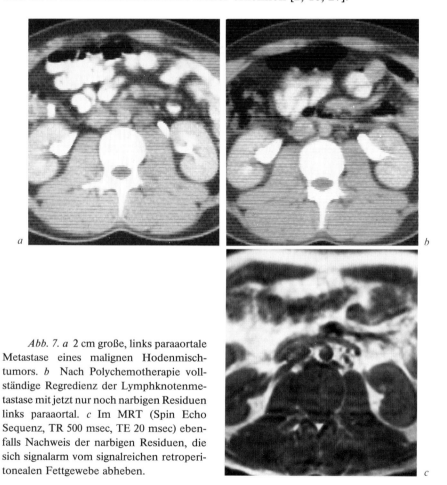

Abb. 7. a 2 cm große, links paraaortale Metastase eines malignen Hodenmischtumors. *b* Nach Polychemotherapie vollständige Regredienz der Lymphknotenmetastase mit jetzt nur noch narbigen Residuen links paraaortal. *c* Im MRT (Spin Echo Sequenz, TR 500 msec, TE 20 msec) ebenfalls Nachweis der narbigen Residuen, die sich signalarm vom signalreichen retroperitonealen Fettgewebe abheben.

Bleibt nach einer Strahlen- oder zytostatischen Therapie eine Lymphknotenvergrößerung bestehen, so ist mit der CT eine Unterscheidung zwischen einer fibrotischen Lymphknotenvergößerung und noch vitalem
Tumorgebewebe nicht möglich. Nekrosen werden sowohl bei noch aktivem
Tumorgewebe als auch als Folge einer zytostatischen oder Strahlen-Thera-
pie beobachtet, so daß in diesen Fällen mit der Bildgebung allein nicht die
Frage nach noch aktivem Tumorgewebe beantwortet werden kann [1, 21, 22,
24]. Bezüglich der Bildgebung können CT und MRT heute als gleichwertig
angesehen werden [7, 13]. Ein Vorteil der MRT ist, daß ohne Gabe von Kon-
trastmitteln eine Differenzierung zwischen Lymphknoten und Gefäßen
gelingt [4]. Dies ist besonders wertvoll bei vaskulären Anomalien und Kolla-
teralgefäßen sowie bei nur gering vergrößerten Lymphknoten im Bereich
des Beckens, das aufgrund des variablen Verlaufes der Arterien und Venen
diagnostische Probleme bereiten kann, zumal da eine optimale Kontrastierung sowohl der Arterien als auch der Venen nicht immer erreicht wird.
Auch die im MRT geringeren Artefakte, z. B. durch Tantal Clips oder durch
Endoprothesen, erhöhen die diagnostische Aussagekraft.

Die Messung der Relaxationszeiten ergibt bei der MRT neue Aspekte.
Bei der Abklärung fokaler Lebererkrankungen ermöglichen sie mit großer
Treffsicherheit eine Differenzierung zwischen dem Hämangiom einerseits
und den malignen Erkrankungen andererseits [23]. Auch zur Differenzie-
rung adrenaler Raumforderungen wird inzwischen die Messung der Signalintensitäten eingesetzt [11]. Bei insgesamt 15 Patienten mit abdominellen
Lymphknotenmetastasen eines Hodentumors beobachten wir unter zytostatischer Therapie eine Abnahme der Relaxationszeiten. Der klinische
Wert dieser Messungen wird allerdings dadurch eingeschränkt, daß auch
entzündlich veränderte Lymphknoten eine Verlängerung der T1- und
T2-Relaxationszeiten aufweisen [5] und daß bereits eine Regredienz der
Tumorgröße als Zeichen für ein Ansprechen des Tumors auf die Therapie
gilt. Ein weiteres Problem ist die Auswahl des bzw. der Meßorte. Häufig
stellen sich die Tumoren bereits bei der Bildgebung inhomogen dar. Dies
ist bedingt durch unterschiedliche Gewebsanteile, wobei besonders nach
zytostatischer Therapie neben aktivem Tumorgewebe auch avitales, nekro-
tisches Gewebe gefunden wird.

Die Frage, ob die MRT über die Messung der Relaxationszeiten oder
über die Spektroskopie eine weitergehende Analyse zuläßt, kann anhand
der kleinen Untersuchungszahlen noch nicht abschließend beantwortet
werden. Bei Patienten mit Kontrastmittelallergie sollte jedoch die MRT
anstelle der CT schon jetzt eingesetzt werden.

Literatur

1 Bassoulet J, Timbal Y, Garreta L: Masses rétropéritonéales résiduelles des tumeurs germinales non séminomes du tésticule aprés chimiothérapie. Correélations tomodensitométrie-histologie. Ann Radiol 1986;29:607.

2 Cohen SI, Hochsztein P, Cambio J, Susset J: Duplicated inferior vena cava misinterpreted by computerized tomography as metastatic retroperitoneal testicular tumor. J Urol 1982;127:389.

3 Deutch SJ, Sandler MA, Alpern MB: Abdominal lympadenopathy in benign diseases: CT detection. Radiol 1987;163:335.

4 Dooms GC, Hricak H, Crooks LE, Higgins CB: Magnetic resonance imaging of the lymph nodes: comparison with CT. Radiology 1984;153:719.

5 Dooms GC, Hricak H, Moseley ME, Bottles K, Fisher M, Higgins CB: Characterization of lymphadenopathy by magnetic resonance relaxation times: preliminary results. Radiol 1985;155:691.

6 Dunnick NR, Javadpour N: Value of CT and lymphography: distinguishing retroperitoneal metastases from nonseminomatous testicular tumors. AM J Radiol 1981; 136:1366.

7 Ellis HH, Bies JR, Kopecy KK, Klatte EC, Rowland RG, Donohue JP: Comparison of NMR and CT imaging in the evaluation of metastatic retroperitoneal lymphadenopathy from testicular carcinoma. J Comput Assist Tomogr 1984;8:709.

8 Fischer U, Bartels H, Blech M, Gregl A, Knipper W, Zinn H: Der Stellenwert der Lymphographie bei malignen Hodentumoren. Fortschr Röntgenschr 1988;149:52.

9 Freitag J, Müller GW, Buhtz C, Freitag G, Buhtz P: Zur Wertigkeit von Computertomographie und Lymphographie für die Stadieneinteilung maligner Hodentumoren. Z Urol Nephrol 1985;78:87.

10 Forsberg L, Dale L, Hoiem L, Magnusson A, Mikulowski P, Olsson AM, Ous S, Stenwig AE: Computed tomography in early stages of testicular carcinoma. Acta Radiol 1987;28:569.

11 Harder T, Krahe T, Wolf T, Steudel A, Dewes W: Magnetische Resonanztomographie der Nebennieren. Internationales Kernspintomographie-Symposium Garmisch-Partenkirchen. Konstanz, Schnetztor, 1987, p 194.

12 Lackner K, Weißbach L, Boldt I, Scherholz K, Brecht G: Computertomographischer Nachweis von Lymphknotenmetastasen bei malignen Hodentumoren. Fortschr Röntenstr 1979;130:636.

13 Lee JK, Heiken JP, Ling D, Glazer HS, Balfe DM, Levitt RG, Dixon WT, Murphy WA: Magnetic resonance imaging of abdominal and pelvic lymphadenopathy. Radiology 1984;153:181.

14 Lien HH, Fossa SD, Ous S, Stenwig AE: Lymphography in retroperitoneal metastases in non-seminoma testicular tumor patients with a normal CT scan. Acta Radiol 1983;14:319.

15 Lien HH, Stenvig AE, Ous S, Fossa SD: Influence of different criteria for abnormal lymph node size on reliability of computed tomography in patients with non-seminomatous testicular tumor. Acta Radiol Diagn 1986;27:199.

16 Lien HH, Talle K: Normal and anomalous structures simulating retroperitoneal lymphadenopathy at computed tomography. Acta Radiol 1988;29:385.

17 Magnusson A: Size of normal retroperitoneal lymph nodes. Acta Radiol 1983;24:315.

18 Peters PE, Beyer K: Querdurchmesser normaler Lymphknoten in verschiedenen anatomischen Regionen und ihre Bedeutung für die computertomographische Diagnostik. Radiologe 1985;25:193.

19 Poskitt JK, Cooperberg PL, Sullivan LD: Am J Radiol 1985;144:939.

20 Richie JP, Garnick MB, Finberg H: Computerized tomography: how accurate for abdominal staging of testis tumors? J Urol 1982;127:715.

21 Scatarige JC, Fishman EK, Kuhajda FP, Taylor GA, Siegelman SS: Low attenuation nodal metastases in testicular carcinoma. J Comput Assist Tomogr 1983;7:682.

22 Soo CS, Bernardino ME, Chuang VP, Ordonez N: Pitfalls of CT findings in post-therapy testicular carcinoma. J Comput Assist Tomogr 1981;5:39.

23 Steudel A, Harder T, Träber F, Dewes W, Schlolaut KH, Köster O: Relaxationszeitmessungen in der kernspintomographischen Differentialdiagnose von Lebertumoren. Fortschr Röntgenstr 1989;151:499.

24 Stomper PC, Jochelson MS, Garnick MB, Richie JP: Residual abdominal masses after chemotherapy for nonseminomatous testicular cancer: correlation of CT and histology. Am J Radiol 1985;145:743.

25 Stomper PC, Fung, CY, Socinski MA, Jochelson MS, Garnick MB, Richie JP: Detection of retroperitoneal metastases in early-stage nonseminomatous testicular cancer: analysis of different CT criteria. Am J Radiol 1987;149:1187.

26 Tradowsky M, Bähren W, Egghart G, Altwein JE: Non-bulky Non-Seminome: N-Staging-Effizienz bildgebender Untersuchungsverfahren im Hinblick auf eine mögliche Überwachungsbehandlung. Urologe 1986;25:160.

27 Von Krogh J, Lien HH, Ous S, Fossa SD: Alterations in the CT image following retroperitoneal lymphadenectomy in early stage non-seminomatous testicular tumor. Acta Radiol Diagn 1985;26:187.

28 Wolff P, Wilber D, Kuetz A, Thelen M: Ultraschall, Computertomographie und Lymphographie bei retroperitonealen Lymphomen – Neubewertung der Lymphographie. Strahlenther Onkol 1987;163:109.

Prof. Dr. T. Harder, Radiologische Univ.-Klinik,
D-5300 Bonn-Venusberg (BRD)

Beitr Onkol. Basel, Karger, 1990, vol 40, pp 74–81.

Immunszintigraphie mit [131]J-markierten monoklonalen anti-β-HCG-Antikörpern in der Nachsorge von Hodentumoren

B. Briele[a], *A. Bockisch*[a], *P. Oehr*[a], *N. Jaeger*[b], *P. Winter*[b], *H. J. Biersack*[a]

[a] Institut für klinische und experimentelle Nuklearmedizin,
[b] Urologische Klinik, Universtität Bonn, BRD

Einleitung

Maligne Hodentumoren gehen häufig mit einer Produktion von Tumorproteinen einher, wobei neben dem Alpha-Fetoprotein (AFP) das sog. humane Choriongonadotropin (HCG) bei ca. 60 % aller nichtseminomatösen Hodentumoren und bei ca. 7,5 % aller Seminome in erhöhter Konzentration im Patientenserum nachweisbar ist [3].

Die wiederholte Bestimmung der Serumkonzentration dieser Tumormarker im Krankheitsverlauf eines Patienten gilt zum einen als sensitivste Methode zur frühzeitigen Erfassung eines Tumorrezidivs, andererseits gestattet der positive Tumormarkernachweis den Einsatz radioaktiv markierter anti-Tumormarker-Antikörper zur szintigraphischen Lokalisation des Tumorgewebes; dieses Prinzip wird seit längerem bei verschiedenen Tumorarten eingesetzt (z. B. Ovarialkarzinome, kolorektale Karzinome etc.), insbesondere liegen bereits klinische Ergebnisse bezüglich des Einsatzes von [131]J-markierten anti-AFP-[5, 6] sowie von anti-HCG-Antikörpern [1, 2, 4] in der Nachsorge von Hodentumoren vor, die durchaus ermutigend sind [1, 2, 4–7]. Prinzipieller Vorteil der immunszintigraphischen Methode als Komplementäruntersuchung zu den heute üblichen bildgebenden Verfahren mit bekannt hoher Abbildungsqualität wie CT und NMR ist die Möglichkeit der Darstellung sämtlicher klinisch interessierender Körperregionen im Rahmen eines Untersuchungsganges. Ziel unserer prospektiven Studie war es, an dem vorliegenden Patientengut die klinische Wertigkeit der Immunszintigraphie zu überprüfen.

Patienten

Es wurden insgesamt 10 Patienten (Tab. 1) mit gesicherten β-HCG positiven Hoden-tumoren ($T_{1-4}N_{1-4}M_{0-1}$) untersucht, bei denen der Verdacht auf das Vorliegen eines Tumorrezidivs bei Z.n. Operation und Chemotherapie bestand.

Die β-HCG-Serumkonzentration war als Hinweis auf ein Rezidiv bei 9 Patienten erhöht (4,7 mU/ml bis 4507 mU/ml; Normberreich: $<$ 2 mU/ml); bei 1 Patienten (Tab. 1,

Tabelle 1. Patienten

Patient (Nr./Alter)	Histologie βHCG i. S.	Befund Immunszintigramm	Bewertung
1 / 30 J.	undifferenziertes Terato-Karzinom 36,9 ng/ml	o. B.	fraglich
2 / 30 J.	Misch-Tumor 0,1 ng/ml	o. B.	R$-$: reifes Teratomgewebe paraaortal
3 / 26 J	Misch-Tumor 899 ng/ml	Lunge	R$+$: Lunge F$-$: paraaortal F$-$: Leber
4 / 34 J.	Seminom 1060 ng/ml	paraaortal retroperitoneal	R$+$: paraaortal R$+$: retroperit.
5 / 37 J.	Terato-Karzinom 887 ng/ml	Hirn	R$+$: Hirn
6 / 26 J.	Misch-Tumor 4507 ng/ml	retroperitoneal parailiakal	R$+$: retroperit. R$+$: parailiakal
7 / 21 J.	Misch-Tumor 884 ng/ml	parailiakal	R$+$: parailiakal F$-$: Lunge F$-$: Leber
8 / 23 J.	Embryonalzell-karzinom 450 mg/ml	o. B.	F$-$: paraaortal
9 / 28 J.	Misch-Tumor 4,7 ng/ml	o. B.	R.$-$: β-HCG norm. klin. o. B.
10 / 18 J.	Terato-Karzinom 921 ng/ml	mesenterial	R$+$: mesent. Met. R$-$: reifes Teratomgewebe paraaortal

Pat. Nr. 2) bestand (bei unauffälliger β-HCG-Serumkonzentration) computertomographisch der Verdacht auf das Vorliegen therapierefraktärer paraaortaler Lymphome nach abgeschlossener Chemotherapie. Die histologische bzw. immunhistochemische Untersuchung der Primärtumoren ergab das Vorliegen eines Mischtumors (Terato- und Chorionkarzinom) bei 5 Patienten, eines Teratokarzioms in 3 Fällen sowie eines (β-HCG-positiven-) Seminoms und eines Embryonalkarzinoms bei jeweils einem Patienten.

Methodik

Komplette anti-β-HCG-Antikörper (1 mg, IgG; Fa. Zymed, San Francisco, USA) wurden mit ca. 74 MBq ^{131}J markiert (Chloramin-T-Methode) und nach Dilution in 100 ml physiol. Kochsalzlösung als intravenöse Infusion über ca. 20–30 min appliziert. Die Patienten erhielten jeweils 3 × 40 Tr./tgl. Lugolscher Lösung (DAB 7), beginnend 3 Tage vor der Infusion bis 1 Woche nach Infusion zur Blockade der Aufnahme von freiem Jod in die Schilddrüse; zusätzlich Gabe von 3 × 20 Tropfen Perchlorat (Irenat) beginnend ca. 30 min vor Infusion bis zum Untersuchungsende (6 Tage p.i.) zur Blockade der Sekretion von Jod über die Magenschleimhaut (unerwünschte Darstellung des Magen-Darm-Traktes).

Die szintigraphischen Aufnahmen wurden am 4., 5. und 6. Tag nach Infusion an einer LFOV-Kamera (Jodkollimator) mit angeschlossenem Prozessrechnersystem angefertigt. Zusätzlich wurde am 5. Tag p.i. eine sog. Blutpool-Szintigraphie mit ^{99}mTc-markierten Erythrozyten (In-vivo-Markierung mit 740 MBq nach i.v. Gabe von DTPA) in jeweils identischer Lageposition des Patienten angefertigt (Doppelnuklid-Szintigraphie). Ziel dieser Zusatzuntersuchung war die Herstellung eines anatomischen Lagebezuges eines im Immunszintigramm evtl. erkennbaren Anreicherungsbezirkes; ferner sollten durch die Anfertigung sog. Subtraktionsaufnahmen ^{131}J-Antikörper – ^{99}mTc-Erythrozyten) falschpositive Befunde infolge erhöhter Aktivität im Bereich von Blutgefäßen (zirkulierende, markierte Antikörper) weitgehend ausgeschlossen werden.

Ein Befund wurde dann als pathologisch eingestuft, wenn eine vom Normalbefund abweichende Anreicherung markierter Antikörper erkennbar war; bei fraglichen Befunden im Bereich von Blutgefäßen (z. B. paraaortal) wurde besonders auf eine Reproduzierbarkeit des Befundes in der entsprechenden Subtraktionsdarstellung geachtet.

Ergebnisse

Es wurden insgesamt 13 verschiedene Rezidivlokalisationen bei den im Rahmen unserer Studie untersuchten 10 Patienten festgestellt (CT/US/Lymphograpie/NMR) wovon 8 immunszintigraphisch nachgewiesen werden konnten (Tab. 2) (richtig-positv 8; retroperitoneal: 2; parailiakal: 2 (Abb. 1 und 2); paraaortal: 1; mesenterial: 1; Lunge: 1; Hirn: 1).

In einem Fall (Tab. 1, Pat. Nr. 5) wurde eine bislang unbekannte Hirnmetastase festgestellt; bei diesem Patienten lag eine seit längerem bekannte Polyneuropathie vor, die allerdings als Nebenwirkung der vorausgegangenen mehrfachen Polychemotherapie bewertet worden war (Abb. 3 – 7).

Bei 5 Patienten mit Tumorrezidiv war das Resultat der Immunszintigraphie jeweils falsch-negativ, wobei es sich in 2 Fällen um multiple retroperitoneale Lymphome, in 2 Fällen um multiple Lebermetastasen und in 1 Fall um Lungenmetastasen handelte. Eine histologische Untersuchung dieser Rezidive lag bei jeweils fehlender Indikation zum operativen Eingriff leider nicht vor, jedoch sprechen hier die übrigen bildgebenden Befunde in Verbindung mit einem zumindest partiellen Ansprechen dieser Herde auf die jeweils erneut durchgeführte Chemotherapie mit sehr hoher Wahrscheinlichkeit für das Vorliegen von Tumorgewebe. Bei 2 Patienten mit computertomographischem Nachweis von paraortalen Tumoren und fehlender szintigraphischer Darstellung ergab die histologische bzw. immunhistochemische Untersuchung das Vorliegen von reifem Teratomgewebe ohne Nachweis von β-HCG (Konversion). Allerdings lag bei einem dieser Patienten gleichzeitig (Tab. 1, Pat. Nr. 10) im Mesenterium die Metastase eines Teratokarzinoms vor, die immunszintigraphisch auch dargestellt werden konnte.

Bei 2 weiteren Patienten konnte bei erhöhten β-HCG-Serumkonzentrationen weder immunszintigraphisch noch mit Hilfe der übrigen bildgebenden Verfahren das Vorliegen eines Rezidives nachgewiesen werden (richtig-negativ: 3).

Bei einem dieser Patienten (Tab. 1, Pat. Nr. 9) lag die β-HCG-Serumkonzentration bei erneuter Kontrolle im Normbereich, so daß hier bei klinisch unauffälligem weiteren Verlauf von einem richtig-negativen Befund ausgegangen werden kann.

Tabelle. 2. Rezidivlokalisation und immunszintigraphischer Befund

	R+	R−	F+	F−
Retroperitoneal	2	–	–	–
Paraaortal	1	2	–	2
Parailiakal	1	–	–	–
Mesenterial	1	–	–	–
Hirn	1	–	–	–
Lunge	1	–	–	1
Leber	–	–	–	2
Gesamt	8	3*	0	5

*zusätzlich 1 Patient mit unauffälligen Befunden bei allen Untersuchungsverfahren

Der andere Patient (Tab. 1, Pat. Nr. 1) zeigte dagegen auch in den Kontrolluntersuchungen erhöhte β-HCG-Werte bei klinisch unauffälligem weiterer Verlauf über ca. 1/2 Jahr; dieser Beobachtungszeitraum ist u.E. allerdings zu kurz, um eine abschließende Bewertung vornehmen zu können.

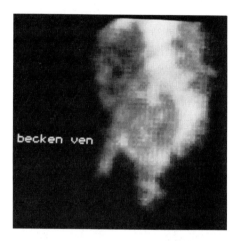

Abb. 1. Immunszintigramm mit [131]J-markierten anti-β-HCG-Antikörpern (6. Tag p.i.); Becken ventral. Umschriebene Mehranreicherung links parailiakal.

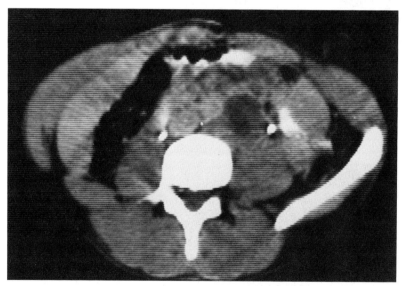

Abb. 2. Rö-CT (Beckenbereich) bei gleichem Patienten wie Abbildung 1. Lymphknotenmetastase eines Misch-Tumors des Hodens links parailiakal.

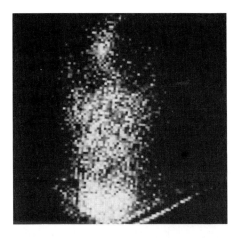

Abb. 3. Immunszintigramm mit [131]J-markierten anti-β-HCG-Antikörpern (5. Tag p.i.); Schädel dorsal: Umschriebene Mehranreicherung links parasagittal (dorsal).

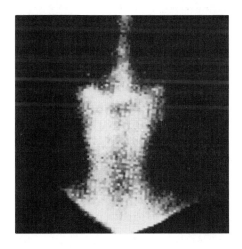

Abb. 4. Blutpoolszintigramm ([99]mTc-Erythrozyten) bei gleichem Patienten wie bei Abbildung 3; gleiche Aufnahmeeinstellung.

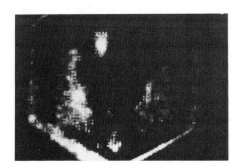

Abb. 5. Subtraktionsdarstellung (Abb. 3 minus Abb. 4): umschriebener Bezirk vermehrter Antikörperanreicherung links parasagittal (dorsal).

Diskussion

Die Ergebnisse unserer Studie zeigen – bei allerdings begrenztem Aussagewert aufgrund der bislang geringen Patientenzahl –, daß die Szintigraphie mit anti-β-HCG-Antikörpern in bestimmten Fällen einen diagnostischen Zugewinn zu den übrigen bildgebenden Verfahren erbringen kann.

Bei einem Patienten wurde das Vorliegen einer Hirnmetastase im Immunszintigramm nachgewiesen, bei 2 weiteren Patienten mit computer-

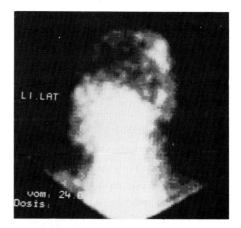

Abb. 6. Gleicher Patient wie bei Abbildungen 3–5: Immunszintigramm (5. Tag); linksseitliche Ansicht des Schädels: umschriebene Antikörperanreicherung links parietooccipital.

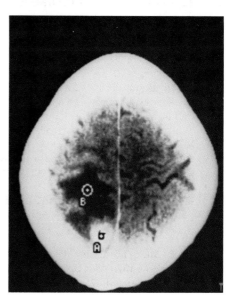

Abb. 7. Rö-CT des Schädels bei gleichem Patienten wie bei Abbildungen 3–6. Hirnmetastase eines Hodenmischtumors links parietooccipital.

tomographisch nachweisbaren tumorösen Raumforderungen (retroperitoneal bzw. paraortal) fand sich der unauffällige immunszintigraphische
Befund in Übereinstimmung mit dem histologischen Befund eines reifen
Teratoms (β-HCG-negativ). Ein wesentliches Problem in der Nachsorge
der Hodentumoren stellt die Bewertung nach abgeschlossener Therapie
verbliebener – im CT oder NMR darstellbarer – tumoröser Raumforderungen dar, wobei es sich um Narben- oder therapierefraktäres Tumorgewebe
handeln kann. Die von Begent et al. [2] bei gleicher Fragestellung aufge-
stellte Hypothese, daß Antikörper sich nur in vitalem Tumorgewebe an-
reichern, bedarf weiterhin einer Klärung.

Eine weitere Evaluierung des klinischen Stellenwertes der Immunszintigraphie mit [131]J-markierten anti-β-HCG-Antikörpern in der Nachsorge von Hodentumoren ist erforderlich; insbesondere vergleichende Untersuchungen von immunszintigraphischem Befund und Histologie bzw.
Immunhistochemie wären zu einer Validisierung der Methode geeignet.

Literatur

1   Begent RHJ, Searle F, Stanway G, et al: Radioimmunolocalisation of tumours by
    external scintigraphy after administration of [131]J antibody to human chorionic gona-
    dotrophin: a preliminary communication. J Roy Soc Med 1980;73:624–630.
2   Begent RHJ, Bagshawe KD, Green AJ, Searle F: The clinical value of imaging with
    antibody to human chorionic gonadotrophin in the detection of residual choriocarci-
    noma. Br J Cancer 1987;55:657–660.
3   Brunner KW, Olbrecht JP: Tumoren des Hodens, in Gross R, Schmidt CG (eds):
    Klinische Onkologie Stuttgart, Thieme, 1986, 33.1–33.23.
4   Goldenberg DM, Kim EE, De Lane FJ: Human chorionic gonadotropin radioantibo-
    dies in the radioimmunodetection of cancer and for the disclosure of occult metasta-
    ses. Proc Natl Acad Sci 1981;78:7754–7758.
5   Halsall AK, Fairweather DS, Bradwell AR, et al: Localisation of malignant germ cell
    tumours by external scanning after injection of radiolabelled anti-alphafetoprotein.
    Br Med J 1981;283:942–944.
6   Hitchins RN, Begent RHJ, Green AJ, Searle F, van Heyningen V, Bagshawe KD:
    Clinical value of imaging using antibody to alpha-fetoprotein in germ cell tumours.
    Nucl Med 1989;28:29–33.
7   Javadpour N, Kimm EE, de Land FJ, et al: The role of immunodetection in the mana-
    gement of testicular cancer. J Am Med Ass 1981;246:45–49.

Dr. B. Briele, Institut für klinische und experimentelle Nuklearmedizin,
Urologische Klinik der Universität Bonn,
Sigmund-Freud-Str. 25, D-5300 Bonn 1 (BRD)

Beitr Onkol. Basel, Karger, 1990, vol 40, pp 82–88.

Stadieneinteilung und Prognose

J. H. Hartlapp

Med. Universitätsklinik Bonn, BRD

Eine Stadieneinteilung bösartiger Geschwülste erfolgt mit dem Ziel, essentielle Informationen für eine optimale Therapie und Hinweise für die Prognose zu geben. Dabei kann sie sich an klinischen, pathologisch-anatomischen, therapeutischen oder prognostischen Kriterien orientieren (Tab. 1).

So hat sich beim Hodentumor eine Dreiteilung in Primärtumor, Lymphknoten und Fernmetastasen, die bereits 1951 von Boden und Gibb vorgenommen wurde, durchgesetzt und war Vorgabe für nahezu alle nachfolgenden Stadiengruppierungen wie der von Lugano von 1980 und der UICC [2, 4, 8]. Eine weitere Differenzierung dieses groben Rasters ist aus therapeutischen und prognostischen Gründen notwendig. Selbst im Stadium I) (Primärtumor auf den Hoden bzw. auf das Skrotum beschränkt) hat eine TNM-Validierungsstudie bei steigender T-Kategorie eine häufigere Metastasierung ergeben (Tab. 2) [3].

Die weitgehendste Unterteilung des Stadium I findet sich bei der Klassifikation der UICC, die auf einer histologischen Sicherung beruht. In der neuen Fassung von 1987 wird die Infiltration des Rete testis zu pT1 gezählt, die früher als pT3 klassifiziert wurde, wie die Infiltration des Nebenhodens, die heute als pT2 definiert wird. PT3 umfaßt heute die Infiltration des Samenstranges [9].

Die pT-Kategorie gewinnt neben der therapieentscheidenden Histologie – Seminom oder Nichtseminom – zunehmend Einfluß bei Surveillance-Strategien im klinischen Stadium I (Tab. 3).

Die Tumorbeladung der Lymphknoten im operativ zugänglichen retroperitonealen Raum findet die exakteste Unterteilung in einer von uns 1982 erarbeiteten Klassifikation, die sich jetzt bei der UICC wiederfindet [5]. Sie unterscheidet eine solitäre Lymphknotenmetastase mit einem

Durchmesser bis 2 cm von einer solitären Lymphknotenmetastase bis 5 cm oder multiplen Lymphknotenmetastasen und trennt davon Lymphknotenmetastasen über 5 cm ab (Tab. 4).

Tabelle 1. Stadieneinteilung bei Hodentumoren

	Boden u. Gibb [2]	Cavalli et al. [4]	UICC [9]
Primärtumor	A	I	T
Lymphknoten	B	II	N
Fernmetastasen	C	III	M

Tabelle 2. pTNM-Klassifikation der UICC / AJCC (1987) (pathologische Klassifikation) [9]

pT-Primärtumor

pTx	Primärtumor kann nicht beurteilt werden
PTO	Histologische Narbe oder kein Anhalt für Primärtumor
pTis	Präinvasiver, d. h. intratubulärer Tumor
pT1	Tumor begrenzt auf den Hoden (einschließlich Rete testis)
pT2	Tumor infiltriert jenseits der Tunica albuginea oder in den Nebenhoden
pT3	Tumor infiltriert Samenstrang
pT4	Tumor infiltriert Skrotum

Tabelle 3. Stadium II – Regionäre Lymphknotenmetastasen

Projektgruppe Hodentumoren 1982	UICC 1987	
	pNx	Regionäre Lymphknoten können nicht beurteilt werden
Stadium I	pN0	Keine regionären Lymphknotenmetastasen
Stadium IIA	pN1	Metastase in solitärem Lymphknoten, Durchmesser $\leq$ 2 cm
Stadium IIB	pN2	Metastase(n) in solitärem Lymphknoten, Durchmesser $>$ 2 cm und $\leq$ 5 cm, oder in multiplem Lymphknoten $\leq$ 5 cm
Stadium IIC	pN3	Metastasen in Lymphknoten, Durchmesser $>$ 5 cm

In der Therapiestudie der Projektgruppe Hodentumoren findet sich eine Korrelation zwischen Ausmaß der retroperitonealen Metastasierung und Rezidivhäufigkeit bei gleicher Therapie. Im Stadium IIA trat nach 2 adjuvanten Chemotherapiezyklen mit Vinblastin, Bleomycin und Cisplatin kein Rezidiv auf, dagegen fanden sich im Stadium IIB 6 Rezidive, entsprechend 5 % [6]. Heute werden nahezu alle Patienten im Stadium II durch Operation und nachfolgende Chemotherapie geheilt, wie unsere Studie und die Studie der Testicular Cancer Intergroup übereinstimmend zeigen. Patienten in diesem Stadium haben somit eine exzellente Prognose.

Auch bei Fernmetastasen kann bei diesem Tumor ein Großteil der Patienten geheilt werden. Um diese Heilungsrate noch zu erhöhen, muß die Therapie weiter intensiviert werden. Dies bedeutet, daß auch die Patienten eine aggressivere Therapie erhalten würden, die bereits mit den heutigen Therapiestrategien geheilt werden. Um für diese Patienten ein Overtreatment zu vermeiden, sind weitere Unterteilungen dieses Stadiums nach relevanten Prognosekriterien zu fordern.

Die Klassifikation der UICC unterscheidet bei Fernmetastasen lediglich zwischen «vorhanden» oder «nicht vorhanden» und ist damit bei den zur Verfügung stehenden Therapiemöglichkeiten bei diesem Tumor nicht ausreichend (Tab. 5) [9].

Tabelle 4. Rezidivhäufigkeit im Stadium IIA und IIB nach 2 × PVB

	IIA	IIB
n Patienten	41	114
Rezidiv	0	6

Tabelle 5. Stadium III: Mediastinale oder supraklavikuläre Lymphknotenmetastasen, Fernmetastasen (International Workshop on Staging and Treatment of Testicular Cancer, Lugano 1979) [4]

IIIA	Mediastinale und/oder supraklavikuläre Lymphknotenmetastasen oder Fernmetastasen
IIIB	Fernmetastasen ausschließlich in der Lunge «minimal pulmonary disease»: weniger als 5 Knoten/Lunge ≤ 2 cm «advanced pulmonary disease»: über 5 Knoten/Lunge oder 1 Knoten > 2 cm oder Pleuraerguß
IIIC	Hämatogene Metastasen außerhalb der Lunge
IIID	Persistierende positive Tumormarker ohne sichtbare Metastasen

Eine Verbesserung der Unterteilung dieses Tumorstadiums brachte die Lugano-Klassifikation, indem sie die systemische Metastasierung lokalisiert und bereits eine weitere Unterteilung im Ausmaß der pulmonalen Metastasierung stattfindet [4]. Allerdings blieben die beiden prognostisch unterschiedlichen Gruppen mit minimaler pulmonaler Metastasierung und ausgedehnter pulmonaler Metastasierung in dem Stadium IIIB zusammengefaßt (Tab. 6).

Eine konsequente Weiterentwicklung der Unterteilung bei systemischer Metastasierung prognostisch unterschiedlicher Gruppen, die alle einer Chemotherapie bedürfen, findet sich in der Indiana-Klassifikation [1]. In dieser Klassifikation wird die Gesamttumormasse als wichtigster Prognosefaktor berücksichtigt und Anzahl, Größe und Lokalisation der Metastasen werden differenziert erfaßt. Sie unterteilt eine minimale, mäßige und fortgeschrittene Metastasierung (Tab. 7).

Unter einer minimalen Metastasierung versteht man die alleinige Erhöhung der Tumormarker, eine Lymphknotenmetastasierung oder eine pulmonale Metastasierung mit einzelnen Rundherden, deren Durchmesser nicht mehr als 2 cm beträgt.

Patienten mit minimaler Metastasierung werden nach der Analyse der Indiana-Gruppe mit der heute zur Verfügung stehenden Chemotherapie in 99 % erfolgreich behandelt. Aktuelle Therapiestudien zielen darauf, Ausmaß und Dauer der Chemotherapie einzuschränken (Tab. 8).

Tabelle 6. Indiana-Klassifikation beim systemisch metastasierten Hodentumor

«Minimal»

«Moderate»

«Advanced disease (bulky)»

Tabelle 7. Indiana-Klassifikation beim metastasierten Hodentumor [1]

«Minimal»

1. Nur HCG und/oder AFP erhöht

2. Knoten zervikal +/− nicht tastbare retroperitoneale Knoten

3. Nicht resezierbare, aber nicht tastbare retroperitoneale Erkrankung

4. Minimale pulmonale Metastasen – weniger als 5 pro Lungenfeld und < 2 cm (+/− nicht tastbare abdominale Erkrankung)

Das Stadium «moderate disease» beschreibt Patienten mit tastbarem abdominellen Tumor als einzige anatomische Entwicklung. Ferner Patienten mit pulmonalen Metastasen, die kleiner als 3 cm sind oder mit mediastinalem Tumor unter 50 % des intrathorakalen Durchmessers. Hierzu gehören auch die Patienten, bei denen eine solitäre pulmonale Metastase über 2 cm vorliegt, unabhängig davon, ob eine minimale retroperitoneale Metastasierung vorliegt.

In diesem Stadium können noch 89 % in eine anhaltende komplette Remission oder durch ergänzende Operationen in ein Stadium ohne Krankheitsnachweis gebracht werden (Tab. 9).

Im Stadium «advanced disease» werden Patienten mit unterschiedlichen Prognosefaktoren zusammengefaßt, obwohl bei allen übereinstimmend ein fortgeschrittenes Tumorstadium vorliegt. Es kann sich um eine fortgeschrittene pulmonale Mctastasicrung oder große mediastinale Tumoren handeln oder um ausgedehnte retroperitoneale Metastasen mit allen Formen der pulmonalen Metastasierung. Ferner um Patienten mit Leber-, Knochen- oder ZNS-Metastasen. Bei diesen Patienten liegt die Heilungsrate erst zwischen 40–60 % (Tab. 10).

Tabelle 8. Indiana-Klassifikation beim metastasierten Hodentumor [1]

«Moderate»

5. Tastbarer abdominaler Tumor als einzige anatomische Erkrankung

6. Moderate pulmonale Metastasen – 5–10 pro Lungenfeld und < 3 cm; oder mediastinaler Tumor < 50 % des intrathorakalen Durchmessers; oder solitäre pulmonale Metastase jeder Größe > 2 cm (+/– nicht tastbare abdominale Erkrankung)

Tabelle 9. Indiana-Klassifikation beim metastasierten Hodentumor [1]

«Advanced disease (bulky)»

7. Fortgeschrittene pulmonale Metastasierung – mediastinaler Tumor > 50 % des intrathorakalen Durchmessers; oder mehr als 10 pulmonale Metastasen pro Lungenfeld; oder multiple pulmonale Metastasen > 3 cm (+/– nicht tastbare abdominale Erkrankung)

8. Tastbare abdominale Tumormasse + pulmonale Metastasen
   8.1. minimal pulmonal
   8.2. moderate pulmonal
   8.3. advanced pulmonal

9. Leber-, Knochen- oder ZNS-Metastasen

Tabelle 10. Prognosefaktoren beim nichtseminomatösen Hodentumor (Analyse von 7 Arbeitsgruppen) [7]

Tumormarker
HCG
LDH
AFP
Pulmonale Metastasen
Summe aller Metastasierungsorte

Bedeutendste Prognosefaktoren sind nach einer Analyse von 7 verschiedenen Arbeitsgruppen die Höhe der Tumormarker HCG, LDH und AFP, das Ausmaß der pulmonalen Metastasierung und die Summe aller Metastasierungsorte [7].

Bereits vor 40 Jahren war eine Unterteilung der Tumorausdehnung gebräuchlich. Die heute angewandten Stadieneinteilungen betrachten differenziert die Tumorausdehnung und berücksichtigen zunehmend Prognosefaktoren, so daß eine dem jeweiligen Tumorstadium angepaßte Therapie möglich ist. Zur besseren Vergleichbarkeit der erreichten Therapieergebnisse sind exakte Definitionen der Tumorstadien unter Berücksichtigung unterschiedlicher Prognosefaktoren zu fordern und weiter zu entwickeln.

Literatur

1   Birch R, Williams S, Cone A, Einhorn L, Roark P, Turner S, Greco FA: Prognostic factors for favorable outcome in disseminated germ cell tumors. J Clin Oncol 1986; 4:400–407.

2   Boden G, Gibb R: Radiotheraphy and testicular neoplasms. Lancet 1951;II:1195–1197.

3   Bussar-Maatz R, Weißbach L: Beziehungen zwischen Primärtumor und Metastasierung. Beitr Onkol 1988;28:170–177.

4   Cavalli F, Monfardini S, Pizzocaro G: Report on the International Workshop on Staging and Treatment of Testicular Cancer. Eur J Cancer 1980;16:1367–1372.

5   Hartlapp JH, Weißbach L: Zur Notwendigkeit der Unterteilung des Stadium II bei Hodentumoren, in Illiger HJ, Sack H, Seeber S, Weißbach L (eds): Nicht-seminomatöse Hodentumoren. Basel, Karger, 1982, pp 72–75.

6   Hartlapp JH, Weißbach L: Therapie nichtseminomatöser Hodentumoren im Stadium IIA/B: Lymphadenektomie +/- adjuvante Chemotherapie vs. primäre Chemo-

therapie, in Schmoll HJ, Weißbach L (eds): Diagnostik und Therapie von Hodentumoren. Berlin, Springer, 1988, pp 179–185.

7   Scheulen ME, Niederle N, Pfeiffer R, Schmidt CG: Prognostische Faktoren bei
     Patienten mit fortgeschrittenen nichtseminomatösen Hodenkarzinomen, in Schmoll
     H-J, Weißbach L (eds): Diagnostik und Therapie von Hodentumoren. Berlin, Sprin-
     ger, 1988, pp 96–110.

8   UICC:TNM-Klassifikation der malignen Tumoren. Berlin, Springer, 1979, 3. ed,
     pp 118–121.

9   UICC: TNM-Klassifikation der malignen Tumoren. Berlin, Springer, 1987, 4. ed,
     pp 137–139.

Dr. med. J.H. Hartlapp, Med. Universitätsklinik,
Sigmund-Freud-Str. 25, D-5300 Bonn 1 (BRD)

Beitr Onkol. Basel, Karger, 1990, vol 40, pp 89–96.

Die Relevanz der Pathohistologie für die Behandlung von nichtseminomatösen Hodentumoren im Stadium I

W. Höltl[a], *J. Pont*[b], *D. Kosak*[c]

[a] Urologische Abteilung, Rudolfstiftung Wien
[b] 3. Medizinische Abteilung, Kaiser-Franz-Josef-Spital, Wien
[c] Pathologisches Institut, Rudolfstiftung Wien, Österreich

Seit Jahrzehnten war die Therapie des nichtseminomatösen Hodentumors im Stadium I (NSGCT I) standardisiert: radikale oder eingeschränkte retroperitoneale Lymphadenektomie. Die exzellenten Therapieresultate, die damit erreicht wurden (mehr als 95 % dauerhafte Heilungsrate, einschließlich der durch Chemotherapie beim Rezidiv geheilten Patienten) ließ wenig Gedanken nach einer Änderung des erfolgreichen Konzeptes aufkommen [1, 2]. Erst 1979 wurden in Großbritannien und den USA etwa zeitgleich die ersten Surveillance-Studien aufgenommen. Die publizierten Daten zeigten Relapse-Raten in der Höhe von 17–33 %. Obzwar alle diese Patienten mit einer aggressiven Chemotherapie geheilt werden konnten, mußte die operativ ersparte Morbidität mit chemotherapeutisch induzierter Morbidität beim Rezidiv erkauft werden. Diese unakzeptabel hoch liegenden Relapse-Raten führten dazu, daß in zahlreichen Studien Versuche unternommen wurden, pathohistologische Prognosekriterien zu erarbeiten. Bei der Aufarbeitung unserer Hodentumorpräparate durch unseren Pathologen konnten wir in einer retrospektiven Analyse feststellen, daß der Gefäßeinbruch (VI) der einzige statistisch signifikante Risikofaktor für den nichtseminomatösen Tumor im Stadium I darstellt (p < 0,0005) [3]. Die Risikofaktoren wurden studiert im Hinblick auf die Entstehung viszeraler Metastasen. Die pT-Stadium, die Tumorgröße, die histologischen Subtypen sowie die Tumormarker waren statistisch nicht signifikant und als Risikofaktoren daher unbrauchbar.

Material und Methode

Seit Januar 1985 wurde das Prognosekriterium Gefäßeinbruch als alleiniger Risikofaktor beim NSGCT I in prospektiver Weise evaluiert und dementsprechend risikoadaptiert therapeutisch vorgegangen: «surveillance» vs. adjuvante Chemotherapie [4, 6].

Seit Januar 1985 sind 40 Patienten in dieses Studienprotokoll eingegangen. 22 Patienten (23 Tumoren) hatten keinen Gefäßeinbruch im Primärtumor, bei 18 Patienten konnte im Primärtumor ein Gefäßtumor nachgewiesen werden. Die mittlere Beobachtungszeit beträgt 30 Monate (3–50 Monate im Durchschnitt für Gefäßeinbruch-negative Patienten) bzw. 27 Monate (3–48 Monate für Gefäßeinbruch-positive Patienten). 78 % der Patienten haben bereits eine längere Beobachtungszeit von mehr als 1 Jahr. Histologische Subklassifikationen, pT-Stadium sowie Angaben zur rezidivfreien Überlebenszeit finden sich in den Tabellen 1–3.

Studienprotokoll

Stratifikation der Patienten entsprechend dem Vorhandensein von Gefäßeinbruch im Primärtumor. Gruppe 1 (VI negativ) ist die Gruppe, deren Primärtumor keinen Gefäßeinbruch aufwies. Diese Patienten wurden lediglich engmaschig kontrolliert (surveillance only). Die Gruppe 2 (VI positiv) entspricht jener Gruppe, in deren Primärtumor Gefäßeinbrüche nachweisbar waren. Die Patienten dieser Gruppe erhielten 2 Kurse Chemotherapie mit BEP: Bleomycin 30 mg, am Tag 2, 9 und 16, Etoposid 100 mg/m^2, am Tag 1–5 und Cis-

Tabelle 1. Histologische Subklassifikation

	VI− Surveillance	VI+ Adjuvante Chemotherapie
Zahl der Patienten	23	18
pT 1	17	7
pT 2	6	9
pT 3	0	2
pT 4a	0	0
Histologische Subtypen		
Embryonales Karzinom	20	18
Teratokarzinom	16	6
Dottersackanteile	8	6
Chorionkarzinom	6	5
Seminom	7	6
Mittlere Beobachtungszeit	30 Mon. (3–50 Mon.)	27 Mon. (3–48 Mon.)
	NED 100 % (23/23 Pat.)	NED 88,9 % (16/18 Pat.)

platinum 20 mg/m^2 am Tag 1 - 5. Der Abstand zwischen den beiden Chemotherapiekursen 22 Tage. Eine diagnostische Lymphadenektomie wurde in keiner der beiden Gruppen durchgeführt. Das klinische Staging umfaßte Thoraxröntgen in zwei Ebenen sowie Computertomographie vom Mediastinum und Retroperitoneum in 0,8 cm Abständen mit Kontrastmittel sowie die Tumormarkerbestimmungen. Der Tumormarkerabfall entsprechend der biologischen Halbwertzeit in den Normbereich und Persistenz im Normbereich waren Voraussetzung. Die pathohistologische Klassifikation erfolgte nach den UICC-Kriterien von 1987 [5]. Ausgeschlossen aus dem Studienprotokoll waren extragonadale Keimzelltumoren sowie das reine Chorionkarzinom. Die Definition des Blutgefäßeinbruches haben wir an früherer Stelle bereits beschrieben [3, 4].

Die Kontrolluntersuchungen erfassen in beiden Gruppen in den ersten beiden Jahren monatliche Kontrolle der Tumormarker, des Thoraxröntgen in 2 Ebenen sowie die klinische Untersuchung, in 3-monatlichen Abständen die Computertomographie des Retroperitoneums. Die Sonographie des kontralateralen Hodens wird nur dann routinemäßig durchgeführt, wenn bei der gleichzeitig mit der Semikastration des tumortragenden Hodens vorgenommenen kontralateralen PE ein Carcinoma in situ festgestellt werden konnte. Im 3. und 4. Kontrolljahr wird 3-monatlich kontrolliert und die Computertomographie alle 6 Monate.

Tabelle 2. Rezidivraten

VI−	VI+
Rezidivrate 4,3 % (1/23 Pat.)	Rezidivrate 11,0 % (2/18 Pat.)
1 pulmonales Rezidiv − > CR seit 39 Mon.	1 tumorbedingter Tod 1 retroperitoneales Rezidiv (growing teratoma) 1 Bronchuskarzinom − Tod (bez. Hodentumor rezidivfrei)
Rezidivrate insgesamt (VI− und VI+): 7,5 % (3/40) Überlebensrate insgesamt (NED): 95 % (38/40)	

Tabelle 3. Gefäßinvadierende histologische Subtypen (18/18 = 100 %; E − > VI+)

Embryonales Karzinom	18
Teratokarzinom	0
Dottersackanteile	1
Chorionkarzinom	0
Seminom	3

Das embryonale Karzinom ist kein unabhängiger Risikofaktor.

Das embryonale Karzinom ist nur bei gleichzeitigem Vorliegen von Gefäßeinbruch als prognostischer Risikofaktor zu bewerten.

Ergebnisse

Gruppe 1: (VI negativ) 1/23 (4,3 %) der Patienten entwickelte 3 Monate nach Diagnose disseminierte Lungenmetastasen und konnte durch 4 Kurse Chemotherapie in eine komplette dauerhafte Remission übergeführt werden. Ein zweiter Patient entwickelte 23 Monate nach Erstdiagnose einen kontralateralen Hodentumor, dessen Histologie ebenfalls keinen Gefäßeinbruch im Primärtumor aufwies. Der Patient verblieb daher im Surveillance-Protokoll. In der Surveillance-Gruppe ist kein Patient verstorben; kein Patient ging im Kontrolluntersuchungsprogramm verloren.

Gruppe 2: (VI +, adjuvant BEP 2 ×) Ein Patient entwickelte 35 Monate nach Diagnosestellung Weichteilmetastasen im Bereich des kleinen Beckens (M.psoas, M.iliacus) mit direkter Tumorinvasion des Os ileum. Trotz Chemotherapie, operativer Tumorreduktion und versuchter Strahlenbehandlung verstarb der Patient an der Dissemination der Erkrankung. Ein Patient entwickelte 27 Monate nach Therapiebeginn retroperitoneale Lymphknotenvergrößerungen ohne Erhöhung der Tumormarker. Die operative Entfernung dieser Lymphknoten ergab: reifes Teratom, es wurde daher keine weitere Chemotherapie verabreicht. Der Patient ist seither in kompletter Remission. Ein 3. Patient (schwerer Raucher) entwickelte 23 Monate nach Primärbehandlung ein Plattenepithelkarzinom der Lunge und verstarb an dieser Erkrankung. Bei der Obduktion konnte kein Nachweis einer Metastasierung vom Hodentumor gefunden werden. Die Rezidivrate in dieser Gruppe ist daher 11 % (2 von 18) mit einem tumorbedingten Todesfall. 95 % der Patienten (38 von 40) sind gegenwärtig ohne Anzeichen der Tumorerkrankung am Leben. Die gesamte Rezidivrate (Gruppe 1 und Gruppe 2) zusammen beträgt 7,5 % (3 von 40).

Diskussion

Seit Dixon und Moore 1952 erstmals den Gefäßeinbruch als Prognosekriterium erkannt haben, wurde viele Jahre lang daraus keine klinische Konsequenz abgeleitet [7]. In einer Literaturübersicht (Tabelle 4, 5) haben wir jene Publikationen zusammengestellt, die sich mit Prognosefaktoren am nichtseminomatösen Hodentumor im Stadium I beschäftigt haben – mit besonderer Berücksichtigung des Kriteriums Gefäßeinbruch [8–23]. Alle diese Daten entspringen retrospektiven Analysen. Unsere prospektive Studie ist die erste dieser Art, die ein gleichartiges Patientenkollektiv auf

Grund eines entscheidenden Prognosefaktors hinsichtlich der Therapie stratifiziert [24] (Tab. 6). Entsprechend den Hypothesen über die hämatogene Dissemination eines Tumors von Liotta muß daher angenommen werden, daß bei nachgewiesenem Blutgefäßeinbruch das Stadium der hämatogenen Dissemination erreicht ist [25]. Es ist daher naheliegend, daß

Tabelle 4. Risikofaktoren NSGCT I (retrospektive Analysen)

Autor	pT	Embryonales Karzinom	VI
Mostofi [8]	+	E+	+
Pugh [9]	+	E+	+
Sandemann [10]	+	E+	+
Raghavan [11]	+	−	/
Nachtigall [12]	/	/	−
Moriyama [13]	+	/	+
Klepp [14]	+	/	+

+ statistisch signifikant
− statistisch nicht signifikant
/ nicht untersucht
VI = «vascular invasion»

Tabelle 5. Risikofaktoren NSGCT I (retrospektive Analysen)

Autor	Patienten	Rezidive (%)	pT	Embryonales Karzinom	VI
Javadpour [15]	60	17	+	E+	+
Hoskin [16]	126	28	+	E+	+
Dewar [17]	28	31	/	E+	+
Freedman [18]	259	32	−	E+ (Y−)	+
Gelderman [19]	54	20	/	−	/
Pizzocaro [20]	85	27	+	E−	+
Dunphy [21]	93	30	/	E+	+
Thompson [22]	36	33	−	−	+
Sogani [23]	102	25	/	E+	+

+ statistisch signifikant
− statistisch nicht signifikant
/ nicht untersucht
VI = «vascular invasion»

Tabelle 6. Risikofaktoren NSGCT I (prospektive Analysen). Risikoadaptiertes Vorgehen

Autor	Patienten	Rezidive (%)	pT	Embryonales Karzinom	VI
Höltl [24]	25	4	–	E+	+

+ statistisch signifikant
– statistisch nicht signifikant
/ nicht untersucht
VI = «vascular invasion»

jede Form der lokoregionären Behandlung (retroperitoneale Lymphaden-ektomie) keinen kurativen Effekt mehr haben kann. Systemische Erkran-kung bedarf naturgemäß systemischer Therapie. Dies ist das Grundkon-zept unseres Behandlungsverfahrens. In unseren retrospektiven wie auch in den prospektiven Daten konnten wir das embryonale Karzinom als den aggressivsten histologischen Subtypus betreffend die Gefäßinvasion erkennen. Im Gegensatz zu anderen Untersuchern konnten wir jedoch das embryonale Karzinom nicht als unabhängigen Risikofaktor erkennen [18]. Lediglich in Kombination mit dem Gefäßeinbruch gewinnt das embryo-nale Karzinom an Bedeutung. Dies ist auch daran erkennbar, daß sowohl in der VI- als auch in der VI+ Gruppe, eine gleiche Verteilung der embryona-len Karzinomanteile in den einzelnen Tumoren vorlag (Tab. 1–3). Diese Erkenntnis wurde auch von Dunphy et al. kürzlich bestätigt [21].

Literatur

1   Peckham MJ, Barrett A, Husband JE, Hendry WF: Orchiectomy alone in testicular stage I nonseminomatous germ cell tumors. Lancet 1982;I:678–680.

2   Johnson DW, Lo RK, von Eschenbach AC, Swanson DA: Surveillance alone for patients with clinical stage I nonseminomatous germ cell tumors oft the testis. Preli-minary results. J Urol 1984;131:491–493.

3   Hoeltl W, Kosak D, Pont J, Hawel R, Machacek E, Schemper M, Honetz N, Marber-ger M: Testicular cancer: Prognostic implications of vascular invasion. J Urol 1987; 137:683:685.

4   Hoeltl W, Pont J, Kosak D: Prognosefaktoren für den nichtseminomatösen Hoden-tumor Stadium I mit besonderer Berücksichtigung des Blutgefäßeinbruches, in Schmoll HJ, Weißbach L (eds): Diagnostik und Therapie von Hodentumoren. Ber-lin, Springer, 1988, pp 87–95.

5   Spiessl B, Beahrs OH, Hermanek P, Hutter RVP, Scheibe O, Sobin LH, Wagner G: TNM-Atlas. Berlin, Springer, 1989.

6   Hoeltl W, Kosak D, Pont J, Hruby W: Ist die Lymphadenektomie im Stadium I des nichtseminomatösen Hodentumors noch gerechtfertigt? Wien Klin Wschr 1987; 99:60–63.

7   Dixon FJ, Moore RA: Tumors of the male sex organs, in Atlas of Tumor Pathology, Sect. 7, Fascicle 32. Washington, DC, Armed Forces Institute of Pathology, 1952.

8   Mostofi FK, Price EB. Jr: Tumors of the male genital system. Atlas of Tumor Pathology, 2nd series, Fascicle 8. Washington, D.C., Armed Forces Institue of Pathology, 1973.

9   Pugh RCB, Cameron KM: Teratoma, in Pugh RCB (ed): Pathology of the testis. Oxford, Blackwell Scientific 1976, p 199.

10 Sandeman TF, Matthews JP: The staging of testicular tumors. Cancer 1979;43:2514.

11 Raghavan D, Peckham MJ, Heyderman E, Tobias JS, Austin DE: Prognostic factors in clinical stage I non-seminomatous germ-cell tumors of the testis. Br J Cancer 1982; 45:167.

12 Nachtigall M, Henning K, Urlesberger H: Korrelation zwischen Gefäßeinbruch und Tumorstadium, in Weißbach L, Hildenbrand G (eds): Register und Verbundstudie für Hodentumoren. München, Zuckschwerdt 1982, p 147.

13 Moriyama N, Daly JJ, Keating MA, Lin C, Prout GR Jr: Vascular invasion as a prognostic factor of metastatic disease in nonseminomatous germ cell tumors of the testis: Importance in 'surveillance only' protocols. Cancer 1985;56:2492.

14 Klepp O, Fossa S, Fritjofsson A, Henrikson H, Maartman-Moe H, Persson BE, Ranstam J, Wicklund H: Risk factors for metastases in clinical stage I (CS1) nonseminomatous germ cell testicular cancer (NSGT). 3rd European Conference on Clinical Oncology and Cancer Nursing, abstract 200, Stockholm, June 16–20, 1985.

15 Javadpour N: Changing concepts in the management of clinical stage I nonseminomatous testicular cancer: significance of prognostic factors. J Urol 1985;134:427.

16 Hoskin P, Dilly S, Easton D, Horwich A, Hendry W, Peckham MJ: Prognostic factors in stage I nonseminomatous germ cell testicular tumors managed by orchiectomy and surveillance: Implications for adjuvant chemotherapy. J Clin Oncol 1986;7:1031-1036.

17 Dewar MJ, Spagnolo DK, Jamrozik KD, von Hazel GA, Byrne MJ: Predicting relapse in stage I nonseminomatous germ cell tumors of the testis. Lancet 1987;I:454.

18 Freedman LS, Parkinson MC, Jones W, Oliver RTD, Peckham MJ, Read G, Newlands ES, Williams CJ: Histopathology in the prediction of relapse of patients with stage I testicular teratoma treated by orchidectomy alone. Lancet 1987;I:294–298.

19 Gelderman WAH, Schraffordt Koops HS, Sleijfer DT, Osterhuis JW, Marrink J, de Bruijn HW, Henk WA, Oldhoff J: Orchidectomy alone in stage I nonseminomatous germ cell tumors. Cancer 1987;59:578–580.

20 Pizzocaro G, Zanoni F, Salvioni R, Milani A, Piva L, Pilotti S: Difficulties of a surveillance study omitting retroperitoneal lymphadenectomy in clinical stage I nonseminomatous germ cell tumors of the testis. J Urol 1987;138:1393–1396.

21 Dunphy DH, Ayala AG, Swanson DA, Ro JY, Logothetis C: Clinical stage I nonseminomatous and mixed germ cell tumors of the testis. Cancer 1988;62:1202–1206.

22 Thompson PI, Nixon J, Harvey VJ: Disease relapse in patients with stage I nonseminomatous germ cell tumor of the testis on active surveillance. J Clin Oncol 1988; 6:1597–1603.

23 Sogani PC, Fair WR: Surveillance alone in the treatment of clinical stage I nonseminomatous germ cell tumors of the testis (NSGCT). Semin Urol 1988;7:53–56.

24 Höltl W, Kosak D, Pont J, Marberger M: Treatment stratification of nonseminomatous germ cell tumors stage I (NSGCT I) depending on the presence of vascular invasion. J Urol 1989;141:299.

25 Liotta LA: Mechanisms of cancer invasion and metastasis, in De Vita Jr VT, Hellman S, Rosenberg SA. (eds): Important advances in oncology 1985. Philadelphia, Lippincott, 1985, p 28.

OA Dr. Wolfgang Höltl, Urologische Abteilung, Krankenanstalt Rudolfstiftung, Juchgasse 25, A-1030 Wien (Österreich)

Beitr Onkol. Basel, Karger, 1990, vol 40, pp 97–114.

Histologische und immunhistochemische Untersuchungen an chemotherapierten Lymphknotenmetastasen maligner Keimzelltumoren des Hodens

J. Vogel

Pathologisches Institut der Rheinischen Friedrich-Wilhelms-Universität Bonn, BRD

Bei Anwendung der induktiven Polychemotherapie ist in vielen Fällen eine deutliche Regression von Metastasen maligner Keimzelltumoren des Hodens zu verzeichnen. Es wird dadurch eine eindrucksvolle Regression der Lymphknoten und Organmetastasen erreicht. Vitale Tumorreste stellen den Ausgangspunkt einer Tumorprogression dar. Die morphologische Analyse kann in diesen Fällen neben dem Effekt der Chemotherapie die Differenzierung und Dignitätsbeurteilung der Tumorreste erfassen und damit das weitere therapeutische Vorgehen bestimmen. An einem größeren Krankengut wurde die Morphologie der Primärtumoren mit der Morphologie der Metastasen verglichen, wobei der Teratomanteil besonders berücksichtigt wurde.

Material und Methoden

In den Jahren 1978 bis Anfang 1989 wurden 134 Patienten mit metastasierten Keimzelltumoren primär induktiv chemotherapiert und anschließend operiert. In die morphologische Auswertung gelangten 70 Primärtumoren mit insgesamt 86 regionären und juxtaregionären und 12 Lungen- bzw. Lebermetastasen.

Die konventionelle histologische Aufarbeitung erfolgte mit Hilfe von Routinefärbungen (HE, vG, Siriusrot). An 26 Fällen wurden ergänzende immunhistochemische Untersuchungen an Paraffinmaterial angeschlossen. Die Schnittpräparate wurden nach der ABC-Metholde mit folgenden Antikörpern untersucht:

Pan-Zytokeratin (Amersham und Buchler, Braunschweig), Vimentin, S-100-Protein, Myoglobin, AFP und β-HCG (alle von Dakopatts, Hamburg) und saures Gliafaserprotein (Camon, Wiesbaden).

Ergebnisse

Ausgehend von den in der Literatur bekannten Klassifikationen der testikulären Keimzellgeschwülste [13–15, 17, 20, 22, 30] wurden die Tumoranteile nach der WHO-Klassifikation aufgeschlüsselt. Der Schwerpunkt der Auswertung wurde auf die Erfassung der einzelnen unterschiedlich differenzierten Teratomanteile in den Metastasen gelegt, wie es der Tabelle 1 und 2 zu entnehmen ist. In der Tabelle 2 wurde die Morphologie der testikulären Keimzelltumoren mit der Struktur der Lymphknotenmetastasen nach Chemotherapie verglichen. Diejenigen Fälle, bei denen aufgrund auswärtiger Untersuchungen die genaue Histologie des Primärtumors nicht bekannt war, wurden in dieser Aufstellung nicht miterfaßt. Die Histologie der Primärtumoren entsprach in 19 Fällen einem Seminom, in 13 Fällen einem embryonalen Karzinom, teilweise mit Dottersackstruktur, einem reinen Teratom in 4 Fällen; Kombinationsfällen bestehend aus Teratom, embryonalem Karzinom, teilweise mit Dottersackstruktur in 15 Fällen, Teratom mit Choriokarzinom und anderen Differenzierungen in 5 Fällen, Teratom mit Seminom, embryonalem Karzinom und Dottersacktumor in 2 Fällen und einmal einem Choriokarzinom mit Seminom (Tab. 2). In 30 untersuchten Lymphknotenmetastasen lagen z.T. sehr große kom-

Tabelle 1. Pathomorphologie chemotherapierter regionärer und juxtaregionärer Lymphknotenmetastasen von Hodentumoren (n = 86)

	n
I. Komplette Nekrose und / oder Narbe	30
II. Vitaler Tumor mit Nekrose und / oder Narbe	56
(1) Seminom	3
(2) Embryonales Karzinom ± Dottersack	5
(3) Teratom, reif	24
(4) Teratom, reif und unreif	9
(5) Teratom, reif und unreif + embryonales Karzinom ± Dottersack	11
(6) Teratom, unreif + embryonales Karzinom	2
(7) Choriokarzinom + embryonales Karzinom	1
(8) Embryonales Karzinom + Dottersack + reifes Teratom + Choriokarzinom	1

Tabelle 2. Pathomorphologischer Vergleich zwischen Primärtumoren und chemotherapierten Lymphknotenmetastasen (n = 62)

Primärtumoren	n	Komplette Nekrose und/oder Narbe	Vitaler Tumor mit Nekrose und/oder Narbe					
			Teratom reif	Teratom reif und unreif	Teratom reif, unreif + embryonales Karzinom + Dottersack	Teratom reif + embryonales Karzinom	Embryonales Karzinom ± Dottersack	Seminom
Seminom	19	13	3	-	-	-	2	1
Embryonales Karzinom ± Dottersack	15	4	7	1	4	-	1	-
Teratom	4	2	1	1	-	-	-	-
Teratom + embryonales Karzinom ± Dottersack	16	2	6	3	3	2	1	-
Teratom + choriokarzinom + andere	5	1	-	3	2[a]	-	-	-
Teratom + Seminom ± embryonales Karzinom ± Dottersack	8	-	6	-	1	-	1	1
Embryonales Karzinom ± Dottersack + Seminom	2	-	2	1[a]	-	-	-	-
Choriokarzinom + Seminom	1	1	-	-	-	-	-	-
Gesamt	70	23	25	9	10	2	5	2

[a] Mehrfachuntersuchungen

plette Tumornekrosen bzw. Nekrosen in Kombination mit ausgedehnten Narben vor (34,8 %). In den übrigen 56 Fällen (65,2 %) konnte ein vitaler Tumoranteil in Kombination mit Nekrosen und Narben diagnostiziert werden (Tab. 1). Die einzelnen vitalen Tumorreste in den Metastasen sind in Tabelle 1 unter 1–8. aufgeführt. In der zusammenfassenden Tabelle 3 ist eindeutig die Verschiebung der Morphologie bei Vergleich Primärtumor und Metastasen ersichtlich. Einer deutlichen Reduzierung von embryonalen Karzinomen steht eine relative Vermehrung der Teratome gegenüber. Neben dem hohen Anteil reifer Teratomanteile in isolierter Form liegen auch nach der Chemotherapie noch eine ganze Reihe Fälle mit malignen Tumorkomponenten mit und ohne teratomatösen Differenzierungen vor (Tab. 4).

Das typische morphologische Erscheinungsbild für chemotherapierte große Lymphknotenmetastasen sind Nekrosezonen und fibrotische Abschnitte (Abb. 1, 2). Die z. T. sehr großen, landkartenartig begrenzten, unterschiedlich alten Nekrosen werden von einem unterschiedlich breiten Saum eines Granulationsgewebes zumeist mit reichlich eingelagerten Makrophagen umgeben (Abb. 3, 4). Besonders in Randabschnitten größe-

Tabelle 3. Pathomorphologischer Vergleich der Differenzierungstypen in Primärtumoren und chemotherapierten Lymphknotenmetastasen

Differenzierung	Primärtumor Hoden	Metastasen
Seminom	29	3
Embryonales Karzinom	47	16
Dottersack	14	8
Teratom	38	43
Choriokarzinom	6	1
Keine Angabe	6	6

Tabelle 4. Resektat-Morphologie nach sekundärer Lymphadenektomie bei chemotherapierten regionären und juxtaregionären Lymphknotenmetastasen von Hodentumoren

Morphologie	Anzahl
Komplette Nekrose / Fibrose	30
Reifes (differenziertes) Teratom	24
Reifes / unreifes Teratom	9
Teratom und andere maligne Tumorkomponenten	14
Maligner Tumor ohne Teratom	9

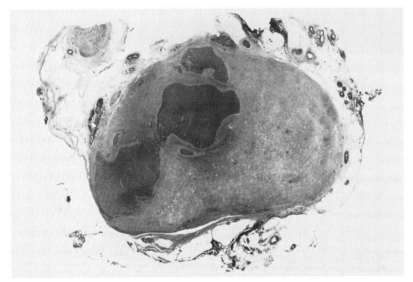

Abb. 1. Lymphknoten mit kompletter Tumornekrose (HE, × 3).

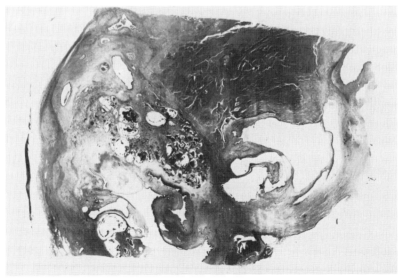

Abb. 2. Ausschnitt aus einem retroperitonealen Lymphknoten mit Nekrosen und Narben sowie überwiegend zystischen Teratomanteilen (HE, × 3).

rer nodulärer Narben trifft man auf differenzierte teratomatöse Strukturen
(Abb. 5, 11). Am Rande oder auch inmitten von Nekrosen und Hämorrha-
gien finden sich zumeist kleine Abschnitte von embryonalen Karzinomen,

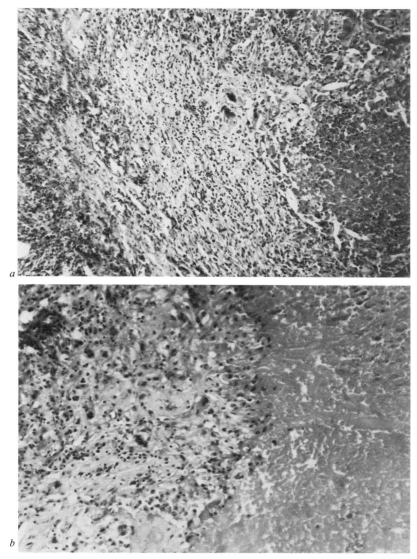

Abb. 3. a Frische Tumornekrose im Lymphknoten mit zellreicher Randreaktion;
b Ausschnitt aus einer älteren Tumornekrose mit histiozytenreichem Randsaum (HE, × 56
und × 112).

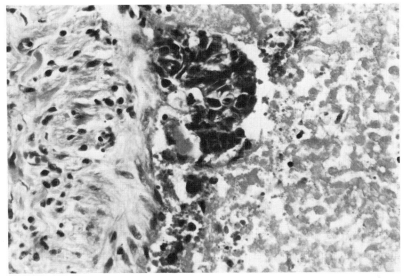

Abb. 4. Ausschnitt aus einem Tumorthrombus in einem retroperitonealen Gefäß. Komplette Tumornekrose mit vitalem Rest eines embryonalen Karzinoms (HE, × 250).

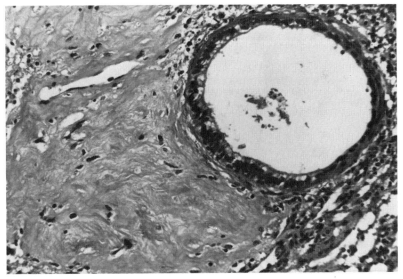

Abb. 5. Noduläres, zellarmes Bindegewebe im retroperitonealen Lymphknoten mit winzigen zystischen, differenzierten Teratomanteilen (HE, × 250).

Dottersacktumor, differenziertem und undifferenziertem Teratom (Abb. 6-9). In mehreren Fällen lagen umfangreiche vitale Anteile eines Dottersacktumors vor (Abb. 10) Einige Fälle mit ausgeprägter retroperitonealer Angiosis und Lymphangiosis carcinomatosa zeigen in den Tumorthromben vitale Tumorstrukturen von embryonalen Karzinom bis zum undifferenzierten Teratom (Abb. 12a-c). Neben den bereits schon erwähnten Tumornekrosen lagen in den Tumorthromben auch komplette zellarme Schwielen vor. Mit Hilfe der durchgeführten immunhistochemischen Reaktionen lassen sich besonders gut epitheliale Komponenten des Teratoms und besonders auch noch vitale isolierte Tumorzellen am Rande oder inmitten von Nekrosen, AFP und β-HCG und Gliafaserprotein darstellen (Abb. 13-17). Der Vimentinnachweis am Nekroserand belegt die Neubildung und Einsprossung von Fibroblasten und Fibrozyten (Abb. 13).

Diskussion

Das morphologische Erscheinungsbild retropcritonealer Lymphknotenmetastasen nach Chemotherapie ist bekannt und auch von anderen

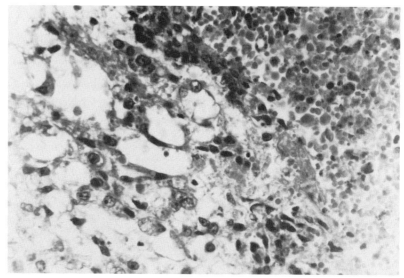

Abb. 6. Vitale und hämorrhagisch-nekrotische Anteile aus retroperitonealen Lymphknotenmetastasen mit regressiven, stark atypischen Tumorzellen entsprechend einem embryonalen Karzinom (Dottersacktumor) (HE, × 450).

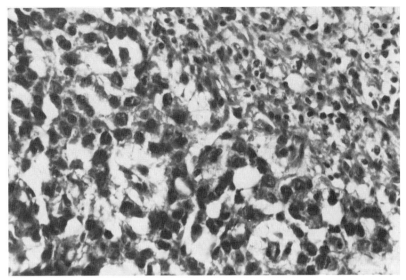

Abb. 7. Nekrose mit vitalem Tumoranteil eines embryonalen Karzinoms (HE, × 450).

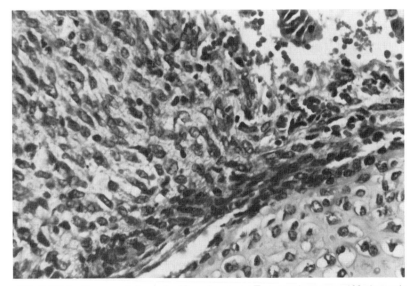

Abb. 8. Vitaler Tumoranteil aus der Umgebung von Tumornekrosen und Narben mit Knorpel und undifferenziertem, sarkomatösem, zell- und mitosenreichem Stroma (HE, × 450).

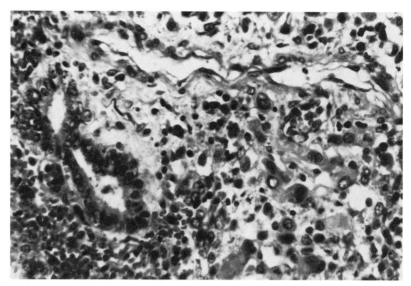

Abb. 9. Vitaler Tumorrest am Nekroserand eines undifferenzierten Teratoms und embryonalen Karzinoms (HE, × 450).

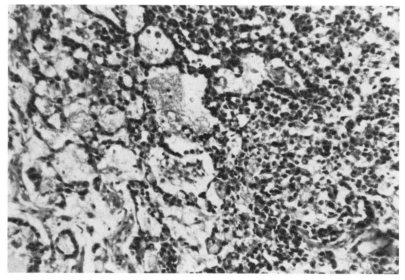

Abb. 10. Ausschnitt aus Anteilen eines Dottersacktumors als einziger vitaler Tumoranteil (HE, × 112).

Untersuchungsgruppen mitgeteilt worden [10, 23, 29]. Erwartungsgemäß hoch und den Literaturangaben entsprechend ist der Anteil reifer und unreifer Teratome in Metastasen teratomhaltiger Keimzelltumoren. Häufig liegen auch Teratomdifferenzierungen in Metastasen teratomfreier Keimzelltumoren vor (Tab. 2). Der Abnahme des embryonalen Karzinoms in den chemotherapierten Metastasen steht eine Zunahme der Teratome gegenüber, so daß es aufgrund der Aufschlüsselung der einzelnen Differenzierungsformen zu einer Überrepräsentierung des Teratoms kommt.

In den Metastasen auftretende maligne Teratomdifferenzierungen sind von besonderer Bedeutung und sollten nach Davey et al. [3] von der reinen Erfassung differenzierter und undifferenzierter Teratome abgegrenzt werden. Die Untersuchungen konnten einen Trend zu einer erhöhten Rezidivfrequenz bei Auftreten maligner Teratomstrukturen mit stärkergradigen Atypien aufzeigen. In wenigen eigenen Fällen konnten maligne Teratomanteile in den Lymphknotenmetastasen nach Chemotherapie gefunden werden (Abb. 8). Auch in vitalen Tumorthromben wurden vitale Strukturen eines Teratokarzinoms beobachtet (Abb. 12). Bei der Frage des Auftretens von Teratomen in chemotherapierten Lymphknotenmetastasen gehen die Meinungen auseinander. Während einige Autoren annehmen, daß das Auftreten teratomatöser Differenzierungen in chemotherapierten Metastasen eine

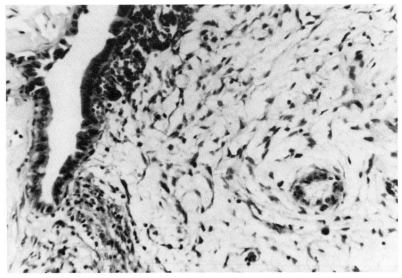

Abb. 11. Reife und unreife Teratomanteile am Rande von Nekrosen und Narben (HE, $\times$ 250).

chemotherapeutisch induzierte Ausreifung von Tumorgewebe darstellt [1, 26], kann diese These von Davey et al. [3] nicht bestätigt werden. Sie meinen, daß die Persistenz des Teratoms darauf zurückgeht, daß die anderen Differenzierungen durch die Therapie beseitigt wurden. Die Morphologie der Metastasen kann durch eine ganze Reihe von Faktoren beeinflußt werden [16].

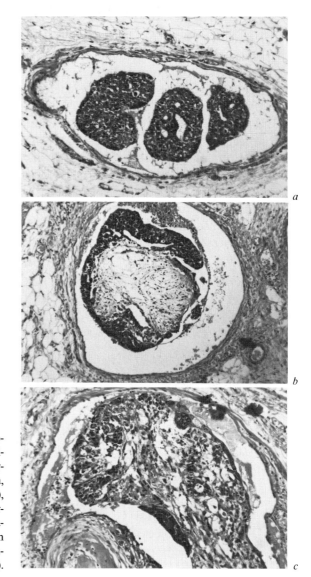

Abb. 12. Retroperitoneale Lymphangiosis carcinomatosa und Angiosis carcinomatosa mit solidem, embryonalem Karzinom (a), undifferenziertem, unterschiedlich zellreichem Teratom (b) und embryonalem Karzinom mit Dottersacktumor (c) (HE, × 56 und × 112).

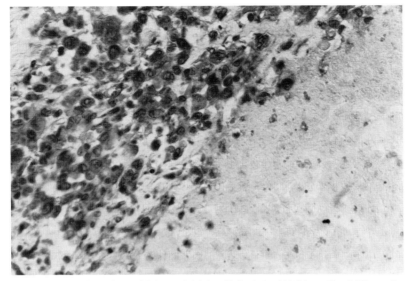

Abb. 13. Rand einer älteren Nekrose (gleicher Fall wie in Abbildung 3) mit Vimentin-nachweis im Granulationsgewebe (ABC-Methode, × 250).

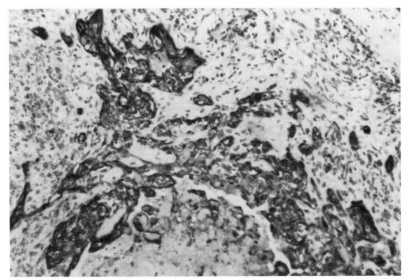

Abb. 14. Pan-Zytokeratinnachweis im vitalen und nekrotischen Teratom mit starker Markierung von epithelialen Strukturen und einzelnen untergehenden Tumorzellen (ABC-Methode, × 250).

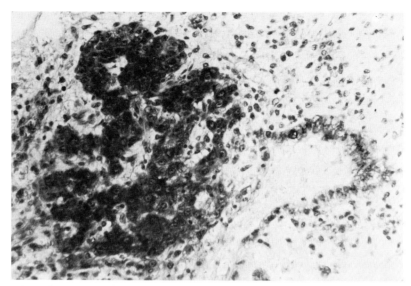

Abb. 15. Vitaler und teils regressiv veränderter Anteil eines embryonalen Karzinoms mit Dottersacktumor und deutlicher herdförmiger, positiver AFP-Reaktion (ABC-Methode, × 250).

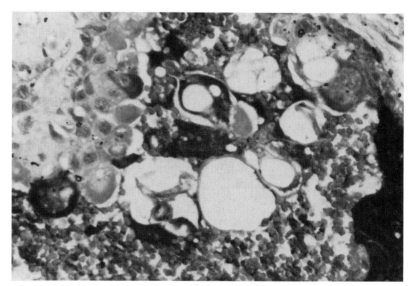

Abb. 16. Vitaler Rest eines Choriokarzinoms mit positiver β-HCG-Reaktion (ABC-Methode, × 450).

Den Aussagen über eine gute Prognose des reifen Teratoms [2, 5, 8] stehen die Untersuchungen gegenüber, die von einem malignen Potential des reifen Teratoms ausgehen [11]. In der Regel treten gehäuft Teratomanteile in Tumormetastasen auf, deren Primärtumoren bereits teratomatöse Differenzierungen enthalten. Danach muß man von der Zerstörung anderer Differenzierungsanteile durch die Chemotherapie ausgehen [6, 19, 25]. Es gibt auch Fälle von teratomfreien Primärtumoren mit teratomatösen Differenzierungen in den Metastasen, wie dies in einigen eigenen Fällen beobachtet wurde. Man muß dabei jedoch auch berücksichtigen, daß kleine, im Primärtumor vorhandene Teratomanteile bei der Aufarbeitung des Tumors nicht erfaßt wurden. Den Teratomdifferenzierungen in den Metastasen muß eine potenielle Wachstumsfähigkeit und Metastasierungsfähigkeit sowie eine Potenz zur malignen Entartung zugesprochen werden [1, 3, 28]. Eine Markerpersistenz bzw. ein Markeranstieg nach Chemotherapie weist auf vitale Tumoranteile in [9, 26, 27].

Immunhistochemische Untersuchungen können in der Diagnostik bei Vorliegen einer unklaren Histologie im Primärtumor und in den Metastasen hilfreich sein. Dies gilt besonders in der Abgrenzung des anaplastischen Seminoms gegen ein undifferenziertes embryonales Karzinom und

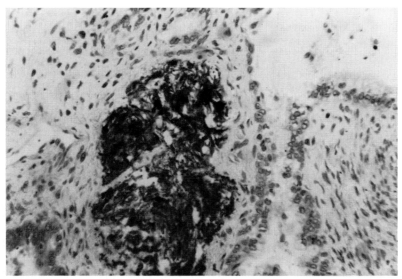

Abb. 17. Ausschnitt aus einer Teratommetastase mit unterschiedlich differenzierten Strukturen. Nachweis von saurem Gliafaserprotein (GFAP) in ungeordnetem gliösen Gewebe (ABC-Methode, × 250).

undifferenziertes Teratom. Mit Hilfe von Antikörpern gegen HCG und AFP können die Tumoranteile markiert werden, die für einen Markeranstieg im Serum verantwortlich zu machen sind [7, 18, 21]. Die bekannten Tumormarker im Serum stellen in der postoperativen und postchemotherapeutischen Phase einen Parameter für die Prognose der Erkrankung dar. Für die Unterscheidung von Seminom und embryonalem Karzinom sowie die Erkennung unterschiedlicher Strukturen im Teratom sind besonders die Intermediärfilamente geeignet (Zytokeratine, Vimentin, Desmin, Gliafaserprotein) [4, 7, 12, 21]. Während die klassischen Seminome vorwiegend mit Vimentin reagieren, enthalten embryonale Karzinome, endodermale Sinustumoren, Choriokarzinome und Teratome Zytokeratine bzw. Myofilamente, Neurofilamente und Gliafaserproteine. Schwieriger wird es in den Fällen, in denen im Seminom eine Koexpression von Vimentin und Zytokeratin gefunden werden kann. Insgesamt ist es heutzutage leicht möglich, den für den Serumanstieg verantwortlichen Marker auch zuverlässig im Gewebe nachzuweisen. Ob letztlich der immunhistochemische Nachweis der Marker in stark regressiv veränderten und nekrobiotischen Zellen inmitten von Nekrosen und Narben auch für einen Markeranstieg im Serum verantwortlich gemacht werden kann, ist fraglich.

Zusammenfassung

Das morphologische Erscheinungsbild chemotherapierter Lymphknotenmetastasen von malignen Keimzelltumoren des Hodens kann sich von der Histologie der Primärtumoren unterscheiden. Typischerweise treten nach Chemotherapie große Nekrosen und Narben auf. Vitale Tumorreste können in Form aller Differenzierungen in unterschiedlich großen Tumoranteilen vorliegen; der Dottersacktumor scheint besonders resistent zu sein. Der Reduktion der embryonalen Karzinome steht im Vergleich zu den Primärtumoren eine Überrepräsentation der Teratome in den chemotherapierten Lymphknotenmetastasen gegenüber. Das Auftreten von Teratomen nach Chemotherapie in Metastasen teratomfreier Primärtumoren läßt die Möglichkeit der Ausdifferenzierung aus noch potenten Zellen offen. In Erwägung gezogen muß jedoch auch die Tatsache, daß der Teratomanteil bei der Aufarbeitung der Primärtumoren nicht entdeckt wurde. Die Möglichkeit des lokalen Wachstums, der malignen Entartung und die starke Zahl an Rezidiven und Metastasen nach Chemotherapie durch differenzierte Teratomanteile unterstützen die Forderung nach vollständiger Resektion. Tumormarkeruntersuchungen können in der präoperativen Diagnostik und postoperativen Überwachung diagnostisch hilfreich sein, zumal auch mit modernen diagnostischen bildgebenden Verfahren maligne Tumor- oder Teratomanteile nicht lokalisiert werden können [24]. Immunhistochemische Untersuchungen können bei der Aufarbeitung von chemotherapeutisch modifizierten Metastasen in der Auffindung entsprechender Differenzierungen hilfreich sein.

Literatur

1   Ahmend T, Bosl G, Hajdu SJ: Teratoma with malignant transformation in germ cell tumors in men. Cancer 1985;56:860–863.

2   Callery CD, Holmes EC, Vernon S, Huth J, Coulson WF, Skinner DG: Resection of pulmonary metastases from nonseminomatous testicular tumors. Cancer 1983; 51:1152–1158.

3   Davey DD, Ulbright TM, Loehrer PJ, Einhorn LH, Donohue JP, Williams SD: The significance of atypia within teratomatous metastases after chemotherapy of malignant germ cell tumors. Cancer 1987;59:533–539.

4   Denk H, Moll R, Weybora W, Lackinger E, Vennigerholz F, Beham A, Franke WW: Intermediate filaments and desmosomal plaque proteins in testicular seminomas and non-seminomatous germ cell tumors as revealed by immunohistochemistry. Virchows Arch A 1987;410:295–307.

5   Einhorn LH, Williams SD, Mandelbaum J, Donohue JP: Surgical resection in disseminated testicular cancer following chemotherapeutic cytoreduction. Cancer 1981; 48:904–908.

6   Gelderman WAH, Schrafford Koops H, Sleijfer DT, Oosterhuis JW, Oldhoff J: Treatment of retroperitoneal residual tumor after PVB chemotherapy of nonseminomatous testicular tumors. Cancer 1986;58:1418–1421.

7   Jacobsen GK: Histogenetic considerations concerning germ cell tumours. Virchows Arch A 1986;408:509–525.

8   Hi Hong W, Wittes RE, Hajdu S, Critkovic E, Whitmore WF, Golbey RB: The evolution of mature teratoma from malignant testicular tumors. Cancer 1977;40:2987–2992.

9   Levit MD, Reynolds PM, Sheiner HJ, Byrne MJ: Nonseminomatous germ cell testicular tumor: residual masses after chemotherapy. Br J Surg 1985;72:19–22.

10 Liedke S, Schmoll H-J, Bading R, Allhoff E, Jonas U: Ergebnisse nach sekundärer Lymphadenektomie; in Schmoll, Weißbach, Diagnose und Therapie von Hodentumoren, Heidelberg, Springer, 1988, pp. 353–360.

11 Logothetis CJ, Samuels MC, Trindade A, Johnson DE: The growing teratoma syndrome. Cancer 1982;50:1629–1635.

12 Miettinen M, Virtanen I, Talermann A: Intermediate filament protein in human testis and testicular germ-cell tumors. Am J Pathol 1985;120:402–140.

13 Mikuz G: Klassifizierungsprobleme der Hodengeschwülste. Pathologe 1979;1:40–46.

14 Mostofi FK: Pathology of germ cell tumors of testis. Cancer 1980; 45:1735–1754.

15 Mostofi FK, Price EB: Tumors of the male genital system. Atlas of Tumor Pathology Sc. Series, Fusc. 8 Armed Forces Institute of Pathology (ATIP) Washington DC 1973.

16 Mostofi FK, Sesterhenn IA: Factors that affect the histology of metastases in germ cell tumors of testis, in Jones, Ward, Anderson: Germ cell tumors II. Advances in the biosciences. Oxford, Pergamon, 1973, vol 55, pp. 351–368.

17 Mostofi FK, Sobin LH: Histological typing of the testis tumors, WHO publications, Bd. 16. Genf, World Health Organisation, 1977, vol 16, 1977.

18 Nochomowitz LE, Rosai J: Current concepts on the histogenesis, pathology and immunohistochemistry of germ cell tumors of the testis. Pathol A 1978;13:327–362.

19 Oosterhuis JW, Suurmeijer AJH, Sleijfer DTM, Schraffordt Koops H, Oldhoff J,
    Fleuren G: Effects of multiple-drug chemotherapy (CIS-diamine-dichlorplatinum,
    bleomycin and vinblastine) in the maturation of retroperitoneal lymph node metasta-
    ses of nonseminomatous germ cell tumors of the testis. Cancer 1983;51:408–416.
20 Pugh RCB: Pathology of the testis. Oxford, Blackwell Scientific Publications, 1976).
21 Ramaekers F, Feitz W, Moesker O, Schaart G, Herman C, Debruyne F, Vooijs P:
    Antibodies to cytokeratin and vimentin in testicular tumor diagnosis. Virchows Arch
    A 1985;408:127–142.
22 Städtler F: Urogenitalorgane; in Remmele: Pathologie Heidelberg, Springer, 1984.
    vol 3, pp 163–179.
23 Stiens R, Jaeger H, Tschubel K, Weißbach L, Hartlapp J: Die Wirkung der Polyche-
    motherapie auf die Metastasenmorphologie maligner, testikulärer Keimzelltumo-
    ren; in Weißbach, Hildenbrand: Register und Verbundstudie für Hodentumoren.
    Bonn, Zuckschwerdt, 1983, pp 83–91
24 Stomper PC, Jochelson MS, Garnick MB, Richie JP: Residual abdominal masses
    after chemotherapy for nonseminomatous testicular cancer: Correlation of CT and
    histology. Am J Roentg 1985;145:743–746.
25 Suurmeijer AJH, Oosterhuis JW, Sleijfer DTM, Schrafford Koops H, Fleuren GJ:
    Nonseminomatous germ cell tumors of the testis: Morphology of retroperitoneal
    lymph node metastases after chemotherapy. Cancer 1984;20:727–734.
26 Tait D, Peckham MJ, Hendry WF, Goldstraw P: Postchemotherapy surgery in advan-
    ced non-seminomatous germ cell testicular tumors: The significance of histology
    with partial reference to differentiated (mature) teratoma. Br J Cancer 1984;50:601–
    609.
27 Tiffany P, Morse MJ, Bosl G, Vaughan ED, Sogani PC, Herr MW, Whitmore MF:
    Sequential excision of residual thoracic and retroperitoneal masses after chemother-
    apy for stage III germ cell tumors. Cancer 1986;57:978–983.
28 Ulbright MM, Loehrer PJ, Roth LM, Einhorn LH, Williams SD, Clark SA: The devel-
    opment of non-germ cell malignancies with germ cell tumors. Cancer 1984;54:1824–
    1833.
29 Heyden B von, Hartmann M: Tumormarkerverlauf und Metastasenhistologie nach
    primärer Chemotherapie (PVB) beim fortgeschrittenen Hodentumor (T1–4 N1–4
    M0,1); in Schmoll, Weißbach: Diagnose und Therapie von Hodentumoren. Heidel-
    berg, Springer, 1988, pp 369–376.
30 Wurster K: Klassifizierung testikulärer Keimzellgeschwülste; in Bargmann, Doerr:
    Normale und pathologische Anatomie. Stuttgart, Thieme, 1976, Heft 31.

PD Dr. med. J. Vogel, Pathologisches Institut der
Rheinischen Friedrich-Wilhelms-Universität Bonn,
Postfach 2120, D-5300 Bonn 1 (Venusberg) (BRD)

Beitr. Onkol.
Basel, Karger, 1990,
vol. 40

Erratum

Beim Artikel

A. v. Stauffenberg, K.-A. Brensing
„Veränderungen des Hormonhaushalts durch Chemotherapie"
(pp 115–123)

wurde ein Quellenhinweis versehentlich nicht abgedruckt.

Die Abbildung 2 aus diesem Artikel (p 117) stammt von
PD Dr. D. Klingmüller
Institut für klinische Biochemie der Universität Bonn
5300 Bonn-Venusberg

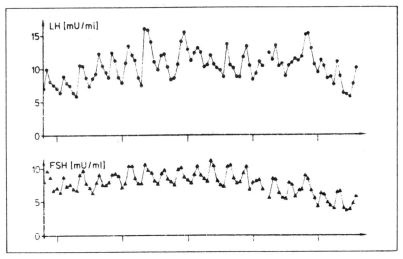

Abb. 2. 24-h-Profil der LH- und FSH-Sekretion bei einem gesunden Probanden.

Beitr Onkol. Basel, Karger, 1990, vol 40, pp 115–123.

Veränderungen des Hormonhaushalts durch Chemotherapie

A. v. Stauffenberg[a], *K.-A. Brensing*[b]

[a] Urologische Universitätsklinik, Bonn
[b] Medizinische Universitätsklinik, Bonn, BRD

Die durchschnittliche Heilungsrate der Hodentumorpatienten beträgt heute etwa 95 %. Meist handelt es sich um Männer der Altersgruppe von 25-35 Jahren; die Erhaltung oder Wiederherstellung der Fertilität ist also von großer Wichtigkeit.

Voraussetzungen der männlichen Fertilität sind die Samenproduktion und der Transport des Samens zur Eizelle. 50–60 % aller Patienten mit germinalem Hodentumor sind bereits vor Therapiebeginn aufgrund einer Oligozoospermie oder Azoospermie sowie durch Störungen der Motilität und Morphologie der Spermien sub- oder infertil [2, 3,7–9]. Die Semikastration führt zu einer Elimination von germinalen Zellen und damit zu einer weiteren Reduktion der Spermienzahl. Ferner führt die retroperitoneale Lymphadenektomie in einem hohen Prozentsatz zu einer retrograden Ejakulation oder einem Emissionsverlust. Auch durch die Bestrahlung des Retroperitoneums bei Seminompatienten kommt es zu einer Beeinträchtigung der exokrinen Hodenfunktion [4, 12]. Schließlich bewirkt die Polychemotherapie bei allen Patienten eine Schädigung des Resthoden-Keimepithels mit Azoospermie. Somit unterliegt die Fertilität der Hodentumorpatienten multiplen Risiken.

Ein zuverlässiger Parameter für die inkretorische und exkretorische Hodenfunktion ist die Konzentration der Gonadotropine im Serum: Ausschüttung des gonadotropen Releasing Hormons (GnRH) auf Hypothalamusebene führt zur Sekretion von luteinisierendem Hormon (LH) und follikelstimulierendem Hormon (FSH) aus dem Hypophysenvorderlappen. Durch LH werden die Leydigzellen, durch FSH die Tubuli stimuliert. Hierdurch kommt es zu einer Erhöhung des Testosteronspiegels sowie zu einer Ausschüttung von Inhibin. Durch einen negativen Feedback-Mechanis-

mus dieser Substanzen auf Hypothalamus- und Hypophysenebene wird
die weitere LH/FSH-Sekretion gebremst (Abb. 1).

Die Gonadotropine werden nicht kontinuierlich, sondern pulsatil aus-
geschüttet, wie das 24-h-Profil eines gesunden Probanden zeigt (Abb. 2).
Bei Einzelabnahmen könnte die Konzentrationsbestimmung von LH und
FSH im Serum daher sehr unterschiedliche Werte ergeben. Zur Bestimmung sollte daher nur gepooltes Serum verwendet werden. Eine zweima-
lige Blutabnahme im Abstand von 20 min mit anschließender Vermischung
der Seren ist hierfür ausreichend.

Material und Methode

Wir führten bei 70 Patienten Bestimmungen der Gonadotropine und des Testo-
sterons im Serum durch. 26 Patienten mit nicht-seminomatösen Hodentumoren im Stadium I wurden nach der Semikastration unilateral lymphadenektomiert oder engmaschig
kontrolliert. Eine Chemotherapie wurde hier nicht durchgeführt. 44 Patienten ließen sich
den Stadien II und III zuordnen. Diese wurden stadienentsprechend entweder zunächst

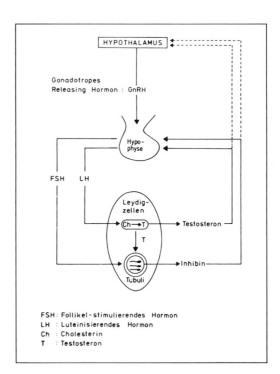

Abb. 1. Hormonelle Regu-
lation der inkretorischen und
exkretorischen Hodenfunktion.
FSH: Follikel-stimulierendes
Hormon; LH: Luteinisierendes
Hormon; Ch: Cholesterin; T:
Testosteron.

radikal lymphadenektomiert und anschließend adjuvant chemotherapiert, oder im Stadium IIc und III induktiv chemotherapiert und später ggf. salvage-lymphadenektomiert. Somit erhielten alle 44 Patienten dieser Gruppe eine adjuvante oder induktive Chemotherapie mit Cis-Platin, Vinblastin, Bleomycin (PVB), bzw. Cis-Platin, Vinblastin, Bleomycin und Ifosfamid (PVBI) oder Bleomycin, Etoposid und Cis-Platin (BEP) (Tab. 1). Die Zahl der einzelnen Zyklen war sehr unterschiedlich, so daß eine weitere Stratifizierung nicht sinnvoll erschien.

Die Serumkonzentrationen von LH, FSH und Testosteron wurden vor Therapiebeginn, während der Chemotherapie und während der Tumornachsorge bestimmt. Die mittlere Beobachtungszeit betrug 24 Monate. Insgesamt konnten 222 Einzelmessungen ausgewertet werden.

Ergebnisse

LH: Vor Semikastration zeigten 4/12 Patienten im Stadium I deutlich erhöhte LH-Werte. Hier handelte es sich um Kreuzreaktionen des β-HCG bei HCG-produzierenden Tumoren mit der Testsubstanz, die zu falsch-positiven Werten führten. Nach Semikastration lagen die LH-Werte bei allen Patienten im Normbereich (Abb. 3).

Ähnlich verhielt es sich bei den Patienten der Stadien II und III: Vor Therapiebeginn fand sich bei 4/13 Patienten eine vermeintlich erhöhte LH-Serumkonzentration. Während und nach Chemotherapie normalisierten sich diese Werte (Abb. 4).

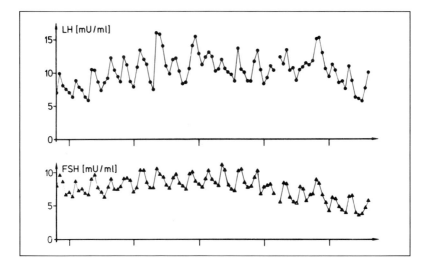

Abb. 2. 24-h-Profil der LH- und FSH-Sekretion bei einem gesunden Probanden.

Tabelle 1. Polychemotherapie im Stadium II und III (n = 44)

	n
Adjuvante Chemotherapie	24
Induktive Chemotherapie	20
PVB	16
PVBI	15
BEP	13

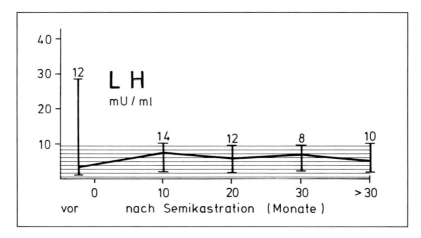

Abb. 3. Mittlere LH-Serumkonzentration bei Patienten im Stadium I vor und nach Semikastration (n = 26).

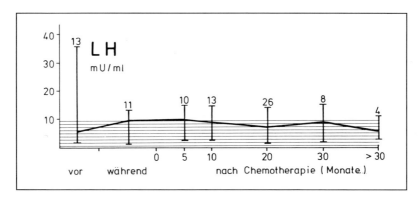

Abb. 4. Mittlere LH-Serumkonzentration bei Patienten im Stadium II und III vor, während und nach Chemotherapie (n = 44).

FSH: Die mittlere Serumkonzentration des FSH bei den Patienten im Stadium I lag vor Semikastration im Normbereich. Nach Therapieende zeigten sich dauerhaft hochnormale Werte (Abb. 5).

Bei den Patienten im Stadium II und III fanden sich vor Chemotherapiebeginn normwertige FSH-Konzentrationen. Unter Therapie stiegen diese kontinuierlich an. Ein Jahr nach Beendigung der Chemotherapie fanden sich bei allen Patienten pathologisch erhöhte FSH-Werte, die bis zum Fünffachen des Normwertes reichten (mittlerer Wert 24 mU/ml). Zwei Jahre nach Therapieende hatten noch 65 % der Patienten erhöhte Werte (mittlerer Wert 18 mU/ml), während selbst nach 30 Monaten und darüber die mittlere FSH-Konzentration mit 14 mU/ml noch deutlich über dem Normbereich lag (Abb. 6).

Testosteron: Bei der Testosteronkonzentration im Serum läßt sich kein Unterschied in beiden Gruppen feststellen. Die Werte liegen vor, während und nach Therapie, wie nach der Verlaufskurve des LH zu erwarten, im unteren Teil der Normwertverteilung (Abb. 7, 8).

Diskussion

Die Funktion des Resthodens bei Hodentumorpatienten wird durch Chemotherapeutika langfristig beeinträchtigt [5, 7, 8, 10]. Histopatholo-

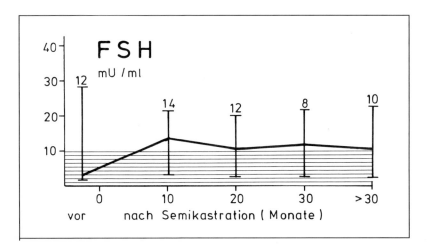

Abb. 5. Mittlere FSH-Serumkonzentration bei Patienten im Stadium I vor und nach Semikastration (n = 26).

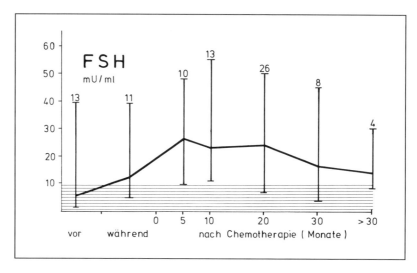

Abb. 6. Mittlere FSH-Serumkonzentration bei Patienten im Stadium II und III vor, während und nach Chemotherapie (n = 44).

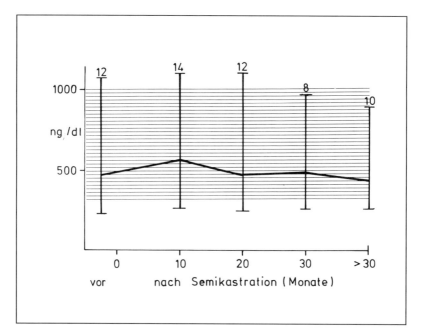

Abb. 7. Mittlere Testosteron-Konzentration bei Patienten im Stadium I vor und nach Semikastration (n = 26).

gisch läßt sich posttherapeutisch eine germinale Aplasie nachweisen, Spermatozyten und Spermatogonien sind vollständig verschwunden und die tubulären Lumina werden nur von Sertoli-Zellen umgeben [10]. Die Leydig-Zellen bleiben morphologisch intakt, wenngleich eine Minderfunktion beschrieben wurde [11]. Klinisch imponieren neben einer Verringerung des Hodenvolumens eine hochgradige Oligozoospermie oder Azoospermie und Infertilität. Der gestörte negative Feedback führt zu einer deutlichen Erhöhung der FSH-Serumkonzentration und einer geringgradigen LH-Erhöhung. Ein Effekt auf die Testosteronkonzentration wird nicht beobachtet. Eine Erhöhung des FSH-Spiegels ist selbst Jahre nach Therapieende als Zeichen langfristig gestörter Spermatogenese noch nachweisbar.

Bei einer durchschnittlichen Heilungsrate von 95 % aller Hodentumorpatienten ist die Erhaltung der Lebensqualität ein vorrangiges Ziel. Hierbei spielt die Fertilität eine wichtige Rolle. Zur Erhaltung der Fertilität bieten sich uns folgende Möglichkeiten:

Lymphadenektomie: Die radikale Lymphadenektomie im Stadium II führt in 60 – 100 % zu einer Beeinträchtigung der Ejakulation. Durch modifizierte Operationsverfahren mit dem Ziel, die sympathischen Nervenfasern zu schonen, ist im Stadium I eine Erhaltung der Ejakulation in etwa 90 % möglich [13].

Radiotherapie: Die exokrine Funktion des Hodens ist sehr strahlensensibel. Streustrahlung führt zu einer zumindest vorübergehenden Beein-

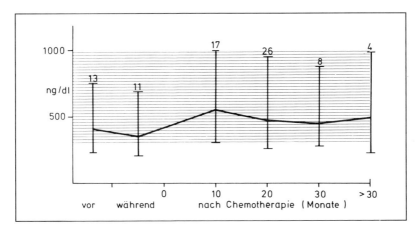

Abb. 8. Mittlere Testosteronkonzentration bei Patienten im Stadium II und III vor, während und nach Chemotherapie (n = 44).

trächtigung der Spermiogenese. Die Gonanden-Dosis sollte daher so gering wie möglich gehalten werden [4, 12]. Dies geschieht durch einen geeigneten Gonadenschutz sowie durch genügenden Abstand des Bestrahlungsfeldes vom Resthoden. Eine Bestrahlung der Leiste sollte nur bei Vorliegen von Metastasen in dieser Region erfolgen. Hiermit läßt sich die Gonanden-Dosis auf 1 – 3 % der Dosis in Körpermitte reduzieren [4].

GnRH-Analoga: Durch tierexperimentelle Versuche und den weiten Einsatz beim Prostatakarzinompatienten ist der Wirkmechanismus der GnRH-Analoga bekannt. Die kontinuierliche Stimulation führt zur Blockade und Down-Regulation der GnRH-Rezeptoren in der Hypophyse. Dies senkt einerseits die Testosteronproduktion im Hoden auf Kastrationsniveau, andererseits wird die Spermatogenese vorübergehend blockiert. Dieser Effekt tritt nach 2 – 3 Wochen ein (Abb. 9) [1, 6]. Während der Inaktivierung des Keimepithels wird ein wirksamer Schutz gegenüber den Chemotherapeutika erwartet. Umfangreiche Studien zur Belegung dieser These sind erforderlich.

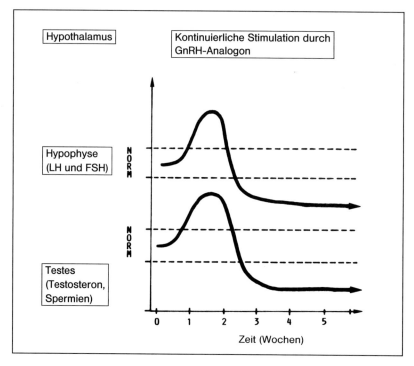

Abb. 9. Effekt der kontinuierlichen GnRH-Analoga-Stimulation auf Hypophyse und Hoden.

Literatur

1 Brodie TD, Crowley Jr WF: Neuroendocrine control of reproduction and its therapeutic manipulation with GnRH and its analogs. Int J Fertil 1985;30:66–75.

2 Carroll PR, Whitmore Jr WF, Herr HW, Morse MJ, Sogani PC, Bajorunas D, Fair WR, Chaganti RSK: Endocrine and exocrine profiles of men with testicular tumors before orchidectomy. J Urol 1987;137:420–423.

3 Caroll PR, Whitmore Jr WF, Richardson M, Bajorunas D, Herr HW, Williams RD, Fair WR, Chaganti RSK: Testicular failure in patients with extragonadal germ cell tumors. Cancer 1987;60:108–113.

4 Fossa SD, Abyholm T, Normann N, Jetne V: Post-treatment fertility in patients with testicular cancer, III. Influence of radiotherapy in seminoma patients. Br J Urol 1986; 58:315–319.

5 Fossa SD, Aass N, Kaalhus O, Klepp O, Tveter AK: Long-term survival and morbidity in patients with metastatic malignant germ cell tumors treated with Cisplatin-based combination chemotherapy. Cancer 1986;58:2600–2605.

6 Glode LM, Smith Jr JA: Long-term suppression of luteinizing hormone, follicle-stimulation hormone and testosterone by daily administration of Leuprolide. J Urol 1987; 137:57–60.

7 Jewett MAS, Jarvi K: Infertility in patients with testicular cancer, in Javadpour N (ed): Principles and management of testicular cancer. Stuttgart, Thieme 1986; pp 351–361.

8 Kießling MJ, Haselberger J, Struth B: Fertilität und Sexualfunktion vor und nach Therapie, in Weißbach L, Hildenbrand G (eds): Register- und Verbundstudie für Hodentumoren, Bonn. München, Zuckschwerdt, 1982; pp 366–377.

9 Kleinschmidt KL, Weißbach L: Erhaltung der Fertilität von Hodentumorpatienten durch Kryokonservierung, in Schmoll HJ, Weißbach L (eds): Diagnostik und Therapie von Hodentumoren. Berlin, Springer, 1988; pp 485–492.

10 Kreuser ED, Harsch U, Hetzel WD, Schreml W: Chronic gonadal toxicity in patients with testicular cancer after chemotherapy. Eur J Cancer Clin Oncol, 1986;22:289–294.

11 Schilsky RL, Sherins RJ: Gonadal dysfunction, in DeVita VT, Hellmann S, Rosenberg SA (eds): Cancer. Principles and practice of oncology. Philadelphia, Lippincott, 1982; pp 1713–1729.

12 Schlappack OK, Kratzik C, Schmidt W, Spona J: Spermiogenese nach Strahlentherapie wegen Seminoms, in Schmoll HJ, Weißbach L, (eds): Diagnostik und Therapie von Hodentumoren. Berlin, Springer, 1988; pp 493–500.

13 Weißbach L: Vor- und Nachteile einer modifizierten Lymphadenektomie im Stadium I – Abschlußbericht eines Protokolls. VI. Arbeitstreffen der Therapiestudien Hodentumoren, Bonn, 1987.

Dr. A. v. Stauffenberg, Urologische Universitätsklinik,
Sigmund-Freud-Str. 25, D-5300 Bonn 1 (BRD)

Beitr Onkol. Basel, Karger, 1990, vol 40, pp 124–132.

Fertility in Patients with Testicular Cancer

S. D. Fosså, E. D. Kreuser

Department of Medical Oncology and Radiotherapy,
The Norwegian Radium Hospital, Oslo, Norway

Introduction

Two features are typical of testicular cancer:

(1) This malignancy is the most frequent cancer in men between the age of 20 and 40 years.

(2) The cure rate today is higher than 90 %, even in patients with advanced disease [1, 2].

The young age and the high survival rate render the problem of fertility before and after treatment an important question. The present review deals with published observations and the authors' own experience related to fertility problems in patients with testicular cancer.

In the tables shown in this article normospermia was defined as follows: $\geq 20 \times 10^6$ sperm cells per ml, ≥ 40 % mobile sperm cells, mobility grade ≥ 2. In the case of azoospermia no sperm cells were seen in the ejaculate. The normal range of serum FSH and LH was 2–12 U/1 for both hormones. Post-treatment fertility was defined either as the evidence of at least 10×10^6 sperm cells/ml and/or a history of paternity. In the latter case no further investigations were performed to prove whether the individual patient really had fathered the offspring for whom he claimed paternity.

Pre-Treatment Fertility

Paternity

In a prospective series at The Norwegian Radium Hospital 1985/86, 41 of 74 patient (55 %) between 15 and 45 years old hat fathered at least one child before the diagnosis of testicular cancer [3]. Five to 8 % of the patients with newly diagnosed testicular cancer had experienced infertility problems in their partnership. This is in accordance with Skakkebæk's observation that there is an high incidence of malignant changes in the testicles of infertile men [4]. Forty-seven of 70 patients (67 %) stated that the question of post-treatment fertility was important for them. In Nijman's experience, 104 of 169 patients with newly diagnosed testicular cancer did not exclude future plans of fatherhood after treatment (personal communication, 1989).

Spermatogenesis

About 50 % of the patients with newly diagnosed testicular cancer are azoo- or oligospermic 2–3 weeks after unilateral orchiectomy (table 1) [5–7].

The poor sperm cell quality and quantity is less frequently an effect of the newly performed orchiectomy, but more often the expression of an underlying gonadal dysfunction. This dysfunction is reversible in most, but not in all patients. Other signs of a gonadal dysfunction are elevated pituitary serum LH and FSH and low serum testosterone, incidence of carcinoma in situ in the remaining testicle, and a history of maldescent and infertility problems. As a consequence of the high frequency of poor pretreatment sperm cell counts, sperm banking can be performed in only 60 % of the patients (table 1).

Hormone Status

Twenty to 30 % of the patients with newly diagnosed testicular cancer have subnormal testosterone levels, elevated FSH and/or increased LH levels [5, 7] (fig. 1). Except for the LH levels, which crossreact with tumor-

Table 1. Pre-treatment sperm counts in patients with testicular cancer

Patients, n	161
Normospermia	46
Oligospermia	91
Azoospermia	24
Semen cryopreservation	
Yes	59
No, poor semen parameters	42
No, not relevant	60

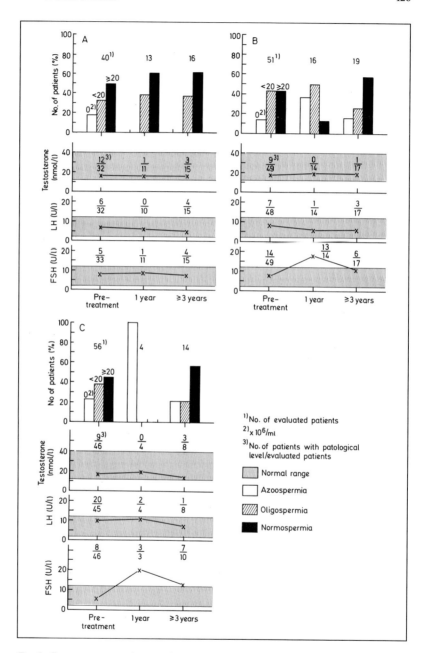

Fig. 1: Sperm counts and serum hormone levels in testicular cancer patients before and after treatment. A: No cytotoxic treatment; B: Radiotherapy; C: Chemotherapy.

derived human choriogonadotropin, these findings are rather independent from the presence or absence of metastases.

Post-Treatment Fertility

Paternity

About 25–30 % of the patients with testicular cancer try to father a child after their treatment, and 2/3 of these are successful [8, 9]. Not regarding the specific treatment, patients who before treatment did not fullfil the conditions for sperm banking have a similar chance of achieving post-treatment paternity as those in whom sperm banking could be performed (table 2). In the experience of one of the authors (SDF) 5 of 9 men with pre-treatment fertility problems achieved paternity after treatment.

So far, no increased incidence of malformations has been observed among the offspring fathered by men who have undergone treatment for testicular cancer [10, 11].

Spermatogenesis and Semen Transport

Systemic cisplatin-based chemotherapy with cisplatin doses of 100 mg/m^2 [1] leads to a reduction of the spermatogenesis, most often to aszoospermia, within the first year after completion of treatment, with gradual recovery thereafter (fig. 1) [5, 12, 13]. Similar observations are made in patients

Table 2. Semen cryopreservation and post-treatment fertility

	Cryopreservation			
	yes	no, poor semen parameters	no, not relevant	total
Patients, n	59	42	60	161
Post-treatment paternity				
Attempted	18	13	9	40
Achieved	14	7	4	25
Achieved paternity or sperm counts $\geq 10 \times 10^6$/ml	24/49	16/37	18/32	58/118

treated with infradiaphragmatic radiotherapy (30–40 Gy) [14]. Transient medical castration, for example by LH-RH analogues, has so far not been shown to improve the recovery of spermatogenesis after chemotherapy [15].

The principal side effect of retroperitoneal lymph node dissection (RLND) with regard to fertility is 'dry ejaculation' due to the resection of sympathetic fibres [16–18]. Unilateral RLND or nerve-sparing operation techniques in patients without metastases or with only limited retroperitoneal tumor growth considerably reduce the frequency of this side effect (table 3 a, 3 b) [17, 19]. Thirty to 50 % of the patients with "dry ejaculation"

Table 3 a. 'Dry ejaculation' and type of retroperitoneal lymph node dissection (RLND): Overview

Authors	RLND type	"Dry ejaculation" %
Weissbach et al. [21]	B	63
Lange et al. [22]	B	74
Whitmore [18]	B	100
Fosså et al. [17]	B	84
Weissbach et al. [21]	U	26
Pizzocaro et al. [23]	U	13
Fosså et al. [17]	U	13
Donohue, personal communication	U	1
Javadpour [23]	M	0
Jewett et al. [25]	M	10

B = Bilateral; U = Unilateral; M = Modified nerve-sparing

Table 3 b. 'Dry ejaculation' and type of retroperitoneal lymph node dissection (RLND): Data from the Norwegian Radium Hospital

RLND	Ejaculation (number of patients)		
	normal	'dry'	total
Unilateral	112	20	132
Right-sided	65		65
Left-sided	47	20	67
Bilateral	4	50	54
Total	116	70	186

obtain antegrade ejaculation by the use of sympathicomimetics dependent on the extent of RLND [20].

Hormone Status

The serum testosterone values are only slightly influenced by the different treatment modalities (fig. 1). Typically, there is an increase of FSH 1 year after chemotherapy or radiotherapy with a gradual normalization of the FSH levels thereafter [5, 6, 7, 13]. The serum FSH changes are related to the reduction and the subsequent recovery of spermatogenesis. Persistent increase of pituitary serum LH is an expression of slight hypogonadism and is seen in 10–20 % of the patients.

A transient increase of the sex hormone binding globulin serum levels and a relative increase of serum oestradiol is observed 4–6 months after orchiectomy in the majority of patients (fig. 2). These hormone disturbances are largely independent of the treatment modality and are most often reversible within the first year after treatment. Such imbalances of the sex hormones might explain clinical symptoms of hypogonadism (hot flushes, sexual problems) and gynecomastia, occasionally observed in relapse-free patients, even though they may have normal serum testosterone levels.

Conclusions

(1) Modern cytotoxic treatment of testicular cancer (chemotherapy, radiotherapy) leads to an inhibition of the spermatogenesis, which is reversible within 3 years after therapy.

(2) A significant threat against post-treatment fertility is the development of 'dry ejaculation', depending on the extent of retroperitoneal surgery.

(3) One-third of the patients treated for testicular cancer try to father a child after therapy and 50–60 % are successful in their attempt. The overall clinical significance of pre-treatment sperm banking seems doubtful, though the procedure may be worthwhile in individual patients.

Summary

About 50 % of the patients with newly diagnosed testicular cancer display signs of impaired spermatogenesis at the time of diagnosis. Pre-treatment sperm banking can therefore be performed in only half of the actual patients.

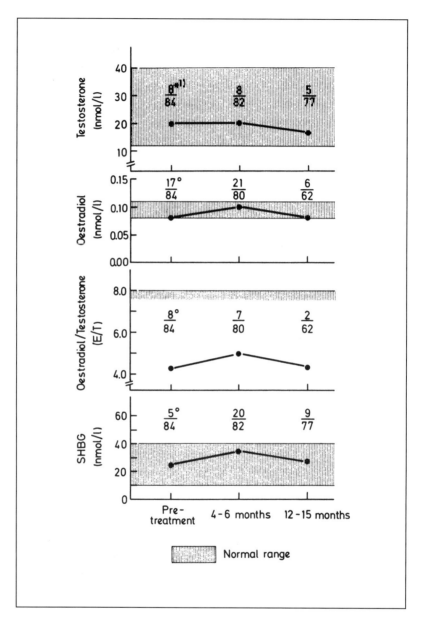

Fig. 2: Serum levels (medians) of testosterone (T), estradiol-17β (E) and sex-hormone binding globulin (SHBG) and the E/T factor in patients with testicular cancer. The number represent the number of observations below * or above ° the normal range/ number of investigated serum samples.

Radiotherapy and cisplatin-based chemotherapy lead to a transient aszoospermia/ severe oligospermia with gradual recovery of the sperm cell production after 1–2 years. After that time 80 % of the patients who were fertile before treatment have regained sufficient spermatogenesis. Retroperitoneal lymph node dissection (RLND) leads to 'dry ejaculation' and fertility problems, depending on the extention of the surgical procedure. Unilateral RLND or nerve-sparing RLND has considerably reduced the frequency of this morbidity (0–20 %).

Using multimodal treatment, at least half of the testicular cancer patients who wish to father a child after treatment succeed in their attempt. So far, no increased risk of genetic disorders has been observed among the offspring fathered by men treated for testicular cancer.

References

1   Fosså SD, Aass N, Kaalhus O: Testicular cancer in young Norwegians. J Surg Oncol 1988;39:43–63.
2   Peckham M: Testicular cancer. Acta Oncol 1988;1: 439-453.
3   Aass N, Fosså SD: Paternity in young patients with testicular cancer – expectations and experiences, in Schröder FH, et al. (eds): Progress and controversies in oncological urology II. Amsterdam 1987. New York, Alan R. Liss, 1988, pp 481–491.
4   Skakkebæk NE: Carcinoma in situ of the testis: Frequency and relationship to invasive germ cell tumours in infertile men. Hist Pathol 1978;2:516–517.
5   Kreuser ED, Harsch U, Hetzel WD, Schreml W: Chronic gonadal toxicity in patients with testicular cancer after chemotherapy Eur J Cancer Clin. Oncol. 1986; 22:289–294.
6   Berthelsen JG: Testicular cancer and fertility. Int J Androl 1987;10:371–380.
7   Fosså SD, Åbyholm T, Aakvaag A: Spermatogenesis and hormonal status after orchiectomy for cancer before supplementary treatment. Eur Urol 1984; 10:173–177.
8   Fosså SD, Aass N, Kaalhus O: Long-term morbidity after infradiaphragmatic radiotherapy in young men with testicular cancer. Cancer 1989;64:404–408.
9   Aass N, Kaasa S, Lund E, Kaalhus O, Heier MS, Fosså SD: Long-term somatic side effects and morbidity in testicular cancer patients. Br J Cancer 1990; 61:151–155.
10 Senturia YD, Peckham CS, Peckham MJ: Children fathered by men treated for testicular cancer. Lancet 1985;II:766–767.
11 Fosså SD, Almaas B, Jetne V, Bjerkedal T: Paternity after irraditation for testicular cancer. Acta Radiol 1986;25:33–36.
12 Fosså, SD, Ous S, Åbyhom T, Norman N, Loeb M: Post-treatment fertility in patients with testicular cancer. II. Influence of cis-platinum-based combination chemotherapy and of retroperitoneal surgery on hormone and sperm cell production. Br J Urol 1985;57:210–214.
13 Dragsa RE, Einhorn LH, Willimans SD, Patel DN, Stevens E: Fertility after chemotherapy for testicular cancer. J Clin Oncol 1983;3:179–183.
14 Fosså SD, Åbyhom T, Normann N, Jetne V: Post-treatment fertility in patients with testicular cancer. III. Influence of radiotherapy in seminoma patients. Br J Urol 1985; 58:315–319.

15   Kreuser ED, Hetzel WD, Porzsol F, Hautmann R, Pfeiffer EF: Gonadal toxicity with
     and without LHRH during adjuvant chemotherapy in patients with germ cell
     tumours. Br J Cancer, in press.
16   Nijman JM, Schraffordt Koops H, Oldhoff J, Kremer J, Jager S.: Sexual function after
     bilateral retroperitoneal lymph node dissection for nonseminomatous testicular can-
     cer. Androl 1987;18:255–267.
17   Fosså SD, Ous S, Aabyholm T, Loeb M: Post-treatment fertility in patients with testi-
     cular cancer. I. Influence of retroperitoneal lymph node dissection on ejaculatory
     potency. Br J Urol 1985;57:204–209.
18   Whitmore WF Jr: Surgical treatment of clinical stage I nonseminomatous germ cell
     tumours of testis. Cancer Treat Rep 1982; 66:55–60.
19   Donohue JP, Foster RS, Geier G, Rowland RG, Bihrle R: Preservation of ejaculation
     following nerve sparing retroperitoneal lymphadenectomy (RPLND). J Urol 1988;
     139:206A.
20   Nijman JM, Lager S, Boer PW, Kremer J, Oldhoff J, Koops HS: The treatment of
     ejaculation disorders after retroperitoneal lymph node dissection. Cancer 1982;
     50:2967–2971.
21   Weißbach L, Boedefeld EA, Horstmann-Dubral B for the Testicular Study Group
     Bonn: Surgical treatment of stage I non-seminomatous germ cell testis tumor. Final
     Results of a Prospective Multicenter Trial 1982–1987. Eur Urol 1990;17: 97–106.
22   Lange PH, Chang WY, Fraley EE: Fertility issues in the therapy of testicular
     tumours. Urol Clin N Am 1987;14:731–747.
23   Pizzocaro G, Salvioni R, Zanoni F: Unilateral lymphadenectomy in intraoperative
     Stage I nonseminomatous germinal testis cancer. J Urol 1985;134:485–489.
24   Javadpour N: Nerve sparing retroperitoneal lymphadenectomy for Stage I and II non-
     seminomatous testicular cancer. J Urol 1988;139:435.
25   Jewett MAS, Young-Soo P Kong, Goldberg SD, Sturgeon JFG, Thomas GM, Alison
     RE, Gospodarowicz MK: Retroperitoneal lymphadenectomy for testis tumor with
     nerve sparing for ejaculation. J Urol 1988;139:1220–1224.

Sophie D. Fosså, MD, The Norwegian Radium Hospital,
N-0310 Oslo 3 (Norway)

Beitr Onkol. Basel, Karger, 1990, vol 40, pp 133–142.

Stellenwert der Kryospermakonservierung zur Fertilitätserhaltung bei Hodentumorpatienten

K. Kleinschmidt [a], *L. Weißbach* [b]

[a] Urologische Universitätsklinik Ulm, BRD
[b] Urologische Abteilung, Krankenhaus Am Urban, Berlin

Ejakulationsverlust und Keimepithelschädigung durch die Tumortherapie

Die Hodentumorerkrankung hat heute eine günstige Prognose. Durch die Kombination von Operation, Strahlentherapie bzw. antineoplastischer Chemotherapie werden 85–90 % der Patienten geheilt [39]. Um so mehr rücken Nebenwirkungen der Therapie in den Mittelpunkt des Interesses. Dazu gehört die iatrogen ausgelöste Infertilität bei den überwiegend jungen Patienten. 90 % aller Hodentumoren werden in den frühen Stadien I und II diagnostiziert [50]. Wenn der Primärtumor entfernt ist, erfolgt die Weiterbehandlung mit aufgeschobener Dringlichkeit. Es ist genügend Zeit für Maßnahmen zur Fertilitätserhaltung. Nach den Zahlen des Bonner Hodentumorregisters und aktuellen Untersuchungen muß bei mehr als der Hälfte der Patienten mit einem Kinderwunsch gerechnet werden [1, 47]. Bemühungen zur Fertilitätserhaltung sind demnach gerechtfertigt.

Retroperitoneale Lymphadenektomie, Strahlen- und Chemotherapie verursachen die iatrogene Infertilität. Bei der retroperitonealen Lymphadenektomie besteht die Gefahr des Ejakulationsverlustes durch die Zerstörung sympathischer Nervenfasern. Für die Ejakulatemmission in die hintere Harnröhre ist der Plexus hypogastricus im Bereich der Aortenbifurkation von besonderer Bedeutung [24, 48]. Modifizierte Operationstechniken haben das Ziel, den kontralateralen sympathischen Grenzstrang, das präaortale Feld unterhalb der Arteria mesenterica inferior und das präsakrale Gebiet zu schonen [10, 24, 48]. Nach aktuellen Berichten kann damit im Stadium I bei 75–90 % der Patienten die antegrade Ejakulation erhalten werden [30, 48]. Auch im Stadium II wird über verbesserte Raten (30–50 %) von postoperativ erhaltener Ejakulationsfähigkeit berichtet [24, 49].

Neuere Untersuchungen weisen darauf hin, daß nach Strahlen- oder Chemotherapie bei den meisten Patienten mit einer Erholung der Spermatogenese gerechnet werden kann. Für den einzelnen Patienten sind jedoch bisher keine prädiktiven Parameter bekannt, die eine Prognose über die Erholung des Keimepithels gestatten.

Nach Radiotherapie des Seminoms von 30–40 Gy beträgt die Erholungszeit der Spermatogenese 9–18 Monate. Nach 2–3 Jahren weisen bis zu 50 % der Patienten wieder eine Normozoospermie auf [14]. Das FSH im Serum ist ein guter Verlaufsparameter für die Regeneration des Keimepithels [14, 23]. Aus Tabelle 1 geht hervor, daß von 155 bestrahlten Hodentumorpatienten insgesamt 220 Kinder gezeugt wurden [1, 2, 5, 9, 16, 27, 35, 40, 43, 45]. Die Abortrate unterscheidet sich nicht gegenüber der Normalbevölkerung. Nach Berthelsen werden jedoch nur 13 % der radiotherapierten Patienten (117/871) zu Vätern [3].

Nach Polychemotherapie dauert es etwa 2–3 Jahre, bis sich das geschädigte Keimepithel wieder erholt. Am häufigsten wurde bisher mit der von Einhorn angegebenen Kombination aus Cisplatin, Vinblastin und Bleomycin behandelt [11]. Anschließend ist bei 50–75 % der Patienten eine Regeneration der Spermatogenese nachweisbar [15, 23]. Eine Normozoospermie (Spermatozoendichte > 20 Mio./ml, Motilität 60 %; normale Morphologie 60 %) wird bei etwa 40 % der Patienten nach mehr als 2 Jahren beobachtet [23]. Es liegen Berichte von 60 Patienten vor, die nach Chemotherapie insgesamt 66 Kinder zeugten (Tab. 2) [6–8, 13, 33, 34, 40]. Nach

Tabelle 1. Vaterschaften nach Radiotherapie bei Patienten mit Hodentumor

Autor	Väter	Kinder	Aborte
Amelar, Dubin [2]	3	4	
Bracken, Johnson [4]	3	3	
Greiner, Meyer [16]	6	9	
Orecklin et al. [27]	16	17	4
Sandeman [35]	15	22	2
Smithers et al. [43]	34	52	1
Thomas et al. [45]	1	1	
Register Bonn [50]	14	16	
Senturia et al. [40]	27	40	
Da Rugna, Hafner [9]	4	4	
Aass/Fossa [1]	32	52	
Gesamt	155	220	7

Berthelsen werden jedoch nur 9 % der chemotherapierten Hodentumorpatienten Väter (21/244) [3]. Es ist bekannt, daß die klassischen Ejakulatparameter wie Spermatozoendichte, Motilität und Morphologie nur sehr begrenzt über das Fertilitätspotential des Samens Auskunft geben [51].

Kryospermakonservierung bei Hodentumorpatienten

Zum heutigen Zeitpunkt gilt, daß trotz reduzierter exkretorischer Hodenfunktion etwa 30–50 % der Hodentumorpatienten zur Anlage eines Samendepots geraten werden kann [17, 22, 28]. Da für den einzelnen nicht vorhersehbar ist, ob nach der weiterführenden Therapie die Fähigkeit zur Ejakulation besteht, und/oder eine Regeneration des Keimepithels vorhanden ist, bieten wir den meist jungen Männern bei bestehendem oder potentiellem Kinderwunsch die Kryospermakonservierung an.

Seit Januar 1985 führen wir das Verfahren selbst durch. Tabelle 3 gibt Auskunft über unsere Anforderungen an die Ejakulatqualität. Die Größe des Samendepots soll 2–3 Ejakulate betragen, die jeweils im Abstand von mindestens 3 Tagen gewonnen werden. Nach Versetzen des verflüssigten Spermas mit einem Kryoprotektivum erfolgt der Gefriervorgang reglerge-

Tabelle 2. Vaterschaften nach Chemotherapie bei Hodentumorpatienten (n)

Autor	Väter	Kinder	Aborte
Brenner et al. [6]	2	1	1
Chiou et al. [7]	3	3	
Drasga et al. [8]	8	7	1
Escher [13]	4	7	3
Rubery et al. (1983) [33]	2	1	1
Register Bonn [50]	5	5	
Senturia et al: [40]	25	30	
Rustin et al. [34]	11	12	
Gesamt	60	66	6

Tabelle 3. Ejakulatparameter zur Kryokonservierung

Dichte:	$\geq$ 10 Mio. Spermatozoen/ml
Motilität:	$\geq$ 50 %
Auftaumotilität:	$\geq$ 20 %

steuert über 15 min auf minus 196 Grad C. Wir überblicken 35 Tumorpatienten mit einem Samendepot (Tab. 4). In 2 Fällen wurde bisher eine homologe intrauterine Insemination vorgenommen. Bei der Partnerin eines Hodentumorpatienten mit Teratozoospermie konnte nach 7 Zyklen eine Schwangerschaft (SS) erzielt werden. Die Ovulationsauslösung erfolgte durch Applikation von Clomiphen und HCG. 11 intrakavitäre Einzelinseminationen waren erforderlich [21]. Die Schwangerschaft verlief ungestört. Nach der 38. Woche wurde ein gesunder Sohn entbunden. Das Geburtsgewicht betrug 3340 g, die Körpergröße 50 cm. Die Lagerungszeit des Samendepots betrug 2 Jahre.

Eine Umfrage – zusammen mit einer Literaturanalyse – ergab, daß nur aus jedem 40. Samendepot eines Hodentumorpatienten ein Kind hervorging. Das ungünstige Verhältnis von Samendepots zur Kinderzahl wird relativiert, wenn über die Anzahl der Inseminationsversuche und der damit erzielten Schwangerschaften (SS) bzw. Kinder berichtet wird. Lagen diese Angaben vor, wurden sie in Tabelle 5 aufgenommen [12, 22, 29, 32, 37]. Bei über 40 % der vorgenommenen Inseminationen konnten Schwangerschaften erzielt werden. 11 der 14 Graviditäten führten zu gesunden Kindern. In

Tabelle 4. Kryospermakonservierung bei Tumorpatienten bis III / 1989

Indikation	Patienten	Insemination	SS	Kinder
Hodentumor	29	1	1	1
Morbus Hodgkin	5			
Appendixkarzinom	1	1		
Gesamt	35	2	1	1

Tabelle 5. Ergebnisse mit Kryospermadepots von Hodentumorpatienten

Autor	Inseminationen	SS	Kinder
Scammell et al [37]	11 (intrazervikal)	3	3
Propping, Katzorke [29]	10 (intrauterin)	5	4
Schill et al. [38]	7 (intrauterin / IVF)	1	1
Erie Med. Center [12]	2		
Rowland et al. [32]	1 (IVF)	1	1
Eigene Angaben (1989)	1 (intrauterin)	1	1
Gesamt	32	14	11

Sammelstatistiken wird die Schwangerschaftsrate mit verschiedenen Inse-minationstechniken bei andrologischer Indikationsstellung zwischen 20 und 30 % angegeben. Die Streubreite ist dabei erheblich und liegt zwischen 0 und 63 %. 3 – 6 Zyklen sind in der Regel erforderlich, um eine Schwanger-schaft zu induzieren. Mehr als 12 Zyklen sollten nicht inseminiert werden. Die Spontanabortrate beträgt 20 – 30 % und liegt damit etwas höher als nach natürlicher Konzeption (15 %). Die Erfolgsraten mit der In-vitro-Fertilisa-tion liegen nicht höher. Jedoch werden hierbei sehr viel weniger vitale Spermatozoen benötigt [26, 46].

Spektakuläre Kasuistiken von Schill und Rowland demonstrieren, daß selbst mit extrem ungünstigen Ejakulatparametern durch In-vitro-Fer-tilisation und Embryo-Transfer auch Hodentumorpatienten mit reduzier-ter Samenqualität zu eigener Nachkommenschaft verholfen werden kann [32, 47].

Folglich wurden in der letzten Zeit mit dem Fortschritt der Fertilisa-tionstechniken und neueren Definitionen der Normozoospermie [52] immer ungünstigere Parameter für die Kryospermakonservierung akzep-tiert (Tab. 6) [17, 19, 20, 22, 28, 32, 36, 44]. Dabei ist jedoch zu bedenken, daß die Haltbarkeit des Kryodepots von der ursprünglichen Qualität des Ejaku-lates abhängig ist [41, 42].

Diskussion

Die Fertilitätserhaltung von Hodentumorpatienten durch Kryosper-madepots wird unterschiedlich beurteilt. Während Roth und Einhorn 1988

Tabelle 6. Die unterschiedlichen Minimalanforderungen zur Kryospermakonservierung

Autor	Spermatozoen-dichte (Mio/ml)	Motilität (%)	Auftau-motilität (%)
Steinberger (1973)	> 40	60	
Sanger (1980)	> 20		40
Hendry (1983)	> 10	40	30
Propping et al. (1985)	> 10	50	20
Jewett (1986)	> 10	30	
Jarvi (1986)	> 1	30	
Schill (1988)	> 15		30
			10 % progr.
Rowland (1985)	52	90	2 (IVF)

die Kryospermakonservierung vor der weiterführenden Therapie ablehnen [31], wird sie fast zeitgleich von Lange und Fraley für sinnvoll erachtet [24]. Bezeichnend dabei ist, daß letztere noch 4 Jahre zuvor gegenteiliger Auffassung waren [25]. Schill spricht sich aufgrund seiner Erfahrungen bei 138 Hodentumorpatienten eindeutig für die Kryospermakonservierung aus. 54 % dieser Männer konnten aufgrund der Ejakulatparameter ein Samendepot anlegen. Dabei wiesen nur 18 % ein normales Spermiogramm auf [22]. Die Widersprüche in den Literaturmitteilungen sind im wesentlichen auf 3 Ursachen zurückzuführen:

1. Je nach Definition der erforderlichen Samenqualität erscheinen 4 % oder fast 60 % der Ejakulate von Hodentumorpatienten zur Kryospermakonservierung geeignet [5, 18].

2. Die Minimalanforderungen zur Kryospermakonservierung wurden in der letzten Zeit immer niedriger festgelegt.

3. Die Erfolge mit den artefiziellen Inseminationstechniken und der In-vitro-Fertilisation lassen die Erwartungen in einen erfüllten Kinderwunsch auch bei ungünstiger Ejakulatqualität steigen.

Die Ergebnisse modifizierter Operationstechniken bei der retroperitonealen Lymphadenektomie mit Erhalt der Ejakulation, sowie die nachgewiesene Erholungsfähigkeit des Keimepithels nach Strahlen- oder Chemotherapie, relativieren den Stellenwert der Kryospermakonservierung. Nach aktuellen Untersuchungen ist bei mehr als der Hälfte der bestrahlten Patienten eine Regeneration der Spermatogenese nachweisbar [14], nach Chemotherapie sogar bei 77 % [23]. Wenn die Normalisierung der klassischen Ejakulatparameter auch nach erfolgter Tumortherapie mit Fertilität gleichgesetzt werden kann, bedeutet dies, daß das angelegte Samendepot für viele Patienten ein «Überbrückungsdepot» sein wird. Bei erhaltener Ejakulationsfähigkeit nach retroperitonealer Lymphadenektomie, und/oder Erholung des Keimepithels nach Strahlen- bzw. Chemotherapie, kann das Depot aufgelöst werden. Dabei ist zu bedenken, daß nach antineoplastischer Tumortherapie ein bislang unbekanntes Risiko der iatrogen induzierten Erbschädigung besteht. Die bis heute vorliegenden Daten lassen zwar keine erhöhte Mißbildungsrate von Kindern der ersten Folgegeneration erkennen. Rezessive Mutationen können sich allerdings noch später manifestieren. Langzeitbeobachtungen müssen demnach den endgültigen Stellenwert der Kryospermakonservierung zur Fertilitätserhaltung bei Hodentumorpatienten klären.

Schill weist darauf hin, daß heute für den behandelnden Arzt die Pflicht besteht, Hodentumorpatienten über die Möglichkeit der Spermakonservierung vor der weiterführenden Therapie aufzuklären [22]. Die auf-gezeigten aktuellen Entwicklungen legen dies im Stadium I und II der Erkrankung nahe, da die iatrogene Infertilität bei der hohen Heilungsrate zu einer wesentlichen, die Lebensqualität beeinträchtigenden Nebenwir-kung der Therapie geworden ist.

Danksagung

Wir danken der Deutschen Krebsgesellschaft, Landesverband Berlin, für die appara-tive Ausstattung zur Kryospermakonservierung.

Literatur

1 Aass N, Fossa SD: Paternity in young patients with testicular cancer – expectations and experience. Progress and Controversies in Oncological Urology II. New York, Alan R. Liss, pp 481–491.

2 Amelar R, Dubin L: Other factors affecting male-infertility, in Amelar R, Dubin L, Walsh P (eds): Male infertility. Philadelphia, Saunders, 1977, p 73–75.

3 Berthelsen JG: Testicular cancer and fertility. Int J Androl 1987; 10:371–380.

4 Bracken RB, Smith KD: Is semen cryopreservation helpful in testicular cancer? Urol 1980;15:581–583.

5 Bracken RB, Johnson DE: Sexual function and fecundity after treatment for testicular tumors. Urol 1976;7:35.

6 Brenner J, Vugrin D, Whitmore W: Effect of treatment on fertility and sexual function in males with nonseminomatous germ cell tumors. Proc ASCO 1983; 2:144.

7 Chiou R, Fraley E, Lange PH: Newer ideas about fertility in patients with testicular cancer. World J Urol 1984;2:26–31.

8 Drasga R, Einhorn LH, William S, Patel D, Stevens E: Fertility after chemotherapy for testicular cancer. J Clin Oncol 1983;1:178–182.

9 Da Rugna D., Hafner U: Die Fertilität beim Mann vor und nach Malignombehand-lung. Schweiz Rundsch Med, 1987;76:725–755.

10 Donohue JP: Retroperitoneal lymphadenectomy (RPLND) in low stage disease (sta-ging RPLND), in Khoury S, Küss R, Murphy CP, Chatelain D, Karr JP (eds): Progress in clinical and biological research: Testicular cancer. New York, Alan R. Liss, 1985, pp 287–312.

11 Einhorn L, Donohue JP: Cis-diamminedichloroplatinum, vinblastine and bleomycin combination chemotherapy in disseminated testicular cancer. Am Intern Med 1987; 87:293–298.

12 Erie Medical Center: Persönliche Mitteilung, 1986.

13 Escher F: Therapiebedingte Risiken für die Nachkommenschaft von Männern mit malignen Hodentumoren. Inaug. Diss. Bonn, 1980.

14 Fossa SD, Abyholm T, Normann N, Jetne V: Post-treatment fertility in patients with testicular cancer. Influence of radiotherapy in seminoma patients. Br J Urol 1986; 58:315–319.

15 Fossa SD, Ous S, Abyholm T, Normann N, Loeb M: Post-treatment fertility in patients with testicular cancer. Influence of Cisplatin-based combination chemotherapy and of retropertoneal surgery on hormone and sperm cell production. Br J Urol 1985;57:210–214.

16 Greiner R, Meyer A: Reversible und irreversible Azoospermie nach Bestrahlung des malignen Hodentumors. Strahlenther 1977;153:257–262.

17 Hendry WF, Stedronska J, Jones CR, Blackmore CA, Barrett A, Peckham MJ: Semen analysis in testicular cancer and Hodgkin's diesease: pre- and post-treatment findings and implications for cryopreservation. Br J Urol 1983,55:769.

18 Höppner W, Renel D, Hartmann M: Untersuchungen der Fertilität von Patienten mit malignen Hodentumoren zum Zeitpunkt der Orchiektomie. Andrologia 1986; 18:398–405.

19 Jarvi K, Ziporyn T (eds): Fertility after testicular cancer therapy? J Am Med Ass 1986; 255:20.

20 Jewett MAS, Jarvi K: Infertility in patients with testicular cancer, in Javadpour N (ed): Principles and management of testicular cancer. Stuttgart, Thieme, 1986, pp 351–361.

21 Koch U: Persönliche Mitteilung, 1987.

22 Köhn FM, Schill WB: Kryospermabank München – Zwischenbilanz 1974–1986. Hautarzt 1988;39:91–96.

23 Kreuser ED, Kurrle E, Hetzel WD, Heymer B, Porzsolt F, Hautmann R, Gaus W, Schiepf U, Pfeiffer EF, Heimpel H: Reversible Keimzelltoxizität bei Patienten mit Hodentumoren: Ergebnisse einer prospektiven Studie. Klin Wschr 1989.

24 Lange PH, Chang WY, Fraley EE: Fertility issues in the therapy of nonseminomatous testicular tumors. Urol Clin North Am 1987;14:731–7474.

25 Lange PH, Narayan P, Vogelzang NJ, Shafter RB, Kennedy BJ, Fraley EE: Return of fertility after treatment for nonseminomatous testicular cancer: changing concepts. J Urol 1983;129:1131–1135.

26 Lehmann F, Diedrich K, van der Ven H, Al-Hasani S, Krebs D: Aktueller Stand der In-vitro-Fertilisation, in Schill WB, Bollmann W (eds): Spermakonservierung, Insemination, In-vitro-Fertilisation. München, Urban & Schwarzenberg, 1986, pp 169–190.

27 Orecklin J, Kaufmann J, Thomson R: Fertility in patients treated for malignant testicular tumors. J Urol 1973;109:293–295.

28 Propping D, Katzorke T, Weißbach L: Samenkryokonservierung als Fertilitätsprophylaxe bei urologischen Tumorpatienten. Akt Urol 1985;16:20–23.

29 Propping D, Katzorke T: Persönliche Mitteilung, 1987.

30 Richie JP, Socinsky MA, Fung CY, Brodsky GL, Kalish LA, Garnick MB: Management of patients with clinical stage I or II nonseminomatous germ cell tumors of the testis. Arch Surg 1987;112:1443–1445.

31 Roth BJ, Einhorn LH, Greist A: Long-term complications of cisplatin-based chemotherapy for testis cancer. Semin Oncol 1988;15:345–350.

32 Rowland GF, Cohen J, Steptoe PC, Hewitt J: Pregnancy following in vitro fertilization using cryopreserved semen from a man with testicular teratoma. Urol 1985; 26:33–36.

33 Rubery E: Return of fertility after curative chemotherapy for dissemanted teratoma of the testis. Lancet 1983;I:186.

34 Rustin GJS, Pektasides D, Bagshawe KD, Newlands ES, Begent RHJ: Fertility after chemotherapy for male and female germ cell tumors. Int J Androl 1987;10:389–392.

35 Sandeman T: The effect of X-radiation on male human fertility. Br J Radiol 1966, 39:901–907.

36 Sanger WG, Armitage JO, Schmidt MA: Feasibility of semen cryopreservation in patients with malignant disease. J Am Med Ass 244:789–790.

37 Scammell GE, Stedronska J, Edmons DK, White N, Henrdy WF, Jeffcoate SL: Cryopreservation of semen in men with testicular tumor or Hodgkin's disease: Results of artificial insemination of tehir partners. Lancet 1985;I:31–32.

38 Schill WB, Trotnow S: Verwendung von Kryosperma für die In-vitro-Fertilisation (IVF). Hautarzt 1984;35:313–315.

39 Schmoll HJ, Weißbach L: Diagnostik und Therapie von Hodentumoren. Berlin, Springer, 1988.

40 Senturia YD, Peckham CS, Peckham MJ: Children fathered by men treated for testicular cancer. Lancet 1985;I:766–769.

41 Sherman JK: Synopsis of the use of frozen semen since 1964: State of the art of human semen banking. Fertil Steril 1973;24:397–412.

42 Smith KD, Steinberger E: Survival of spermatozoa in a human sperm bank. J Am Med Ass 1973;223:774–777.

43 Smither DW, Wallace DM, Austin DE: Fertility after unilateral orchidectomy and radiotherapy for patients with malignant tumors of the testis. Br Med J 1973;4:77–79.

44 Steinberger F, Smith KD: Artifical insemination with fresh or frozen semen. J Am Med Ass 1973;223:778.

45 Thomas P, Mansfield M, Hendry W, Peckham M: The implications of scrotal interference for the preservation of spermatogenesis in the management of testicular tumors. Br J Surg 1977;64:352–354.

46 van der Ven H: Neue Aspekte der Inseminationsbehandlung, in Diedrich K (ed): Neue Wege in Diagnostik und Therapie der weiblichen Sterilität. Stuttgart, Enke, 1987, pp 104–119.

47 Weißbach L, Sommerhoff C, Struth B: Aussagen zur Fertilität bei Patienten mit germinalen Hodentumoren. Extr Urol 1980;3:159–174.

48 Weißbach L, Boedefeld EA, Busser-Maatz R, Kleinschmidt K: Is there still a place for lymphadenectomy in clinical stage I nonseminoma? EORTC Genitourinary Group Monograph 5: Progress and controversies in oncological urology II. New York, Alan R. Liss, 1988, pp 407–416.

49 Weißbach L, Boedefeld EA, Horsmann-Dubral B: Prospektive multizentrische Phase-III-Studie zu Beurteilung eines eingeschränkt radikalen Operationsverfahrens (modifizierte retroperitoneale Lymphadenektomie) bei nicht-seminomatösen Hodentumoren im Stadium I. Abschlußbericht 1987, p 47.

50 Weißbach L, Hildenbrand G: Register und Verbundstudie für Hodentumoren Bonn. München, Zuckschwerdt 1982, pp 209–214, 110–116.

51   Weise WH, Maleika F: Penetrations – und Fertilisationstests in vivo und in vitro, in
      Ludwig G, Frick J (eds): Praxis der Spermatologie, Berlin, Springer, 1987, pp 129 –
      147.
52   Zukerman Z, Rodriguez-Rigan IJ, Smith D, Steinberger E: Frequency distribution of
      sperm counts in fertile and infertile males. Fertil Steril 1977;28:1310 – 1313.

Dr. K. Kleinschmidt, Urologische Universtitätsklinik Ulm,
Prittwitzstr. 43, D-7900 Ulm (BRD)

Beitr Onkol. Basel, Karger, 1990, vol 40, pp 143–165.

Die Prävalenz von bilateralen Hodentumoren und die Bedeutung der testikulären intraepithelialen Neoplasie zur Frühdiagnostik

K.-P. Dieckmann[a], *V. Loy*[b]

[a] Urologische Klinik und
[b] Institut für Pathologie, Universitätsklinikum Steglitz, Freie Universität Berlin

Einleitung

Aufgrund der beispiellosen Entwicklung auf diagnostischem und therapeutischem Sektor erreichen heute annähernd 90% aller Patienten mit germinalen Hodentumoren eine anhaltende Vollremission [17, 98, 122]. Für die Nachsorge wird vielfach eine längere Periode als der übliche 5-Jahreszeitraum gefordert [29, 30, 36], da sich als spezifisches Problem der kontralaterale Zweittumor erwiesen hat, der auch nach längerer Zeit noch auftreten kann. Im folgenden wird eine Übersicht zur Häufigkeit von bilateralen Tumoren gegeben sowie eine Darstellung der heute möglichen Technik zur frühzeitigen Identifizierung von Risikopatienten mit Hilfe der Diagnostik für die testikuläre intraepitheliale Neoplasie (sogenanntes Carcinoma in situ des Hodens).

Bilaterale testikuläre Keimzelltumoren

Ähnlich wie die allgemeine Inzidenz der Keimzelltumoren [12, 23], stieg auch die Inzidenz der bilateralen Hodentumoren in den letzten 50 Jahren. In der Mayo Clinic fanden sich zwischen 1935 und 1944 bilaterale Tumoren in 1,02% des Gesamtkollektivs von Hodentumoren, während im Zeitraum 1977–1986 die Prävalenz 3,2% betrug [91]. In einer retrospektiven Verbundanalyse von fünf Berliner Kliniken fanden sich 20 bilaterale Tumoren (3,8%) unter insgesamt 527 Patienten. In einer Metaanalyse der Literatur aus dem Zeitraum 1980–1990 findet sich eine Prävalenz von 2,6% (Tab. 1) Rechnerisch ergibt sich für Hodentumor-Patienten ein gegenüber gesunden Männern um den Faktor 100 höheres Risiko für eine neue Hodentumor-Erkrankung [30].

Die Prognose der Zweittumoren ist kaum unterschiedlich zum Ersttumor [3, 24, 97, 112]. Die Frühdiagnose ist besonders wichtig, da durch die Behandlung des Ersttumors (Lymphadenektomie, Radiatio) die Metastasierungswege verändert werden und die Metastasen an atypischen Orten auftreten können.

Etwa 0,3 % aller bilateralen Hodentumoren treten synchron auf [28]. 60 % der Zweittumoren manifestieren sich innerhalb des üblichen Nachsorgezeitraumes von 5 Jahren. Das Intervall kann in einzelnen Fällen aber mehr als 20 Jahre betragen [24, 30, 89]. Eine so lange Zeit wird in einer normalen Tumornachsorge naturgemäß nicht mehr erfaßt. Von zahlreichen Autoren wurde daher die skrotale Selbstuntersuchung für die Risikopatien-

Tabelle 1. Häufigkeit von bilateralen germinalen Hodentumoren in größeren Behandlungsserien. Literatur-Übersicht seit 1980

Autor	Jahr	BTT (n)	n ges.	BTT (%)
Ehrengut et al. [35]	1980	5	488	1.0
Hoekstra et al. [52]	1982	8	362	2.2
Ware et al. [120]	1982	6	235	2.6
Bach et al. [3]	1983	11	361	3.0
Hartung et al. [51]	1984	12	375	3.2
Matveyev et al. [74]	1984	16	940	1.7
Strohmeyer/Hartmann [112]	1984	7	321	2.2
Leyvraz et al. [68]	1985	5	107	4.8
Kristianslund et al. [63]	1986	24	1300	2.0
Csapo et al. [20]	1987	3	91	3.3
Kruse [64]	1987	4	255	1.6
Oesterlind et al. [89]	1987	62	2338	2.7
Scheiber et al. [97]	1987	20	412	4.9
Thompson et al. [114]	1988	6	120	5.0
Wahl/Hedinger [118]	1988	7	333	2.1
Barth/Krauss [6]	1989	4	152	2.6
Sosnoski/Marks [111]	1989	3	116	2.7
Erpenbach et al. [36]	1990	6	210	2.9
Patel et al. [91]	1990	20	500	3.2
Fordham et al. [40]	1990	38	1219	3.1
Gesamt 1980–1990		267	10235	2.61

Abkürzungen: BTT = bilaterale testikuläre Tumoren

ten [25] sowie regelmäßige sonographische Kontrollen empfohlen [20, 24, 36, 51]. Seit den Pionierarbeiten der Arbeitsgruppe um Skakkebaek hat sich die Suche nach der testikulären intraepithelialen Neoplasie (sogenanntes Carcinoma in situ des Hodens) als die ideale Früherkennungsmethode erwiesen.

Nomenklatur

Keimzellen sind keine Epithelzellen. Daher ist der für epitheliale Tumoren definierte Begriff «Karzinom» oder «Carcinoma in situ» nicht adäquat für Keimzelltumoren. Skakkebaek selbst hat aufgrund der postulierten Abstammung von den Gonozyten den Begriff «Gonocytoma in situ» vorgeschlagen [109]. Eine Übersicht über weitere neue Namensvorschläge wird in Tabelle 2 gegeben. Loy aus der Arbeitsgruppe im Klinikum Steglitz hat den Begriff «Testikuläre intraepitheliale Neoplasie (TIN)» geprägt [31, 69, 70], wobei eine bewußte Analogie zu den Begriffen «Cervicale intraepitheliale Neoplasie (CIN)» und «Vulväre intraepitheliale Neoplasie (VIN)» gewählt wurde. Ein analoger Terminus wird neuerdings auch für frühe neoplastische Veränderungen der Prostata («PIN») diskutiert [11]. Da der Begriff TIN nunmehr auch Eingang in das internationale Schrifttum gefunden hat [69, 70], wird im folgenden nur noch dieser Terminus anstelle des früher üblichen, aber nicht korrekten Ausdruckes Carcinoma in situ verwandt.

Tabelle 2. Carcinoma in situ des Hodens – neue Nomenklaturvorschläge

Name	Abkürzung	Jahr	Autor
Carcinoma in situ	CIS	1972	Skakkebaek [106]
Intratubuläre Seminomzellen	–	1978	Schulze et al. [101]
Incipient germ cell tumor	–	1979	Dorman et al. [34]
Seminoma in situ	–	1981	Biedermann et al. [8]
Atypical intratubular germ cells	–	1984	Damjanov [21]
Intratubular neoplasia	–	1985	Coffin et al. [18]
Seminoma in statu nascendi	–	1985	Joos et al. [58]
Gonocytoma in situ	GIS	1987	Skakkebaek et al. [109]
Intratubular germ cell neoplasia	ITGCN	1987	Gondos/Migliozzi [49]
Germinoma in situ	–	1988	Friedman [42]
Intratubular malignant germ cells	ITMGC	1988	Burke/Mostofi [14]
Testicular intraepithelial neoplasia	TIN	1989	Loy et al. [69]

Morphologie der testikulären intraepithelialen Neoplasie
(Carcinoma in situ des Hodens)

Die testikuläre intraepitheliale Neoplasie (TIN) ist eine Veränderung auf zellulärem Niveau innerhalb der Tubuli seminiferi. Es handelt sich um neoplastische Zellen, die morphologisch große Ähnlichkeit mit fetalen Keimzellen haben und die sich durch ihr reichliches Zytoplasma, ihren großen Kern, die atypischen Nukleolen, den hohen Gehalt an Glykogen sowie weitere definierte Merkmale (Tab. 3) von den normalen, reifen Spermatogonien unterscheiden. Diagnostisch wichtig ist das Vorhandensein des plazentaren Isoenzyms der alkalischen Phosphatase (PlAP), das eine immunhistologische Darstellung der TIN-Zellen ermöglicht [14, 31, 57, 95, 108]. In fortgeschrittenen Läsionen liegen die TIN-Zellen der dann oft verdickten Tubuluswand [31, 107, 109] breitbasig auf und drängen die Sertolizellen zirkulär zur Lichtung hin ab [69, 81]. Dabei kann es auch zur Desquamation von TIN-Zellen in das Lumen kommen, so daß dann ein Nachweis im Ejakulat möglich sein kann [46, 55]. Zellen der Spermatogenese fehlen häufig. Ist die Läsion noch insgesamt klein, findet man TIN-Zellen auch einzeln in Arealen mit partiell oder vollständig erhaltener Spermatogenese und zarter Tubuluswand. Durch wäßrige Fixierlösungen wird das reichlich vorhandene Glykogen aus den TIN-Zellen herausgelöst. Der Zelleib erscheint daher optisch leer. Das eigentliche (glykogenfreie) Zytoplasma liegt als ringförmiger Saum entlang der Zellgrenze und erscheint in der Toludin/ Pyronin-Färbung nach Kunststoffeinbettung hell. Nach immunhistologischer Darstellung der plazentaren alkalischen Phosphatase (PlAP) ist dieser Zytoplasmasaum rot, da sich nur in den glykogenfreien oder glykogenarmen Bereichen ausreichend PlAP ansammeln kann (Abb. 1–4).

Tabelle 3. Zytomorphologische Kennzeichen der testikulären intraepithelialen Neoplasie (sog. Carcinoma in situ des Hodens)

TIN = Atypische, neoplastische Spermatogonien

- größerer Zellumfang als normale Spermatogonien
- größerer Kerndurchmesser
- grobkörniges, scholliges Chromatin
- atypische (große, oft bizarre) und multiple Nukleolen
- hoher Gehalt an Glykogen
- Gehalt von plazentarer alkalischer Phosphatase (PlAP)
- klare Zellgrenzen

Unterschiede zwischen normalen Spermatogonien und TIN-Zellen bestehen auch auf ultrastruktureller Ebene [1, 48, 49]. Die morphologischen Befunde weisen auf eine enge Verwandtschaft der TIN-Zellen mit den fetalen Keimzellen hin [53, 101], wobei aber trotzdem wesentliche Unterschiede bestehen: Der *Mitose-Index* und der DNA-Gehalt sind deutlich erhöht [46, 77, 84], außerdem bestehen numerische und strukturelle *Chromosomen-Aberrationen* [66, 119].

Geschichte

Skakkebaek beschrieb 1972 atypische Spermatogonien in der Hodenbiopsie bei zwei infertilen Männern, die im weiteren Verlauf Keimzelltumoren (KZT) entwickelten [105, 106, 107]. Er folgerte daraus, daß die atypischen Spermatogonien Vorläuferzellen der KZT darstellen. Weitere Fälle zeigten, daß sowohl Seminome als auch Nichtseminome aus solchen atypischen Spermatogonien hervorgehen können [107–109]. Skakkebaek prägte daher den Namen «Carcinoma in situ» für diese Zellen und beschrieb ein neues Histogenesemodell für die KZT (Abb. 5), in der das sogenannte Carcinoma in situ (jetzt als testikuläre intraepitheliale Neoplasie bezeichnet) die einheitliche Vorläuferzelle für alle germinalen Tumoren darstellt [21, 50, 81, 109]. Er zog bei seinen Untersuchungen Nutzen aus der Tatsache, daß die Hodenbiopsien zur Fertilitätsdiagnostik nicht in Formalin, sondern in einer Speziallösung fixiert werden, bei der zelluläre Feinstrukturen erhalten bleiben.

Die Kombination dieser Untersuchungstechnik mit der Langzeit-Beobachtung des natürlichen Verlaufs führten zur Erkennung der biologischen Bedeutung der TIN-Zellen. Die Morphologie der atypischen Spermatogonien wurde allerdings schon 1887 von Langhans erstmals dargestellt, der diese Zellen in der Nachbarschaft der Hodentumoren im scheinbar gesunden Gewebe beschrieb [65] und auch schon die Möglichkeit in Betracht zog, daß es sich um Vorläuferzellen der Keimzelltumoren handelt.

Mark und Hedinger gaben 1965 eine sehr exakte morphologische Beschreibung der atypischen Spermatogonien [73], ohne jedoch auf die Bedeutung der Veränderung einzugehen. Die meisten früheren Beschreiber [2, 65, 73] vermuteten, es handele sich um Spermatogonien, die infolge der lokalen Druckzunahme in der Tumorumgebung degeneriert seien. Skakkebaek et al. gebührt das Verdienst, eine schon lange bekannte morphologische Entität in ihrer biologischen und klinischen Bedeutung erkannt zu haben.

Histogenese der Keimzelltumoren

Die holistische Keimzelltumortheorie der amerikanischen Pathologen [33, 37, 42, 43, 76], die als Grundlage für die heutige WHO-Nomenklatur diente [76], postuliert, daß es eine einheitliche Vorläuferzelle für alle Keimzelltumoren gibt, aus der Seminome und Nichtseminome dann eine unterschiedliche Entwicklung nehmen sollen. Als Stammzelle wurden die undifferenzierten Zellen des embryonalen Karzinoms angenommen [76]. Nach den Vorstellungen von Skakkebaek ist die TIN die einheitliche Vorläuferzelle, aus der einerseits das reine Seminom und andererseits die bekannten, embryonal differenzierten Tumoren (embryonales Karzinom und Teratom), die extraembryonalen Differenzierungen (Dottersacktumor, Chorionkarzinom) sowie als Zwischenstufe das sehr seltene Polyembryom hervorgehen können (Abb. 5). Die Vielfalt der Tumormorphologien erklärt sich durch die Potenz der Keimzellen, sich abortiv wie ein Embryo zu entwickeln [56]. Skakkebaek et al. nehmen an, daß die TIN-Zellen aus der Embryonalentwicklung übriggebliebene Gonozyten sind, die aus der normalen Entwicklung ausgekoppelt wurden und sich autonom auf dem Entwicklungsniveau der frühen Fetalzeit vermehren [53, 81, 109]. Die Präsenz der plazentaren alkalischen Phosphatase sowohl in normalen Gonozyten, in TIN-Zellen als auch in Seminomzellen und einigen anderen KZT-Zellen [14, 57, 69] ist neben der morphologischen Ähnlichkeit [5, 49, 53, 82] der wichtigste Indikator für die Richtigkeit dieser Annahme.

Diese Hypothese impliziert, daß bereits bei der Geburt eines späteren Hodentumor-Patienten mindestens eine Vorläuferzelle des zukünftigen Tumors im Hoden vorhanden sein muß. Der Nachweis von TIN-Zellen im Hoden sehr junger Zwitter-Patienten [79] sowie der Fall eines Maldeszensus-Patienten, bei dem im Alter von 10 Jahren eine TIN nachgewiesen wurde und bei dem sich 10 Jahre später im pexierten Hoden ein Tumor entwickelte [80], unterstützen die postulierte Abstammung der TIN von den Gonozyten. Welche Bedingungen die von Geburt an vorhandenen präkanzerösen Zellen, die sich zunächst noninvasiv innerhalb der Tubuli ständig vermehren, dann zum invasiven malignen Wachstum stimulieren, ist unbekannt. Endokrinologische sowie genetische Faktoren werden als Auslöser vermutet [90, 108, 109]. In diesem Histogenese-Modell wird dem spermatozytären Seminom ein eigener Entwicklungsweg zugeschrieben. Da es nicht im Zusammenhang mit den Risikofaktoren für Keimzelltumoren auftritt, niemals mit der TIN vergesellschaftet ist und auch nicht PlAP enthält, wird eine direkte Entstehung aus der Spermatogenese angenommen [109, 110].

TIN—Prävalenz in Risikogruppen

Bei Patienten mit Retentio testis, im kontralateralen Hoden bei Hodentumor, bei Infertilität und bei testikulären Dysgenesien im Rahmen von Zwitterbildung und testikulärer Feminisierung wurde die TIN in einer Häufigkeit gefunden, die der Häufigkeit von Hodentumoren in diesen Risikogruppen entspricht (Tab. 4). Im Sektionsgut fand sich bei 400 gesunden Männern keine TIN [110]. Schließlich fand sich in mehreren Serien TIN im scheinbar gesunden Anteil des tumorbefallenen Hodens in einer Häufigkeit von 70–100% (Tab. 4). Hoden mit Seminomen und solche mit Nichtseminomen enthielten in gleicher Häufigkeit eine TIN in der Tumorumgebung [57, 69]. Sigg und Hedinger [104] fanden immunhistologisch und elektronenmikroskopisch keinen Unterschied zwischen den TIN-Zellen im Tumorhoden und den entsprechenden Zellen im Biopsat infertiler Männer. Interessant ist, daß neben kindlichen Dottersacktumoren keine TIN-Zellen nachweisbar sind [72, 95, 103, 104]. Zur Erklärung wird angenommen, daß im kindlichen Hoden aufgrund der kurzen Wachstumszeit erst sehr wenige TIN-Zellen vorhanden sind [31] und daß diese wenigen TIN-

Tabelle 4. TIN-Prävalenz in Risikogruppen

	Prävalenz (%)	n	Literatur*
Infertiltität (+MDT)	0.39 – 1.1	> 6000	9, 15, 55, 87, 93, 96, 100, 102, 107
Maldeszensus testis	0 – 8.0	> 600	15, 34, 38, 45, 54, 61, 62, 83, 92, 121, 123
Dysgenesie, Hermaphroditismus	– 25	17	19, 79, 86, 88
Kontralateral bei Hodentumor	4.9 – 7.4	> 700	8, 15, 31, 60, 84, 116
Im Tumorhoden	72 – 98	> 800	15, 18, 57, 59, 61, 69, 71, 72, 104
Gesunder Hoden	0	400	110

* Die Literaturangaben bezeichnen sowohl Einzelfall-Berichte als auch Untersuchungsserien mit Häufigkeitsangaben
+MDT = in diesen Serien sind Fälle mit Maldeszensus testis teilweise eingeschlossen

Zellen im Tumor aufgingen. TIN-Zellen haben gewisse Ähnlichkeit mit
normalen infantilen Spermatogonien und liegen wie diese singulär
zwischen den Sertolizellen. Sie können daher im kindlichen Hoden leicht
der Diagnostik entgehen [81, 82].

Diagnostik

Bildgebende Verfahren sind für die Diagnostik der TIN ungeeignet
[67, 114]. Im Ejakulat konnte bei einigen Patienten mit bekannter TIN die
Diagnose bestätigt werden [46], jedoch ist hierbei die methodische Unsicherheit sehr groß. Nur die histologische Diagnostik ist hinreichend
sicher. Das Gewebe wird durch eine Hodenbiopsie gewonnen. Eine For-
malinfixierung muß vermieden werden. Für die Untersuchung nach Paraf-
fin-Einbettung eignen sich Stieve-Lösung oder Bouin-Lösung [99, 100]. Für
die Untersuchung in Semidünnschnitt-Technik ist die Konservierung in
5,5% Glutaraldehyd-Phosphat-Puffer erforderlich [52, 60, 99]. Im Prinzip
genügt für die Diagnostik die mikroskopische Untersuchung von Hämato-
xylin-Eosin-gefärbten Präparaten (Abb. 1) Erleichtert wird die Diagnostik
(Abb. 2) durch eine immunhistologische Färbung mit Antikörpern gegen
die plazentare alkalische Phosphatase (PlAP). Innerhalb des Hodens ist
hiermit eine spezifische Darstellung der TIN-Zellen möglich. Mit dem
monoklonalen Antikörpern M2A (4, 44) ist ein weiterer spezifischer Nachweis möglich (Abb. 3), jedoch reagiert der Antikörper nur mit Frischge-
webe. Die Semidünnschnitt-Technik liefert detaillierte histologische Bil-
der (Abb. 4) und eignet sich daher ebenso für den sicheren Nachweis von
TIN-Zellen [53, 60, 100]. Dieses Verfahren ist allerdings technisch und zeitlich aufwendiger und bietet in der Routine-Diagnostik keine entscheidenden Vorteile. Findet sich eine TIN in der Biopsie, so besteht eine 50%ige
Wahrscheinlichkeit, daß sich innerhalb von 5 Jahren ein Tumor in diesem
Hoden manifestiert. Ist die Biopsie negativ, so ist entsprechend der Skakke-
baek-Hypothese auch in Zukunft kein Tumor in dem betroffenen Hoden
zu erwarten [81, 108].

Biopsie

Berthelsen und Skakkebaek [7] postulierten nach Serienschnitt-Unter-
suchungen an vier mit TIN befallenen Hoden, daß die TIN ein diffus über

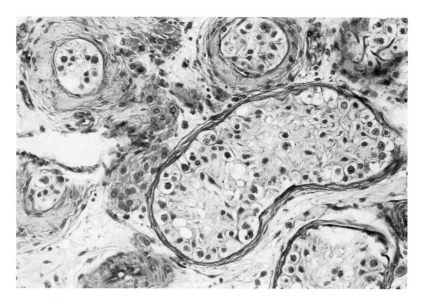

Abb. 1. Kontralaterales Hodenbiopsat mit unterschiedlich stark atrophierten Tubuli ausgekleidet von einer TIN. Auf der Gegenseite: Reines Seminom. (Original × 60, HE).

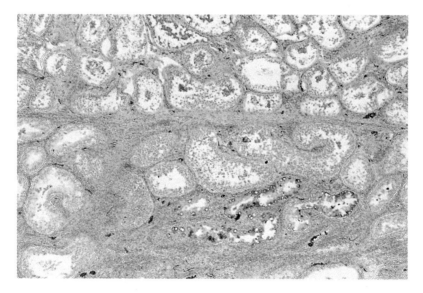

Abb. 2. Testikuläre intraepitheliale Neoplasie, lobuläre Ausbreitung, TIN-Zellen rot gefärbt, befallene Tubuli atrophiert. Darüber ein Lobulus mit weitgehend erhaltener Spermatogenese (Original × 12, PLAP, APAAP).

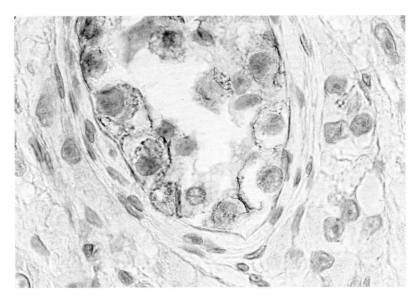

Abb. 3. Testikuläre intraepitheliale Neoplasie in einem atrophiertem Tubulus. TIN-Zellen braun gefärbt, sie liegen der Tubuluswand an. Kerne der Sertoli-Zellen (klein) zur Lichtung hin abgehoben (Original × 180, M2A, PAP).

den Hoden verteilter Prozeß sei. Eine ungezielte reiskorngroße Biopsie enthält demnach ausreichend Gewebe für den sicheren TIN-Nachweis. Klinisch ließ sich eine weitgehende Bestätigung für diese These erbringen: Bei 34 von 600 Patienten mit Hodentumor fand sich im Gegenhoden eine TIN (5,7%). Von 19 Patienten, die unbehandelt blieben, entwickelten 8 innerhalb von 30 Monaten einen Tumor im Resthoden, während keiner der 566 Patienten mit negativer Biopsie einen zweiten Tumor entwickelte [116]. Morphologische Befunde hingegen widersprechen dem Postulat der diffusen TIN-Verteilung (Abb. 5). Nogales et al. fanden bei zwei Patienten mit testikulärer Feminisierung eine TIN nur in 5–20% aller Schnittebenen [88]. Burke und Mostofi [14] fanden in 155 von 206 Hodentumor-Präparaten eine begleitende TIN, die in 17 Fällen fokal angeordnet war. Nistal et al. konnten ebenfalls nur in einem Teil ihrer Fälle eine disseminierte Anordnung der TIN finden [87].

Loy et al. konnten durch immunhistologische Untersuchungen an 127 Hodentumor-Präparaten in 72% eine begleitende TIN nachweisen. Die

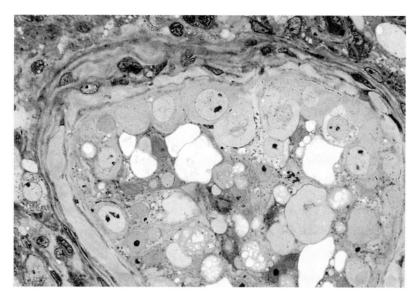

Abb. 4. Testikuläre intraepitheliale Neoplasie in einem atrophierten Tubulus, Wand fibrosiert. Die zytoplasmareichen TIN-Zellen liegen der Tubuluswand dicht an, Zytoplasma auf Grund des Glykogengehaltes schwach violett, in der Peripherie ein sehr schmaler heller Zytoplasmasaum (Original × 180, Toluidinblau/Pyronin, Kunststoffeinbettung, Semidünnschnitt).

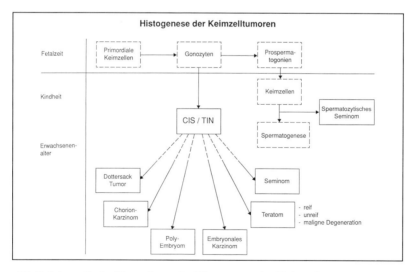

Abb. 5. Schematische Darstellung der Histogenese der Keimzelltumoren entsprechend der Hypothese von Skakkebaek.

Ausdehnung der TIN lag zwischen 1 und 100 % der zur Verfügung stehenden Schnittflächen. In 60 % aller Fälle fand sich keine diffuse, sondern eine
herdförmige Verteilung [69]. Da es keinen prinzipiellen Unterschied
zwischen der TIN beim infertilen Patienten und der TIN im tumortragenden Hoden gibt, rechtfertigen die erwähnten Studien [14, 69, 87, 88] Zweifel
an der postulierten diffusen TIN-Verteilung.

Tatsächlich finden sich insgesamt 5 Fälle, bei denen es trotz negativer
Biopsie im weiteren Verlauf zu einem Hodentumor gekommen ist
[5, 47, 87]. Gemessen an einer geschätzten Anzahl von weit über 7000 Biop-
sien, die weltweit bisher zu diesem Zweck durchgeführt wurden, ist dies
eine effektive Fehlerquote von unter einem Promille. Diese niedrige Rate
von falsch-negativen Befunden ist unter klinisch-praktischen Gesichts-
punkten tolerabel und schmälert nicht den grundsätzlichen Wert der Untersuchungsmethode.

Loy et al. fiel auf, daß bei den fokal angeordneten TIN-Fällen eine
lobuläre Verteilung der Läsion bestand [69]. Aufgrund dieser gruppierten,
auf ein Läppchen begrenzten Anordnung sowie dem überdurchschnittlich
häufigen TIN-Nachweis im Rete testis wird vermutet, daß die TIN sich
intraepithelial innerhalb der Tubuli seminiferi longitudinal ausbreitet,
somit zunächst innerhalb der anatomischen Grenzen eines Hodenläpp-
chens bleibt (Abb. 6). Erst später soll die TIN über das Rete testis andere
Lobuli erreichen.

Da die tatsächliche Länge eines Tubulus seminiferus etwa 1 Meter
beträgt, kann die intratubuläre Ausbreitung über lange Zeit andauern
[85]. Auf der anderen Seite liegen die Einmündungen der Tubuli seminiferi im Bereich des Rete testis dicht beieinander. Die TIN-Zellen können
hier leicht in Läppchen vordringen, deren periphere Enden von den
ursprünglich befallenen Läppchen weit entfernt liegen. Damit wäre das
scheinbar zufällige, disseminierte Auftreten in fortgeschrittenen Fällen
plausibel erklärt. Die skizzierte Ausbreitungsweise entspricht dem präkanzerösen Charakter der TIN: Uneingeschränktes kontinuierliches
Wachstum, das aber nichtinvasiv innerhalb vorgegebener anatomischer
Strukturen bleibt.

Die chirurgische Technik der Hodenbiopsie entspricht der Probeexzision
in der Fertilitätsdiagnostik [75]. Eine mechanische Alteration des entnommenen Gewebsstückchens muß vermieden werden. Der Eingriff ist kom-
plikationsarm und kann in Lokalanästhesie vorgenommen werden [13]. Bei
Patienten mit Hodentumor empfiehlt sich die kontralaterale Probeexzision
zum Zeitpunkt der Semikastration, also noch in Narkose.

Therapie

Da der TIN-Nachweis langfristig ein praktisch 100%iges Tumorrisiko impliziert, ist eine Therapie erforderlich, die abhängig von der klinischen Situation ist.

Bei Infertilität, Maldeszensus und dysgenetischen Hoden ist die *Orchiektomie* Methode der Wahl, da der betroffene Hoden ohnehin fast ausnahmslos von minderer exokriner Funktion ist und für die Hormonproduktion das kontralaterale Organ noch zur Verfügung steht. Die kontralaterale TIN bei Hodentumor wäre zwar auch durch eine Ablatio testis sicher zu behandeln, jedoch wäre diese Kastration sicher eine Übertherapie. Um den Hoden zu erhalten, wurde eine konventionelle *Chemotherapie* mit Cisplatin, Vinblastin und Bleomycin durchgeführt. Die Kontrollbiopsien zeigten zwar bei allen acht untersuchten Patienten ein Verschwinden der TIN-Zellen [115], jedoch deutet schon die Erfahrung, daß kontralaterale Hoden-

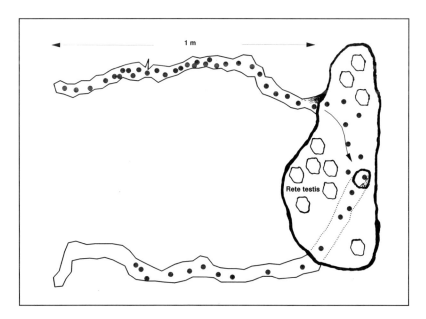

Abb. 6. Schema: Hypothetische Ausbreitung der TIN-Zellen über mehrere Jahre: Nimmt man eine Stammzelle für die Entwicklung der TIN an, dann erscheint es möglich, daß die TIN sich zunächst in einem Tubulus (Länge etwa ein Meter) über längere Zeit ausbreitet, das Rete testis erreicht und dort nach weiterer Ausbreitung über eine nur kurze Distanz die Mündung eines Tubulus erreicht, dessen blindes Ende im Hoden unter der Tunica albuginea weit entfernt von dem primär betroffenen Tubulus liegt.

tumoren auch nach Chemotherapie auftreten können [24,27] und der
Nachweis persistierender Tumorzellen in nicht operierten Hoden nach
systemischer Chemotherapie [16,41] darauf hin, daß durch die zytostatische Therapie die TIN entweder nicht vollständig vernichtet wird oder daß
sie nach einiger Zeit rezidivieren kann. Dementsprechend fanden Von der
Maase et al. bei einem Patienten mit kontralateraler TIN 16 Monate nach
PVB-Chemotherapie ein Rezidiv [117]. Im Klinikum Steglitz fand sich bei
einem Seminom-Patienten mit kontralateraler TIN, der wegen eines IIc-
Stadiums eine Carboplatin-Monotherapie erhielt, in der Kontrollbiopsie
eine TIN-Persistenz (Abb. 7), während die retroperitoneale Tumormasse
vollständig verschwunden war [32].

Als eine sichere Therapie hat sich die *lokale Bestrahlung des Resthodens* mit einer Dosis von 20 Gy erwiesen. Das theoretische Konzept ist
dabei die radiogene Zerstörung der TIN-Zellen unter Schonung der lang-
sam proliferierenden Leydig-Zellen und Gerüstzellen [116]. Die fehlende
Beeinträchtigung der Androgen-Produktion nach Radiatio der Hoden mit
20 Gy wurde bereits früher bei Prostatakarzinom-Patienten gefunden [39].

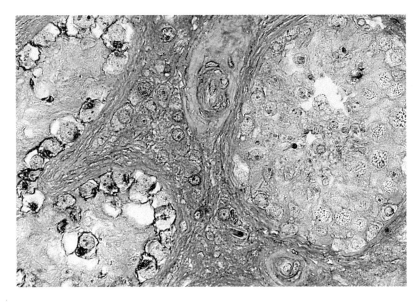

Abb. 7. Kontralaterales Hodenbiopsat nach Chemotherapie eines reinen Seminoms.
Auf einer Seite größerer Tubulus mit weitgehend erhaltener Spermatogenese, auf der
anderen Seite Anschnitt von zwei atrophierten Tubuli, ausgekleidet von TIN-Zellen mit
rot gefärbtem Zytoplasma. TIN-Zellen trotz Chemotherapie im kontralateralen Hodenbiopsat nachweisbar (Original × 120, PLAP, APAAP).

Inzwischen sind weltweit über 30 TIN-Patienten nach dieser Methode behandelt worden [31,45,55,60,116]. Endokrinologisch findet sich dabei posttherapeutisch ein normaler Serum-Testosteron-Spiegel. Die Gonadotropine sind dagegen erwartungsgemäß erhöht. Die Abbildung 8 zeigt, daß nach Radiatio keine TIN- oder Keimzellen mehr vorhanden sind. Übriggeblieben sind die Sertolizellen im Tubuluslumen, sowie die Leydigzellen im Interstitium. Die Abbildung 9 zeigt, daß auch die äußere Form und Größe des Hodens nach Radiatio mit 20 Gy erhalten bleiben. Die Effizienz belegt auch die von Read berichtete Erfahrung, daß in einer Serie von 1000 Hodentumorpatienten, die eine prophylaktische Bestrahlung des Retroperitoneums und gleichzeitig des Resthodens erhielten, kein einziger kontralateraler Zweittumor auftrat [94]. Die Strahlentherapie des TIN enthaltenden Resthodens ist heute die Therapie der Wahl. Erhält ein Patient im Rahmen seiner Tumorbehandlung eine Chemotherapie, so ist zunächst eine Kontrollbiopsie und ggf. eine spätere Radiatio indiziert.

Spezialfälle der TIN-Behandlung sind die vermeintlichen primären retroperitonealen Keimzelltumoren [22] mit klinisch unverdächtigen Hoden. In diesen Fällen kann es sich selten um echte, primär retroperitoneale Keimzelltumoren [10] handeln: häufiger sind es aber ausgebrannte Hodentumoren mit Regression nach der Metastasierung oder ein okkulter

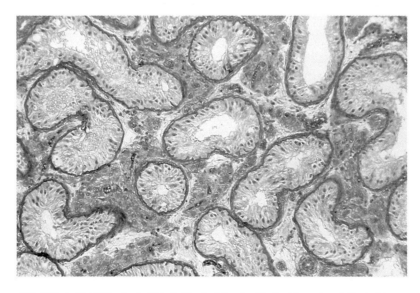

Abb. 8. Derselbe Patient wie Abb. 1: Kontralaterales Hodenbiopsat nach Bestrahlung: Sertoli-cell-only-Syndrom. (Original × 30, HE).

(nicht erkennbarer) Hodentumor. Daugaardt et al. fanden bei den Patienten mit vermuteten primär retroperitonealen Keimzelltumoren häufig eine TIN in einem Hoden und haben auch für solche Fälle eine Strahlentherapie vorgeschlagen [22]. Da aber in diesen Fällen oft ein unerkannter Tumor vorliegt, der histologisch häufig einem strahlenunempfindlichen Teratom entspricht, wurde von anderen Autoren die Orchiektomie empfohlen [26].

Ausblick

Das Konzept der Testikulären Intraepithelialen Neoplasie (Carcinoma in situ des Hodens) eröffnet eine neue Dimension im Verständnis der Biologie der Keimzelltumoren. Kenntnis und klinische Anwendung dieser neuen Überlegungen können heute zur Realisierung einer onkologischen Idealvorstellung führen, nämlich die tatsächliche Tumorfrüherkennung und eine organerhaltende Frühtherapie.

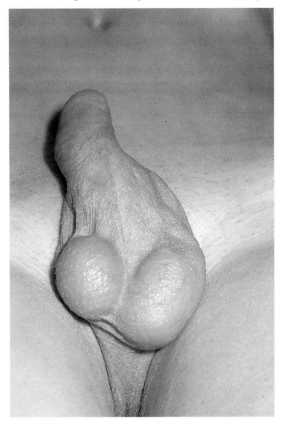

Abb. 9. Äußere Genitale eines 29-jährigen Patienten sechs Monate nach Radiatio des Skrotums mit 20 Gy. Äußerlich keine Veränderung von Form und Größe. Rechte Skrotalhälfte Hodenprothese nach Semikastration wegen Seminom, links der bestrahlte Hoden

Literatur

1 Albrechtsen R, Nielsen MH, Skakkebaek NE, Wewer U: Carcinoma in situ of the testis. Some ultrastructural characteristics of germ cells. Acta Path Microbiol Scand Sect A 1982;90:301–303.

2 Azzopardi JG, Mostofi FK, Theiss EA: Lesions of testes observed in certain patients with widespread choriocarcinoma and related tumors. Am J Pathol 1961;38:207–225.

3 Bach DW, Weißbach L, Hartlapp JH: Bilateral testicular tumor. J Urol 1983;129: 989–991.

4 Bailey D, Baumal R, Law J, Sheldon K, Kannampuzha P, Stratis M, Kahn H, Marks A: Production of a monoclonal antibody specific for seminomas and dysgerminomas. Proc Natl Acad Sci USA 1986;83:5291–5295.

5 Bannwart FB, Sigg C, Hedinger C: Morphologie, Biologie und therapeutische Konsequenzen der atypischen Keimzellen des Hodens. Zbl Haut 1988;154:861–866.

6 Barth V, Krauss M: Bilaterale Hodentumoren und die Wertigkeit der Kontrollsonographie in der Nachsorgeperiode. Z Urol Nephrol 1989;82:481–485.

7 Berthelsen JG, Skakkebaek NE: Value of testicular biopsy in diagnosing carcinoma in situ testis. Scand J Urol Nephrol 1981;15:165–168.

8 Biedermann C, Leibundgut B, Torhorst J: Problems poses par les cancers bilateraux successifs des testicules. Helv chir Acta 1981;48:377–381.

9 Bishop M, Rosenthal CL: Carcinoma in situ des Hodens. Akt Urol 1980;11:79–82.

10 Böhle A, Studer UE, Sonntag RW, Scheidegger JR: Primary or secondary extragonadal germ cell tumors? J Urol 1986;135:939-943.

11 Brawer MK, Bigler SA, Sohlberg OE: The significance of prostatic intraepithelial neoplasia on prostate biopsies. J Urol 1990;143:305 A.

12 Brown LM, Pottern LM, Hoover RN, Devesa SS, Aselton P, Flannery JT: Testicular cancer in the United States: Trends in incidence and mortality. Int J Epidemiol 1986; 15:164–170.

13 Bruun E, Frimodt-Möller C, Giwercman A, Lenz S, Skakkebaek NE: Testicular biopsy as an outpatient procedure in screening for carcinoma in situ: complications and the patients acceptance. Int J Androl 1987;10:199–202.

14 Burke AP, Mostofi FK: Placental alkaline phosphatase immunohistochemistry of intratubular malignant germ cells and associated testicular germ cell tumors. Hum Pathol 1988;19:663–670.

15 Burke AP, Mostofi FK: Intratubular malignant germ cells in testicular biopsies: Clinical course and identification by staining for placental alkaline phosphatase. Mod Pathol 1988;1:475–479.

16 Chong C, Logothetis CJ, von Eschenbach A, Ayala A, Samuels M: Orchiectomy in advanced germ cell cancer following intensive chemotherapy: A comparison of systemic to testicular response. J Urol 1986;136:1221–1223.

17 Clemm C: Therapie der fortgeschrittenen Stadien des Semionoms (Stadien I und II A/B), in Schmoll HJ, Weißbach L (Hrsg.): Diagnostik und Therapie von Hodentumoren. Springer, Berlin 1988, S. 653–660.

18 Coffin CM, Ewing S, Dehner LP: Frequency of intratubular germ cell neoplasia with invasive testicular germ cell tumors. Arch Pathol Lab Med 1985;109:555–559.

19 Cortes D, Thorup J, Graem N: Bilateral prepubertal carcinoma in situ of the testis and ambiguous external genitalia. J Urol 1989;142:1065–1069.

20   Csapo Z, Weißmüller J, Sigel A: Sonographie in der Früherkennung von nicht-pal-
      pablen Zweit-Tumoren: Eine prospektive Studie. Urologe A 1987;26:334–338.
21   Damjanov I: Recent advances in the understandig of the pathology of testicular germ
      cell tumors. World J Urol 1984;2:12–17.
22   Daugaard G, von der Maase H, Olsen J, Rörth M, Skakkebaek NE: Carcinoma in situ
      of testis in patients with assumed extragonadal germ cell tumours. Lancet 1987;
      ii:528–529.
23   Davies JM: Testicular cancer in England and Wales: some epidemiological aspects.
      Lancet 1981;i:928–932.
24   Dieckmann KP, Boeckmann W, Brosig W, Jonas D, Bauer HW: Bilateral testicular
      germ cell tumors. Report of nine cases and review of the literature. Cancer 1986;
      57:1254–1257.
25   Dieckmann KP: Hodentumoren: Ist Vorsorge noch nötig? Dtsch Med Wschr 1987;
      112:1102.
26   Dieckmann KP, Bauer HW: Carcinoma in situ of testis in patients with assumed
      extragonadal germ cell tumours. Lancet 1987;ii:1265.
27   Dieckmann KP: Residual carcinoma in situ of contralateral testis after chemotherapy.
      Lancet 1988;i:765.
28   Dieckmann KP, Hamm B, Düe W, Bauer HW: Simultaneous bilateral testicular germ
      cell tumors with dissimilar histology. Case report and review of the literature. Urol Int
      1988;43:305–309.
29   Dieckmann KP, Becker T, Bauer HW: Besonderheiten der Hodentumor-Nachsorge.
      Therapiewo 1988;38:2486–2491.
30   Dieckmann KP, Düe W, Klän R: Bilateraler Hodentumor nach Intervall von 20 Jah-
      ren. Med Welt 1989;40:75–76.
31   Dieckmann KP, Loy V, Huland H: Das Carcinoma in situ des Hodens: klinische
      Bedeutung, Diagnose und Therapie. Urologe A 1989;28:271–280.
32   Dieckmann KP, Bornhoeft G, Huland H: Ambulante Carboplatinmonotherapie
      beim fortgeschrittenen Seminom. Urologe A 29: (im Druck) 1990, Heft 5.
33   Dixon FJ, Moore RA: Testicular tumors. A clinicopathologic study. Cancer 1953;
      6:427–454.
34   Dorman S, Trainer TD, Lefke D, Leadbetter G: Incipient germ cell tumor in a crypt-
      orchid testis. Cancer 1979;44:1357–1362.
35   Ehrengut W, Schwartau M, Hubmann R: Testiculäre Vorerkrankungen bei Patienten
      mit Hodentumoren unter besonderer Berücksichtigung der Mumpsorchitis. Urologe
      A 1990;19:283–288.
36   Erpenbach K, Derschum W, Reis M, von Vietsch H: Ergebnisse einer engmaschigen
      Hodentumornachsorge. Urologe A 1990; 29:102–207.
37   Ewing J: Chapter XL: Tumors of the testis. In Ewing J: Neoplastic diseases. A treatise
      on tumors. Philadelphia, Saunders, 1940, S. 854–871.
38   Ferramosca B, Bertoni F, Ravaglia G, Bacchini P: Carcinoma in situ del testicolo:
      osservazione in un caso di monorchia. G Clin Med 1980;61:679–686.
39   Fleck H, Stahl F, Mau S: Untersuchungen über die Ausschaltung der testikulären
      Testosteronproduktion durch Hodenbestrahlung bei Patienten mit Prostatakarzi-
      nom. Z Urol Nephrol 1981;74:443–446.

40   Fordham MVP, Mason MD, Blackmore C, Hendry WF, Horwich A: Management of the contralateral testis in patients with testicular germ cell cancer. Brit J Urol 1990; 65:290–293.

41   Fowler JE, Whitmore WF: Intratesticular germ cell tumors: Observations on the effect of chemotherapy. J Urol 1981;126:412–414.

42   Friedman NB: Pathology of testicular tumors. In Skinner DG, Lieskovsky G (Hrsg.) Genitourinary Cancer. Philadelphia, Saunders, 1988, S. 215–234.

43   Friedman NB, Moore RA: Tumors of the testis; a report on 922 cases. Mil Surg 1946; 99:573–593.

44   Giwercman A, Marks A, Bailey D, Baumal R, Skakkebaek NE: A monoclonal antibody as a marker for carcinoma in situ germ cells of the human adult testis. APMIS 1988;96:667–670.

45   Giwercman A, Bruun E, Frimodt-Möller C, Skakkebaek NE: Prevalence of carcinoma in situ and other histopathological abnormalities in testes of men with a history of cryptorchidism. J Urol 1989;142:998–1002.

46   Giwercman A, Clausen OPF, Skakkebaeck NE: Carcinoma in situ of the testis: aneuploid cells in semen. Brit Med J 1988;296:1762–1764.

47   Giwercman A, Berthelsen JG, Müller J, von der Maase H, Skakkebaek NE: Screening for carcinoma in situ of the testis. Int J Androl 1987;10:173–180.

48   Gondos B, Berthelsen JG, Skakkebaek NE: Intratubular germ cell neoplasia (Carcinoma in situ): A preinvasive lesion of the testis. Ann Clin Lab Sci 1983;13:185–192.

49   Gondos B, Migliozzi JA: Intratubular germ cell neoplasia. Sem Diagn Pathol 1987; 4:292–303.

50   Hargreave TB: Carcinoma in situ of the testis. Brit Med J 1986;293:1389–1390.

51   Hartung R, Ringert RH, Brehmer B: Zur Problematik beidseitiger Hodentumoren. Verh Dtsch Ges Urol 34, 1982: Berlin, Springer, 1983, pp 406–408 .

52   Hoekstra HJ, Wobbes T, Sleyfer DT, Schraffort-Koops H: Bilateral primary germ cell tumors of the testis. Urol 1982;19:152–4.

53   Holstein AF, Schütte B, Becker H, Hartmann M: Morphology of normal and malignant germ cells. Int J Androl 1987;10:1–18.

54   Hornak M, Pauer M, Bardos A, Ondrus D: The incidence of carcinoma in situ in postpubertal undescended testis. Int Urol Nephrol 1987;19:321–325.

55   Howard GCW, Hargreave TB, McIntyre MA: Case report: Carcinoma in situ of the testis diagnosed on semen cytology. Clin Radiol 1989;40:323–324.

56   Jacobsen GK: Histogenetic considerations concerning germ cell tumours. Morphological and immunohistochemical comparative investigation of the human embryo and testicular germ cell tumours. Virchows Arch A 1986;408:509–525.

57   Jacobsen GK, Henriksen OB, von der Maase H: Carcinoma in situ of testicular tissue adjacent to malignant germ-cell tumors. Cancer 1981;47:2660–2662.

58   Joos H, Danner C, Kunit G, Frick J: Seminoma in statu nascendi. Helv Chir Acta 1985;52:429–431.

59   Klein FA, Melamed MR, Whitmore WF: Intratubular malignant germ cells (Carcinoma in situ) accompanying invasive testicular germ cell tumors. J Urol 1985; 133:413–415.

60   Kleinschmidt K, Weißbach L, Holstein AF: Früherkennung des kontralateralen Zweitkarzinoms bei Hodentumorpatienten durch das Carcinoma-in-situ testis. Urologe A 1989;28:281–284.

61   Koide O, Iwai S, Baba K, Iri H: Identification of testicular atypical germ cells by an immunohistochemical technique for placental alkaline phosphatase. Cancer 1987; 60:1325–1330.

62   Krabbe S, Skakkebaek NE, Berthelsen JG, Eyben FV, Volsted P, Mauritzen K, Eldrup J, Nielsen AH: High incidence of undetected neoplasia in maldescended testes. Lancet 1979;I:999–1000.

63   Kristianslund S, Fossa SD, Kjellevold K: Bilateral malignant testicular germ cell cancer. Brit J Urol 1986;58:60–63.

64   Kruse C: Zum bilateralen und familiären Vorkommen der Keimzelltumoren des Hodens. Urologe A 1987;26:61–62.

65   Langhans T: Histologie des Hodenkrebses. In Kocher T: Die Krankheiten der männlichen Geschlechtsorgane. Lieferung 50b, Billroth T, Luecke D (Hrsg.) Deutsche Chirurgie. Stuttgart, Enke, 1887, pp 443–445.

66   Lehmann D, Temminck B, Litmanen K, Leibundgut B, Hadziselimovic F, Müller H: Autoimmune phenomena and cytogenetic findings in a patient with carcinoma (seminoma) in situ. Cancer 1986;58:2013–2017.

67   Lenz S, Giwercman A, Skakkebaek NE, Bruun E, Frimodt-Möller C: Ultrasound in detection of early neoplasia of the testis. Int J Androl 1987;10:187–190.

68   Leyvraz S, Joggi J, Douglas P, Lavanchi JD, Barrelet L: Bilateral testicular cancer: an increasing rate. Proc Am Soc Clin Oncol 1985;4:97.

69   Loy V, Wigand I, Dieckmann KP: Screening for carcinoma in situ testis by random surgical biopsy: Possible false negative results. Histopathol 1990;16:198–200.

70   Loy V, Dieckmann KP: Carcinoma in situ of the testis: Intratubular germ cell neoplasia or testicular intraepithelial neoplasia? Human Pathol 1990;21:457.

71   Manivel JC, Reinberg Y, Niehans GA, Fraley EE: Intratubular germ cell neoplasia in testicular teratomas and epidermoid cysts. Cancer 1989;64:715–720.

72   Manivel JC, Simonton S, Wold LE, Dehner LP: Absence of intratubular germ cell neoplasia in testicular yolk sac tumors in children. Arch Pathol Lab Med 1988; 112:641–645.

73   Mark GJ, Hedinger C: Changes in the remaining tumour-free testicular tissue in cases of seminoma and teratoma. Virchows Arch A 1965;340:84–92.

74   Matveyev BP, Gotsadze DT, Bukharkin BV, Cheban NL: Bilateral tumors of the testicle. Vopr Onkol 1984;30:65–69.

75   Mayor G, Zingg EJ: Urologische Operationen. Atlas zur Indikation, Technik. Stuttgart, Thieme, 1973, pp 488–489.

76   Mostofi FK: Testicular tumors: Epidemiologic, etiologic, and pathologic features. Cancer 1973;32:1186–1201.

77   Müller J, Skakkebaek NE: Microspectrophotometric DNA-measurements of carcinoma in situ germ cells in the testis. Int J Androl suppl 1987;4:211–221.

78   Müller J, Skakkebaek NE, Lundsteen C: Aneuploidy as a marker for carcinoma in situ of the testis. Acta path microbiol Scand Sect A 1981;89:67–68.

79   Müller J: Morphometry and histology of gonads from twelve children and adolescents with the androgen insensitivity (testicular feminization) syndrome. J Clin Endocrinol Met 1984;59:785–789.

80   Müller J, Skakkebaek NE, Nielsen OH, Graem N: Cryptorchidism and testis cancer. Atypical infantile germ cells followed by carcinoma in situ and invasive carcinoma in adulthood. Cancer 1984;54:629–634.

81   Müller J, Berthelsen JG, Skakkebaek NE: Carcinoma in situ and invasive growth of
      testicular cancer. In Javadpour, N. (ed): Principles and management of testicular can-
      cer. New York, Thieme, 1986, pp 120–132.
82   Müller J, Skakkebaek NE: Carcinoma in situ of the testis: Aspects of the prepubertal
      lesion. In Holstein AF, Leidenberger F, Hölzer KH, Bettendorf G (ed): Carl Schirren
      Symposium Advances in Andrology. Diesbach, Berlin 1988,173–178.
83   Muffly KE, McWhorter CA, Bartone FF, Gardner PJ: The abscence of premalignant
      changes in the cryptorchid testis before adulthood. J Urol 1984;131:523–525.
84   Nagler HM, Kaufmann DG, O'Toole K, Sawczuk IS: Carcinoma in situ of the testes:
      Diagnosis by aspiration flow cytometry. J Urol 1990;143:359–361.
85   Nistal M, Paniagua R: Testicular and epididymal pathology. New York, Thieme-
      Stratton, 1984.
86   Nistal M, Paniagua R, Isorna S, Mancebo J: Diffuse intratubular undifferentiated
      germ cell tumor in both testes of a male subject with a uterus and ipsilateral testicular
      dysgenesis. J Urol 1980;1124:286–289.
87   Nistal M, Codesal J, Paniagua R: Carcinoma in situ of the testis in infertile men.
      A histological, immunocytochemical, and cytophotometric study of DNA content.
      J Pathol 1989;159:205–210.
88   Nogales FF, Toro M, Ortega I, Fulwood HR: Bilateral incipient germ cell tumours of
      the testis in the incomplete testicular feminization syndrome. Histopathol 1981;
      5:511–515.
89   Oesterlind A, Berthelsen JG, Abildgaard N, Hansen SO, Jensen H, Johnsen B,
      Munck-Hansen J, Rasmussen LH: Incidence of bilateral testicular germ cell cancer in
      Denmark, 1960–84: preliminary findings. Int J Androl 1987;10:203–208.
90   Oliver RTD: HLA phenotype and clinicopathological behaviour of germ cell
      tumours: possible evidence for clonal evolution from seminomas to nonseminomas.
      Int J Androl 1987;10:85–93.
91   Patel SR, Richardson RL, Kvols L: Synchronous and metacronous bilateral testicular
      tumors. Mayo clinic experience. Cancer 1990; 65:1–4.
92   Pedersen KV, Boiesen P, Zetterlund CG: Experience of screening for carcinoma in
      situ of the testis among young men with surgically corrected maldescended testes. Int
      J Androl 1987;10:181–186.
93   Pryor JP, Cameron KM, Chilton CP, Ford TF, Parkinson MC, Sinokrot J, Westwood
      CA: Carcinoma in situ in testicular biopsies from men presenting with infertility. Brit
      J Urol 1983;55:780–784.
94   Read G: Carcinoma in situ of the contralateral testis. Br Med J 1987; 294:121.
95   Reinberg Y, Manivel JC, Fraley EE: Carcinoma in situ of the testis. J Urol 1989;
      142:243–247.
96   Rodrigues Netto N.: Bilateral carcinoma in situ of testis in infertile man. Urol 1985;
      25:601-604.
97   Scheiber K, Ackermann D, Studer UE: Bilateral testicular germ cell tumors: a report
      of 20 cases. J Urol 1987;138:73–76.
98   Schmoll HJ.: Therapie der fortgeschrittenen Stadien – Nichtseminome. In Schmoll
      HJ, Weißbach L (eds): Diagnostik und Therapie von Hodentumoren. Berlin, Sprin-
      ger, 1988, pp 633–648.
99   Schütte B: The importance of fixatives for detection a carcinoma-in-situ (CIS) in
      testicular tissue. Andrologia 1988;20:422–425.

100 Schütte B, Holstein AF, Schulze C, Schirren C: Zur Problematik der Früherkennung
     eines Seminoms. Nachweis von Tumorzellen in der Biopsie aus den Hoden von
     5 Patienten mit Oligozoospermie. Andrologia 1981;13:521–536.
101 Schulze C, Holstein AF, Selberg W, Körner F: Beitrag zur formalen Pathogenese des
     klassischen Seminoms. Frühdiagnose aus Hodenbiopsien? Schweiz Med Wschr
     1978;108:1119–1126.
102 Sigg C, Hedinger C: Atypical germ cells in testicular biopsy in male sterility. Int J
     Androl suppl 1981;4:163–171.
103 Sigg C, Hedinger C: Zur Bedeutung der sogenannten atypischen Keimzellen des
     Hodens. Zentralbl Haut- und Geschlechtskrankh 1983;148:1027–1033.
104 Sigg C, Hedinger C: Atypical germ cells of the testis. Comparative ultrastructural and
     immunohistochemical investigations. Virchows Arch A 1984;402:439–450.
105 Skakkebaek NE: Abnormal morphology of germ cells in two infertile men. Acta path
     microbiol Scand Sect A 1972;80:374–378, 1972.
106 Skakkebaek NE: Possible carcinoma-in-situ of the testis. Lancet 1972;ii:516–517.
107 Skakkebaek, NE: Carcinoma in situ of the testis: Frequency and relationship to inva-
     sive germ cell tumours in infertile men. Histopathol 1978;2:157–170.
108 Skakkebaek NE, Berthelsen JG, Müller J: Carcinoma in situ of the undescended
     testis. Urol Clin North Am 1982;9:377–385.
109 Skakkebaek NE, Berthelsen JG, Giwercman A, Müller J: Carcinoma in situ of the
     testis: possible origin from gonocytes and precursor of all types of germ cell tumours
     except spermatocytoma. Int J Androl 1987;10:19–28.
110 Skakkebaek NE, Berthelsen JG, Müller J, Giwercman A, von der Maase H, Rörth M:
     Carcinoma in situ testis. In Schmoll HJ, Weißbach L (eds): Diagnostik and Therapie
     von Hodentumoren. Berlin, Springer, 1988, pp 471–482.
111 Sosnowski M, Marks P: Bilateral testicular neoplasms. (In Polnisch). Wiad Lek 1989;
     42:53–55.
112 Strohmeyer T, Hartmann M: Doppelseitige Hodentumoren: Fallpräsentation und
     Therapiekonzept. Akt Urol 1984;15:186–189.
113 Thompson J, Williams CJ, Whitehouse JMA, Mead GM: Bilateral testicular germ
     cell tumours: an increasing incidence and prevention by chemotherapy. Brit J Urol
     1988;62:374–376.
114 Thomsen C, Jensen KE, Giwercman A, Kjaer L, Henriksen O, Skakkebaek NE:
     Magnetic resonance: in vivo tissue characterization of the testes in patients with carci-
     noma in situ of the testis and healthy subjects. Int J Androl 1987;10:191–198.
115 Von der Maase H, Berthelsen JG, Jacobsen GK, Hald T, Rörth M, Christophersen IS,
     Sörensen BL, Walblom-Jörgensen S, Skakkebaek NE: Carcinoma in situ of testis
     eradicated by chemotherapy. Lancet 1985;i:98.
116 Von der Maase H, Giwercman A, Müller J, Skakkebaek NE: Management of carci-
     noma in situ of the testis. Int J Androl 1987;10:209–220.
117 Von der Maase H, Meinicke B, Skakkebaek NE: Residual carcinoma in situ of contra-
     lateral testis after chemotherapy. Lancet 1988;i:477–478.
118 Wahl C, Hedinger C: Bilaterale Keimzelltumoren des Hodens. Schweiz Med Wschr
     1988;118:427–433.
119 Walt H, Emmerich P, Cremer T, Hofmann MC, Bannwart F: Supernummery chro-
     mosome 1 in interphase nuclei of atypical germ cells in paraffin-embedded human
     seminiferous tubules. Lab Invest 1989;61:527–531.

120 Ware SM, Heyman J, Al-Askari S, Morales P: Bilateral testicular germ cell malignancy. Urol 1982;19:366–372.
121 Waxman M: Malignant germ cell tumor in situ in a cryptorchid testis. Cancer 1976; 38:1452–1456.

Dr. K.-P. Dieckmann, Urologische Klinik, FU Klinikum Steglitz,
Hindenburgdamm 30, D-1000 Berlin 45

Beitr Onkol. Basel, Karger, 1990, vol 40, pp 166–171.

ß-HCG-positives Seminom

L. Weißbach, R. Bussar-Maatz

Urologische Abteilung, Krankenhaus Am Urban, Berlin

Einleitung

Traditionell werden die malignen Keimzelltumoren des Mannes aus therapeutischen und prognostischen Gründen in Seminome und Nichtseminome unterschieden. Während Seminome strahlensensibel sind und eine gute Prognose aufweisen, spricht das prognostisch ungünstigere Nichtseminom weniger gut auf eine Strahlentherapie an. Die adäquate Therapie ist daher die Lymphadenektomie und ggf. die Chemotherapie.

Lange Zeit galten die Tumormarker AFP und HCG als Unterscheidungsmerkmal zwischen beiden histologischen Typen, da diese von nichtseminomatösen Komponenten sezerniert werden. Zu Beginn der 80er Jahre häuften sich jedoch Literaturberichte über histologisch «reine» Seminome, die von einer HCG-Erhöhung begleitet waren.

Ursachen und Inzidenz der HCG-Erhöhung

Ist bei einem Seminom das HCG erhöht, bestehen verschiedene Möglichkeiten, dieses Phänomen zu erklären. In geringer Inzidenz wird das HCG auch von anderen Karzinomen sezerniert (Tab. 1), so daß möglicherweise die HCG-Quelle in einem Zweitkarzinom zu suchen ist. Vielleicht hat der Pathologe auch kleine nichtseminomatöse Areale übersehen. Seit der Einführung der Immunhistochemie wurden im Seminom «syncytiotrophoblastähnliche Riesenzellen» (STGC) identifiziert, welche für eine HCG-Produktion verantwortlich sind [2, 4–8, 10, 12, 25]; gelegentlich wird das Hormon auch in mononukleären Zellen nachgewiesen, die sich morphologisch von den HCG-negativen Seminomzellen nicht unterscheiden [2, 4, 5, 7 - 9, 12]. Das HCG-positive Seminom wird seitdem als eigene Untergruppe geführt oder als Mischtumor klassifiziert [6, 16].

Aus der Literatur haben wir ermittelt, daß bei durchschnittlich 21 % der Seminome ein erhöhter HCG-Titer angegeben wird; ein immunhistochemischer Nachweis gelingt nur in durchschnittlich 14 % (Tab. 2).

Häufig bestehen Diskrepanzen zwischen serologischem und immunhistochemischem HCG-Nachweis, so daß es mehrere HCG-positive Seminome gibt: serologisch und histologisch positive, serologisch positive/histologisch negative und serologisch negative/histologisch positive. Wenn das Hormon aus dem Blut der V. testicularis bestimmt wird, ist das HCG oft deutlich erhöht, während es im peripheren Blut im Normbereich liegt. Eine Hamburger Arbeitsgruppe maß somit bei 70 % aller Seminome ein erhöhtes HCG [17].

Voraussetzung für eine korrekte HCG-Bestimmung ist ein Assay, der sowohl das intakte HCG-Molekül als auch die freie *ß*-Kette mißt, da viele Tumoren entweder die eine oder die andere Entität sezernieren. Mann und

Tabelle 1. HCG-/HCG-*ß*-Serumerhöhung % bei malignen Tumoren [12a]

Blasenmole	97
Pankreas-Adeno-Karzinom	11 - 50
Inselzell-Karzinom	22 - 50
Magen-Karzinom	0 - 23
Dünndarmtumoren	13
Kolon-Karzinom	0 - 20
Hepatom	17 - 21
Bronchial-Karzinom	0 - 12
Ovarial-Karzinom (epithelial)	18 - 41
Mamma-Karzinom	7 - 50
Nieren-Karzinom	10
Hodentumor - Nichtseminom	48 - 100
Seminom	10 - (22)

Tabelle 2. Inzidenz des HCG-positiven Seminoms (Literatur 1977 - 1985*)

Serum (n = 1539)	21 % (7 - 63 %)
Gewebe (n = 907)	14 % (9 - 39 %)

*Literatur beim Verfasser

Siddle stellten fest, daß von 18 Seminompatienten nur 4 sowohl das gesamte HCG-Molekül als auch die freie β-Kette sezernierten. Bei jeweils 7 fand sich entweder nur das gesamte HCG-Molekül oder nur die β-Kette [13].

Prognose und Therapie

Es verwundert deshalb nicht, daß auf klinischer Seite divergierende Ansichten über die Prognose und die adäquate Behandlung des HCG-aktiven Seminoms bestehen. Einige Autoren vermuten, daß nichtseminomatöse Anteile für die HCG-Erhöhung verantwortlich seien und schlagen deshalb eine entsprechende Therapie mit Lymphadenektomie ± Chemotherapie/Radiotherapie vor [23, 24, 26]. Butcher et al. [3] haben retrospektiv 228 Seminome des British Testicular Tumor Panel and Registry nachuntersucht und in 14,5% immunhistochemisch STGC mit HCG-Produktion nachgewiesen. Patienten mit markerpositiven Seminomen starben innerhalb der ersten 2 Jahre signifikant häufiger (23% HCG-positive, 8% HCG-negative). Zahlreiche weitere Berichte dokumentieren die Aggressivität dieser Erkrankung vor allem in metastasierten Stadien [1, 4, 11, 14, 16, 18–20, 22], und es wird eine dem Nichtseminom entsprechende Therapie empfohlen.

Faßt man alle Literaturergebnisse zusammen (Tab. 3), so zeigt sich für das Stadium I keine schlechtere Überlebensrate. Allerdings ist die Prognose in den fortgeschritteneren Stadien deutlich ungünstiger. Ein exakter Vergleich zwischen HCG-negativen und -positiven Seminomen ist nicht möglich, da sie in den Veröffentlichungen in der Regel nicht getrennt analysiert werden.

Tabelle 3. Rezidivfreie Überlebensraten (%) beim Seminom (Literatur 1979–1988*)

Stadium	HCG-neg. (und -pos.)	HCG-pos.
I	97,5	93
≥ II	81	68
?	–	64
Gesamt	90 (n = 1571)	76 (n = 209)

*Literatur beim Verfasser

Prospektive multizentrische Studie zur prognostischen Abklärung des markerpositiven Seminoms

Die sich widersprechenden Literaturergebnisse stützen sich in der Regel auf retrospektive Analysen mit kleinen Fallzahlen und haben zu einer erheblichen Verunsicherung hinsichtlich der Prognose und Therapie geführt. Wir initiierten daher 1986 eine prospektive multizentrische Studie, die die Prognose dieses Tumors ermitteln soll. 120 Kliniken aus der BRD, West-Berlin, Österreich und der Schweiz haben ihre Mitarbeit zugesagt. Mögliche prognostisch relevante Faktoren wie HCG-Erhöhung im Serum, immunhistochemischer Nachweis, Anzahl und Verteilung der STGC, Tumorgröße und -infiltration (pT-Kategorie) sowie Gefäßinvasion und Stadium werden dokumentiert. Mit Hilfe verschiedener Referenzzentren wurden für die einzelnen Stadien Therapieempfehlungen ausgearbeitet:

Im *Stadium I* wird wegen der vermuteten guten Prognose die Strahlentherapie mit 30 Gy (paraortal – paracaval sowie ipsilateral iliacal) durchgeführt.

Im *Stadium II A/B* (retroperitoneale Lymphknotenmetastasen ≤ 5 cm) bieten wir 2 Behandlungsarme an:

1. Strahlentherapie mit 36 Gy (paraortal – paracaval und beidseits iliacal),

2. Lymphadenektomie + adjuvante Chemotherapie; zunehmend stellen wir jedoch eine Tendenz zur primären Chemotherapie fest.

Fortgeschrittenere Tumoren *(Stadium II C/III)* werden – wie auch das HCG-negative Seminom – einer induktiven Chemotherapie (Cis-Platin – Etoposid – Ifosfamid) zugeführt; ein Resttumor > 3 cm wird reseziert.

Von I/87 bis III/89 wurden 190 Patienten von 68 Kliniken gemeldet. Die überwiegende Anzahl befindet sich im Stadium I (Tab. 4). Im Vergleich zu den Ergebnissen der Danish Testicular Cancer Study Group (DATECA) [21] über das Seminom zeigt sich eine leichte Verschiebung

Tabelle 4. Stadienverteilung des Seminoms (%)

Stadium	HCG-neg. (und -pos.) DATECA	HCG-pos. STUDIE
I	80	71
II A/B	12	15
II C	4	12
III	3	2

zugunsten höherer Stadien. Von 99 Patienten mit einer mittleren Nachsorge von 11 Monaten erlitten 12 % ein Rezidiv bzw. einen systemischen Progreß. Weitere Aussagen können wegen der geringen Patientenzahl und der kurzen Nachsorgezeit noch nicht getroffen werden.

Literatur

1 Araschmidt M, Schmoll H-J: Prognosis of β-HCG-positive Seminoma in Stage I-IIIb. J Cancer Res. Clin Oncol 1984; 107 (suppl 17) 3:4.

2 Bosman FT, Giard RWN, Kruseman ACN, Knijnenburg G, Spaander PJ: Human Chorionic gonadotropin and alpha-fetoprotein in testicular germ cell tumors: a retrospective immunohistochemical study. Histopathol 1980;4:673.

3 Butcher DN, Gregory WM, Gunter PA, Masters JRW, Parkinson MC: The biological and clinical significance of HCG-containing cells in seminoma. Br J Cancer 1985; 51:473–478.

4 Caillaud JM, Bellet D: Etude par immunoperoxydase de 80 tumeurs germinales testiculaires de l'adulte. Nouv Presse Med 1981;10:1057.

5 Friedmann W, Steffens J, Salim S, Nagel R, Blümcke S: Immunhistologischer und radioimmunologischer Nachweis von β-HCG und SP 1 in Seminomen. Akt Urol 1984;15:78.

6 Hedinger Chr, v. Hochstetter AR, Egloff B: Seminoma with syncytiotrophoblastic giant cells. Virchows Arch A Path Anat Histol 1979;383:59.

7 Henkel K, Tschubel K, Bussar-Maatz R: Die Morphologie des HCG-positiven Seminoms, in Weißbach, Hildenbrand G (eds): Register und Verbundstudie für Hodentumoren-Bonn. Ergebnisse einer prospektiven Untersuchung. München, Zuckschwerdt, 1982, p 73.

7a Hochstetter AR von, Hedinger CE: The differential diagnosis of testicular germ cell tumors in theory and practice. A critical analysis of two major systems of classification and review of 389 cases. Virchows Arch (Pathol Anat) 1982;396:247–277.

8 Jacobsen GK: Alpha-Fetoprotein (AFP) and human chorionic gonadotropin (HCG) in testicular germ cell tumors. Acta Pathol Microbiol Immunol Scand 1983; 91:183.

9 Kuber W, Kratzik CH, Schwarz HP, Susani M, Spona J: Experience with β-HCG-positive seminoma. Br J Urol 1983;55:555.

10 Kurman RJ, Scardino PT, McIntire KR, Waldmann TA, Javadpour N: Cellular localization of alpha-fetoprotein and human chorionic gonadotropin in germ cell tumors of the testis using an indirect immunperoxidase technique. Cancer 1977; 40:2136.

11 Lange HP et al.: Serum alpha-fetoprotein and human chorionic gonadotropin in patients with seminoma. J Urol 1980;124:473.

12 Löhrs U: Histologische Klassifikation der malignen Hodentumoren, in: Illiger HJ, Sack H, Seeber S, Weißbach L: Nicht-seminomatöse Hodentumoren. Basel, Karger, 1982, p 2.

12a Mann K: Humanes Choriongonadotropin (HCG), in: Thomas L: Labor und Diagnose. Medizinische Vlgsges. Marburg, 2. Aufl. 1984, pp 680–687.

13   Mann K, Siddle K: Evidence for free beta-subunit secretion in so-called human chorionic gonadotropin positive seminoma. Cancer 1988;62:2378–2382.

13 a Mikuz, G: Klassifizierungsprobleme der Hodengeschwülste. Pathologe 1979; 1: 40–46.

14   Morgan DAL, Caillaud JM, Bellet D, Eschwege F: Gonadotropin producing seminoma: A distinct category of germ cell neoplasm. Clin Radiol 1982; 33:149.

15   Mostofi FK: Pathology of germ cell tumors of testis. Cancer 1980; 45:1735–1754.

16   Mostofi FK, Sesterhenn I, Davis CJ: Evaluation of WHO classification and correlation with tumor markers in 1,000 testicular tumors. AUA 1984;368.

17   Mumperow E, Kressel K, Hartmann M: Konzentration von AFP und Beta-HCG im Hodenvenenblut bei Patienten mit Hodentumor. 31. Tagung der Vereinigung Norddeutscher Urologen e.V., Flensburg, 1989.

18   Percarpio B, Clements JC, McLeod DG, Sorgen SD, Cardinale FS: Anaplastic seminoma. An analysis of 77 patients. Cancer 1979;43:2510–2513.

19   Pritchett TR, Skinner DG, Selser SF, Kern WH: Seminoma with elevated human chorionic gonadotropin. Urol 1985;25:344–346.

20   Roth A, Le Pelletier O, Cukier J: Cryptocarcinome trophoblastique à cellules mononucléés sécrétrices d'hormones gonadotrophiques chorioniques béta dans les séminomes. Presse Med 1983;44:2801–2804.

21   Schultz HP, von der Maase H, Rorth M, Pedersen M, Sandberg Nielsen E, Walblom-Jorgensen S, DATECA Study Group: Testicular seminoma in Denmark 1976–1980. Results of treatment. Acta Radiol Oncol 1984;23:263–270.

22   Skinner DG: Combined treatment regimes in urologic cancer, in Hendry WF (ed): Recent advances in urology/andrology. Edinburgh, Churchill Livingstone, 1981, pp 233–244.

23   Smith RB: Management of testicular seminoma, in Skinner DG, de Kernion JF (eds): Genitourinary cancer. Philadelphia, WB Saunders, 1978, p 460.

24   Stutzman RE, McLeod DG: Radiation Therapy: A primary treatment modality for seminoma. Urol Clin N Am 1980;7:757.

25   Thackray AC, Crane WAJ: Seminoma, in Pugh RCB (ed): Pathology of the testis. Oxford, Blackwell 1976, p 164.

26   Yagoda A, Vugrin D: Theoretical considerations in the treatment of seminoma. Semin Oncol 1979;6:74–81.

Prof. Dr. L. Weißbach, Urologische Abteilung, Krankenhaus am Urban,
Dieffenbachstr. 1, D-1000 Berlin

Beitr Onkol. Basel, Karger, 1990, vol 40, pp 172–180.

Radiotherapy of Testicular Seminoma

S. D. Fosså

Department of Medical Oncology and Radiotherapy,
The Norwegian Radium Hospital, Oslo, Norway

Introduction

In many European cancer centers high-voltage radiotherapy has been the treatment of choice for *all* patients with early testicular cancer [1, 4]. Since 1980, the use of radiotherapy has gradually been abolished in non-seminoma patients, whereas irradiation of the retroperitoneal lymph nodes has remained the standard treatment for early seminoma.

Seminoma is one of the most radiosensitive tumor types known in oncology. Doses ≤30 Gy are sufficient to cure small metastases [5]. In the case of larger tumor masses the total dose should be increased to 40 Gy. It is estimated that about 10–20 % of the clinical stage I seminoma patients (Royal Marsden classification system) [6] have microscopic retroperitoneal lymph node metastases.

Radiotherapy Technique

Irradiation is usually given to an L-field or dog leg field (fig. 1), covering the bilateral paraaortic lymph nodes and the ipsilateral iliac lymph nodes. It is not necessary to irradiate the external inguinal lymph node region, not even in patients with previous scrotal violation, prior inguinal surgery and/or tumor infiltration through the testicular capsule and/or to the funiculus. The contralateral testicle is shielded, yielding a gonadal dose of < 50 cGy. If more than 1/3 of the renal tissue is included in the treatment field, the kidneys should be shielded after 15–20 Gy. In stage I seminoma total doses of 30 Gy are sufficient, whereas patients with early stage II seminoma should be treated by 36–40 Gy.

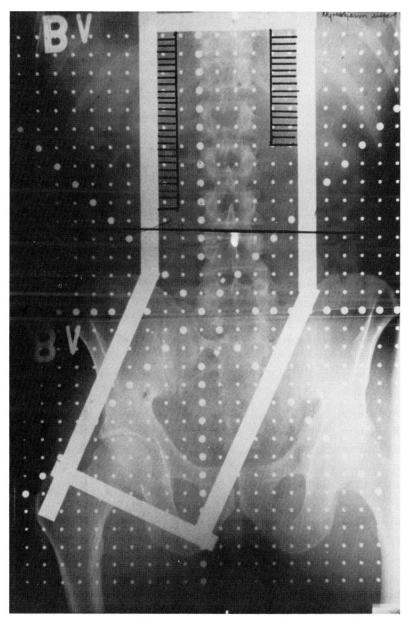

Fig. 1. Radiation field ('L-field') in patients with seminoma. kidney shielding.

Such a treatment policy has yielded a 96 % 10-year survival in patients with early seminoma [3, 7]. Three to 5 % of the patients relapse after radiotherapy, but most of them can today be cured by salvage chemotherapy. Such chemotherapy is not hampered by the previous radiotherapy as long as the patients have received infra-diaphragmatic irradiation only.

During follow-up of early stage seminoma patients, one should be aware of the possibility of late recurrences [8].

Surveillance Policy

The routine use of irradiation to the retroperitoneal lymph nodes in early seminoma has been questioned. Some authors have recommended that stage I seminoma patients should be included in a surveillance program [7]. This program yields results similar to those gained through radiotherapy if frequent and long-lasting follow-up visits are possible. However, as there are no good serum tumor markers available for the routine management of seminoma, the follow-up of seminoma patients is complicated and requires the frequent use of CT. If these conditions for adequate follow-up for stage I seminoma patients are not fulfilled, these patients should undergo infra-diaphragmatic radiotherapy rather than follow a surveillance program.

Field Size

One may question the necessity of routinely irradiating the ipsilateral iliac lymph nodes in seminoma patients with stage I disease. Based on studies of the anatomical distribution of lymph node metastases in non-seminoma patients, it is anticipated that iliac lymph node metastases are extremely rare in stage I testicular seminoma.

Irradiation of Stage III Seminoma Patients

The risk of relapse both inside and outside the irradiation field increases with increasing size of the retroperitoneal metastases (table 1). However, most radiotherapists agree that stage IIa and stage IIb patients should receive primary radiotherapy, whereas patients with stage $\geq$ IIc should get initial chemotherapy.

A lot of discussion has dealt with whether prophylactic irradiation of the mediastinum is necessary in stage II seminoma patients. Less than 10% of the early stage II patients ever relapse after infra-diaphragmatic radiotherapy, rendering the routine use of mediastinal irradiation questionable. In addition, such mediastinal radiotherapy would significantly increase the risk of complications if chemotherapy subsequently became necessary. Most of the radiotherapy centers have therefore abolished the use of prophylactic radiotherapy to the mediastinum in patients with early stage II seminoma. In more advanced stage II patients the risk of microscopic tumor growth in the mediastinum cannot be overlooked. However, such patients are today treated by primary chemotherapy rather than by radiotherapy [10, 11].

Radiotherapy as Post-Chemotherapy Consolidation Treatment

As in non-seminoma patients, considerable tumor masses often remain after cisplatin-based chemotherapy in seminoma patients with initially large tumor burden. Residual seminoma is, however, found in only 10–15 % of the operated patients [11]. A total of 85–90 % of patients have completely necrotic tumors, rendering post-chemotherapy consolidation treatment questionable in the majority of patients. In particular, residual malignant tumor tissue is found only exceptionally in residual masses with a diameter < 3 cm (area < 10 cm^2) (table 2), thus not justifying the routine use of any post-chemotherapy treatment in patients with such limited residual masses [12, 13]. If the residual masses are larger than 3 cm (> 10 cm^2) reductive surgery may be indicated. It is generally agreed that

Table 1. Retroperitoneal lymph node size and relapse in seminoma patients (Norwegian Radium Hospital 1971–1981)

Stage II (diameter, cm)	Patients	
	Relapse	Total
a (< 2)	0	6
b ($2-4.9$)	1	18
c ($5-5.9$)	2	20
d (≥ 10)	9	29
Total	12	73

post-chemotherapy reductive surgery is combined with a higher risk of complications in seminoma than in non-seminoma patients [10]. One is therefore more reluctant to perform routine post-chemotherapy surgery in seminoma patients than in non-seminoma patients. If adequate follow-up of the individual patient cannot be provided, radiotherapy should be given to residual masses.

Complications of Radiotherapy of Testicular Cancer

During treatment nearly all patients develop some degree of gastrointestinal toxicity (nausea vomiting, general asthenia and slight myelosuppression) [14]. These side effects are reversible within 3 months after treatment. However, slight degrees of gastrointestinal problems (meteorism, dyspepsia, diarrhea) are seen in about 40 % of the patients many years after radiotherapy (table 3). Patients with pre-treatment gastrointestinal disor-

Table 2. Relation between post-chemotherapy retroperitoneal lymph node size and chemotherapy failure

Size, cm^2	Residual tumor/relapse	All
< 10	1	20
> 10	5	15
Total	6	35

Table 3. Persistent gastrointestinal (GI) side effects after infradiaphragmatic radiotherapy (20–50 Gy, median 50 Gy) in 199 patients with testicular cancer

GI side effects	Patients, %			
	With pre-treatment (48 patients)	Without GI problems (151 patients)	All (199)	Control group (520 military personnel)
Slight	42	15	22	14
Moderate	19	16	17	6
Severe	4	2	2	0
Total	65	33	41	20
Peptic ulcer	8 patients	9 patients	17 patients	

ders or those who have undergone abdominal surgery prior to radiotherapy are at a particularly high risk of developing post-irradiation gastrointestinal problems. The incidence of peptic ulcer is increased in irradiated patients [15, 16].

Other long-term side effects such as radiation nephritis or radiation myelopathy are extremely rare, if mid-plane doses do not exceed 36–40 Gy and modern therapy techniques are used. If radiotherapy is combined with chemotherapy the frequency of long-term gastrointestinal problems is significantly increased.

Second Non-Germ Cell Cancer

In an analysis at the Norwegian Radium Hospital, the risk of second lung cancer was significantly increased in patients treated for testicular cancer, especially if radiotherapy was combined with chemotherapy (table 4). A similar tendency was observed by Hay et al. [18], and Kleinermann et al. [19]. Bladder cancer and skin cancer are other cancer types which

Table 4. Second cancer in 1439 testicular cancer patients (Norwegian Radium Hospital 1955–1982)

Cancer type (n)	Relative risk[a]			
	Infra diaphragmatic radiotherapy only	Radiotherapy ± chemotherapy	No radio-therapy[b]	Total
Patients, n:	767	364	308	1439
Patient years:	11,149	2,694	1,729	15,572
Malignant melanoma (9)	2.30[a]	12.73*	0	3.88*
Leukemia (3)	3.11	0	0	2.45
Carcinoma bronchiale (15)	1.62	5.91*	0	2.17**
Carcinoma ventriculi (7)	1.31	3.86	5.23	1.86
Carcinoma coli (6)	0.99	3.74	4.53	1.58
Carcinoma renis (3)	1.27	3.30	0	1.49
Carcinoma vesicae (5)	2.75	0	0	1.46
Carcinoma recti (3)	1.38	0	0	1.11
All cancer types (74)	1.26	2.85*	1.65	1.51*

[a] Observed / expected
[b] Chemotherapy: 228 patients; no cytotoxic treatment: 80 patients
*p = < 0.01; **p = < 0.05

are more frequently found in testicular cancer patients than in a control group. Though there are only few larger epidemiological studies, the risk of leukemia after radiotherapy cannot be overlooked [19].

However, where the frequency of a second cancer is concerned, one should bear in mind that patients with testicular cancer may display a treatment-independent predisposition for development of a second malignancy, mirroring a general 'genetic instability'.

Contralateral Testicular Germ Cell Cancer

In 5 % of the patients with unilateral testicular cancer, carcinoma in situ can be demonstrated at the time of diagnosis [20]. Furthermore, patients with unilateral testicular cancer have an excess risk of developing an invasive germ cell cancer in the remaining testicle [21], probably with carcinoma in situ as the preceding lesion. Radiotherapy (20 Gy) to the remaining testicle with carcinoma in situ is currently considered as a means of treating carcinoma in situ as an alternative to orchiectomy [22]. However, the final results of radiotherapy of carcinoma in situ have not yet been defined.

Conclusions

(1) Infra-diaphragmatic radiotherapy with a dose ≤ 40 Gy represents the treatment of choice in the routine management of stage I and early stage II seminoma.

(2) Mid-plane doses should not exceed 30 Gy for patients with stage I seminoma.

(3) The combination of radiotherapy with chemotherapy should be avoided due to the increased risk of long-term side effects and of second cancer.

Summary

Infra-diaphragmatic radiotherapy remains the treatment of choice in early seminoma (stage I, IIa, IIb). For stage I mid-plane doses should not exceed 30 Gy. The risk of major post-radiation long-term morbidity is negligible, though 40 % of the patients will have some degree of gastrointestinal problems.

Patients with more advanced seminoma should initially be treated with cisplatin-based chemotherapy. Masses residual after chemotherapy should preferably be biopsied or at least followed up frequently during the first post-treatment year. If neither of these alternatives is possible, radiotherapy to residual masses should be considered. The risk of second non-germ-cell cancer, in particular lung cancer, is increased after radiotherapy, especially if irradiation is combined with chemotherapy. On the other hand, radiotherapy probably cures testicular carcinoma in situ.

References

1   Van der Werf-Messing B, Hop WCJ: Radiation therapy of testicular non-seminomas. Int J Radiol Oncol Biol Phys 1982;8:175–178.
2   Peckham MJ: An appraisal of the role of radiation therapy in the management of non-seminomatous germ-cell tumors of the testis in the era of effective chemotherapy. Cancer Treat Rep 1979;63:1653–1658.
3   Fosså SD, Stenwig AE, Lien HH, Ous S, Kaalhus O: Non-seminomatous testicular cancer clinical stage I: Prediction of outcome by histopathological parameters (A multivariate analysis): Oncol 1988;46:297–300.
4   Von der Maase H, Engelholm SA, Rørth M, et al: Non-seminomatous testicular germ cell tumors in Denmark 1976–1980. Acta Radiol Oncol 1984;23:255–261.
5   Hanks GE, Herring DF, Kramer S: Patterns of care outcome studies: Results of the national practice in seminoma of the testis. Radiat Oncol Biol Phys 1981;7:1413–1417.
6   Peckham MJ, Barret A, McElwain TJ, Hendry WF: Combined management of malignant teratoma of the testis. Lancet 1979;II:267–270.
7   Fosså SD, Horwich A: The staging and teatment of testicular cancer: Management of stage I disease, in Smith MPH (ed): Clinical practice in urology – combination therapy in urological malignancy. Heidelberg, Springer, 1989; pp 173–189.
8   Borge N, Fosså SD, Ous S, Stenwig AE, Lien HH: Late recurrence of testicular cancer. J Clin Oncol 1988;6:1248–1253.
9   Thomas GM, Rider WD, Dembo AJ, Cummings BJ, Gospodarowicz M, Hawkins NV, Herman JG, Keen CW: Seminoma of the testis: Results of treatment and patterns of failure after radiation therapy. Int J Radiat Oncol Biol Phys 1982;8:165–174.
10 Fosså SD, Aass N, Kaalhus O: Radiotherapy for testicular seminoma stage I: Treatment results and long-term post-irradiation morbidity in 365 patients. Int J Radiat Oncol Biol Phys 1989;64:530–534.
11 Wettlaufer JN: The management of advanced seminoma. Semin Urol 1984;2: 257–263.
12 Fosså SD, Kullmann G, Lien HH, Stenwig AE, Ous S: Chemotherapy of advanced seminoma: Clinical significance of radiological findings before and after treatment. Br J Urol in press.
13 Motzer R, Bosl G, Heelan R, et al: Residual mass: An indication for further therapy in patients with advanced seminoma following systemic chemotherapy. J Clin Oncol 1987;5:1064–1070.
14 Fosså SD, Aass N, Kaalhus O: Testicular cancer in young Norwegians. J Surg Oncol 1988;39:43–63.

15 Fosså SD, Aaas N, Kaalhus O: Long-term morbidity after infradiaphragmatic radio-therapy in young men with testicular cancer. Cancer 1989;64:404–408.

16 Hamilton C, Horwich A, Bliss MJ: Gastro-intestinal morbidity of adjuvant radio-therapy in stage I malignant teratoma of the testis. Radiother Oncol 1987;10:85–90.

17 Aass N, Kaasa S, Lund E, Kaalhus O, Heier M, Fosså SD: Long-term somatic side effects and morbidity in testicular cancer patients. Br J Cancer 1990;61:151–155.

18 Hay JH, Duncan W, Kerr GR: Subsequent malignancies in patients irradiated for testicular tumors. Br J Rad 1984;57:597–602.

19 Kleinerman RA, Liebermann JV, Li FP: Second cancer following cancer of the male genital system in Connecticut, 1935–82. Natl Cancer Inst Monogr 1985;68:139–147.

20 Von der Maase H, Rørth M, Walbom-Jørgensen S, Sørensen BL, Strøyer Christo-phersen I, Hald T, Krag Jacobsen G, Berthelsen JG, Skakkebæk NE: Carcinoma in situ of contralateral testis in patients with testicular germ cell cancer: study of 27 cases in 500 patients. Br Med J 1986;293:1398–1401.

21 Kristianslund S, Fosså SD, Kjellevold K: Bilateral malignant testicular germ cell cancer. Br J Urol 1986;58:60–63.

22 Van der Maase H, Giwercman A, Skakkebæk NE: Radiation treatment of carcinoma-in-situ of testis. Lancet 1986;I:624–625.

Sophie D. Fosså, MD, The Norwegian Radium Hospital,
N-0310 Oslo 3 (Norway)

Beitr Onkol. Basel, Karger, 1990, vol 40, pp 181–190.

«Wait and See» im Stadium I des nichtseminomatösen Hodentumors

L. Weißbach

Urologische Abteilung, Krankenhaus am Urban, Berlin

Einleitung

95 % aller Hodentumor-Patienten können heute durch eine histologie- und stadiengerechte interdisziplinäre Therapie geheilt werden [4]. Daher steht der kurative Aspekt heute nicht mehr im Mittelpunkt der Forschung. Vielmehr muß die Therapie auf die individuelle Situation des Patienten zugeschnitten sein, so daß die Heilung mit dem geringstmöglichen Einsatz gewährleistet wird. Dies bedeutet, daß die therapiebedingte Morbidität auf ein Mindestmaß reduziert wird, um die Lebensqualität der jungen Patienten zu erhalten.

Hat ein Hodentumor-Patient keine Metastasen, ist er mit der Semikastration geheilt. Allerdings sind die verfügbaren diagnostischen Methoden nicht in der Lage, Metastasen sicher auszuschließen (Tab. 1). Bei der Ausbreitungsdiagnostik steht die Beurteilung des Retroperitoneums im Vordergrund, da der Hodentumor vorwiegend lymphogen metastasiert; nur in wenigen Fällen ist primär die Lunge betroffen.

Heute werden beim Nichtseminom im Stadium I drei konkurrierende Strategien diskutiert, die in unterschiedlichem Maß der Wahrscheinlichkeit einer Metastasierung begegnen:

«Wait and See» – oder Surveillance-Strategie: Nach der Semikastration werden lediglich engmaschige Nachsorgeuntersuchungen durchgeführt. Ein eventueller Progreß wird in Kauf genommen, der durch die verzögert einsetzende Chemotherapie mit hoher Wahrscheinlichkeit geheilt werden kann.

Modifizierte-LA – Staging-LA: Auf der Basis der gesetzmäßigen Lymphdrainage für den rechten und linken Hoden werden lediglich die primären Metastasenstationen entfernt und intraoperativ im Schnellschnittverfahren untersucht. Damit werden die von der klinischen Diagnostik übersehenen retroperitonealen Metastasen entdeckt, und die LA wird radikal durchgeführt.

Die Gefahr eines retroperitonealen Progresses ist somit ausgeschaltet, ein eventueller pulmonaler Progreß wird in Kauf genommen, da er früh entdeckt wird und mit der dann einsetzenden Chemotherapie geheilt werden kann.

Primäre Chemotherapie: Neuerdings wird von einigen Arbeitsgruppen nach der SK eine adjuvante zytostatische Behandlung diskutiert, um jeglichen Progreß auszuschalten. Ein Teil der Autoren beschränkt diese Strategie auf Patienten mit hohem Progreßrisiko.

In diesem Beitrag sollen die Vor- und Nachteile der modifizierten LA und der Surveillance-Strategie gegeneinander abgewogen werden.

Ergebnisse und Bewertung der verschiedenen Strategien

Surveillance-Strategie

Sie wurde 1979 von Peckham et al. in Großbritannien initiiert. Mit der dort – auch bei Nichtseminomen – üblichen adjuvanten Bestrahlung waren in 25,8 % der Fälle Rezidive aufgetreten. Die abwartende Haltung nach Semikastration mit engmaschigen Kontrolluntersuchungen wurde begründet mit der verbesserten Diagnostik und der Entwicklung einer effektiven Poly-Chemotherapie, die in der Lage ist, einen evtl. auftretenden Progreß zu heilen. Erste Ergebnisse ergaben 1982 nur eine geringe Progreßrate von 17 % [16]. In allen Fällen wurde mit der Chemotherapie eine komplette Remission erreicht. Damit schien diese Strategie der adjuvanten Bestrahlung überlegen zu sein; sie stellte eine nebenwirkungsärmere Alternative zu der damals in vielen Ländern üblichen radikalen LA dar.

Heute liegen Ergebnisse von 14 Zentren mit insgesamt 821 Patienten vor (Tab. 2). 90 % der Progresse traten im 1. Jahr auf, der späteste wurde 45 Monate nach SK entdeckt [17]. Die mittlere Progreßrate beträgt 26 % (6–40 %); das Retroperitoneum war bei 16 % (13–27 %) der Patienten betroffen. Die genaue Lokalisation der Rezidive aus der größten Surveillance-Studie ist in Tabelle 3 aufgeführt. Die Tatsache, daß retroperitoneale Progresse oft erst erkannt werden, wenn sie eine beträchtliche Größe erreicht haben, erfordert Risikobereitschaft von Arzt und Patient. So hatten in der Mailänder Arbeitsgruppe 6 von 13 Patienten einen Durchmesser

Tabelle 1. Sensitivität und prädiktiver Wert der negativen Diagnose bei der Beurteilung des Retroperitoneums (TNM-Studie für Hodentumoren Bonn)

Methoden	Sensitivität		Prädiktiver Wert neg. Diagnose	
	n	%	n	%
Sonographie	80	31	143	61
CT	82	41	144	67
Lymphographie	72	71	77	73
TM	70	37	126	65
Sono + CT	82	48	126	66
Sono + Lympho	73	78	65	75
Sono + TM	73	58	106	71
CT + Lympho	76	78	69	78
CT + TM	73	60	107	73
Lympho + TM	75	83	60	73
Sono + CT + Lympho	76	82	61	72
Sono + CT + TM	75	65	99	74
Sono + Lympho + TM	77	86	54	80
CT + Lympho + TM	77	86	57	81
Sono + CT + Ly + TM	77	88	52	83

Tabelle 2. Ergebnisse der Surveillance-Strategie im Stadium I

Autor / Jahr	n	Rezidive (%)			Nachsorge (Mon.)
		ges.	retrop.	Mon.	
Read et al. 1983	45	24	13	1,5–20	6–39
Jewett et al. [12]	30	40	27	2,5–8,5	3–33
Oliver et al. [19]	41	15			
Freiha et al. [8]	17	6		3	6–44
Sogani et al. [27]	45	22	18	3–7	20–63
Crawford et al. [1]	46	26			≤ 18
Rorth et al. 1987 [25]	79	30	20	4,5	med. 41
Dewar et al. [2]	28	32		1–16	9–72
Gelderman et al. [9]	54	20	15	2–8	12–48
Pizzocaro et al. [21]	85	27	15	2–36	24–64
Thompson, Harvey [28]	36	36		2–28	3–85
Thon et al. [29]	10	30	11	20	–
Raghavan et al. [22]	46	28	11		
Peckham et al. [17]	259	27	15	2–45	10–63
Gesamt	821	27	16		

des retroperitonealen Tumorrezidivs von mehr als 5 cm; Lungenmetastasen wurden dagegen bereits in den frühen Stadien entdeckt (Tab. 4). In letz-
ter Zeit wird versucht, prognostische Faktoren zu ermitteln, die eine
«okkulte» Metastasierung vorhersagen. Hoskin et al. [10] untersuchten
retrospektiv den Primärtumor von 126 Surveillance-Patienten des Royal
Marsden Hospital. Dabei zeigte sich, daß Lymph- und Blutgefäßinvasion,
Anteile eines embryonalen Karzinoms, sowie die Rete-testis- bzw. Neben-
hodeninfiltration mit einer erhöhten Progreßrate einhergingen. In der mul-
tivariaten Analyse war jedoch nur die Lymphgefäßinvasion prognostisch
signifikant. Freedman et al. [7] eruierten im Rahmen einer multizentrischen Studie des Medical Research Council als Risikofaktor des Primärtumors die Blut- und Lymphgefäßinvasion, die Anwesenheit embryonaler
Anteile sowie das Fehlen von Dottersackstrukturen. Waren 3 oder 4 dieser
Kriterien vorhanden, erlitten 58 % der Patienten einen Progreß. Wishnow
et al. [32] identifizierten drei prädiktive Faktoren: > 80 % embryonales
Karzinom, Gefäßinvasion und präoperatives AFP > 80 ng/dl. Waren einer
oder mehrere Risikofaktoren vorhanden, erlitten 49 % der Patienten einen
Progreß, während die übrigen tumorfrei blieben.

Tabelle 3. Rezidivlokalisation bei Surveillance im Stadium I (n = 259) [18]

Lokalisation	n	%
Retroperitoneum	38	15
Lunge	22	8
Mediastinum	5	
Supraclav.	3	4
Leber, Gehirn	1	
Tumormarker	1	
Gesamt	70	27

Tabelle 4. Metastasengröße bei Rezidivdiagnose nach Surveillance im klinischen Stadium I
[21]

Größe (cm)	Retroperitoneum	Lunge
< 2	1	10
2–5	6	1
> 5	6	–

Die Vorteile der Surveillance-Strategie sind einleuchtend:
- 74 % der Patienten bleibt eine weiterführende Therapie erspart.
- Die Ejakulation bleibt erhalten.
Dem stehen jedoch Nachteile entgegen:
- Die Compliance für eine konsequente Nachsorge ist von Arzt und Patient nicht immer gesichert.
- Die Nachsorge muß im 1. Jahr in monatlichen, im 2. Jahr in 2-monatlichen und danach in vierteljährlichen Abständen an einem diagnostisch erfahrenen Zentrum durchgeführt werden. Dies stellt eine besondere zeitliche Belastung für den Patienten dar.
- Die psychische Belastung ist nicht zu unterschätzen, da der Patient über sein Schicksal im Ungewissen bleibt - gleichsam auf den Progreß wartend.
- Rezidivpatienten erhalten eine aggressive Therapie, insbesondere wenn der Progreß erst in einem fortgeschrittenen Stadium entdeckt wird.

Modifizierte LA

Parallel zu der Surveillance-Strategie wurden von verschiedenen Arbeitsgruppen modifizierte Operationstechniken entwickelt, die sich auf die ersten Metastasenstationen beschränken [3, 5, 6, 11, 20, 24, 31]. Basis für diese Bestrebungen waren die topographische Lokalisation solitärer Metastasen von Ray et al. [1974] sowie eigene Untersuchungen [30], die die Gesetzmäßigkeit der testikulären Lymphdrainage bewiesen. Ziel der modifizierten Dissektion ist es, die präganglionären sympathischen Nervenfasern L1-L5 zu schonen. Sie verlaufen beidseits der Aorta und münden flaschenhalsartig in den unterhalb der Aortenbifurkation gelegenen Plexus hypogastricus. Durchtrennt man diese Nervenfasern, resultiert ein Ejakulationsverlust. Dies bedeutet eine erhebliche Beeinträchtigung der Lebensqualität für die jungen Patienten, die nach Kreuser et al. [14] in 86 % noch Kinderwunsch haben.
In einer multizentrischen prospektiven BMFT-Studie überprüften wir den Wert einer modifizierten schnellschnittgesteuerten ejakulationsprotektiven LA gegenüber der radikalen Operationstechnik. Nach einer mittleren Nachsorge von 23 Monaten ergab sich bei 229 auswertbaren Patienten kein Unterschied in der Rezidivrate (Tab. 5). Die Rezidive waren vorwiegend in der Lunge lokalisiert. Das Retroperitoneum war nur in 2 % betroffen (Tab. 6). Die Ejakulation konnte jedoch signifikant häufiger erhalten

werden (Tab. 7). Dieses Ergebnis verdeutlicht die Überlegenheit des ein-
geschränkten Operationsverfahrens (p < 0,001), wobei die Ergebnisse in den
einzelnen Kliniken zwischen 56 % und 88 % schwanken. In der Literatur wird
eine Ejakulationsprotektion in 82 % [5] 87 % [20] und 88 - bzw. 94 % mit Imi-
pramin - [24] erreicht. In unserem Projekt war ein Vergleich der Spermio-
gramme vor und nach LA bei 49 Patienten möglich (Tab. 8). Es zeigt sich, daß
bei vielen Patienten die Spermatozoenzahl nach der Operation ansteigt.

Die Vorteile der modifizierten LA sind:
- pathologische Stadieneinteilung mit der Möglichkeit der stadienge-
rechten Therapie bei intraoperativem Metastasennachweis;
- niedrige Progreßrate;
- günstigeres Rezidivmuster als bei der Surveillance-Strategie
(vorwiegend in der Lunge, die leicht zu beurteilen ist);
- größere Nachsorgeintervalle in der Praxis.
Nachteile sind:
- unnötige operative Belastung bei 62 % [13] bis 83 % [26] der
Patienten;
- Ejakulationsverlust bei 8 - 15 % der Patienten.

Schlußfolgerungen

Mit allen genannten Strategien werden Überlebensraten von 98 - 100 %
erzielt. Bei der Auswahl der geeigneten Vorgehensweise sind die genannten
Vor- und Nachteile für den Patienten gegeneinander abzuwägen und den indi-
viduellen Gegebenheiten anzupassen. Seit sich im Stadium I des Hodentumors
die modifizierte gegenüber der radikalen LA etabliert hat, ist der Vorteil der
Surveillance-Strategie bezüglich der Fertilität deutlich reduziert. Bei guter Operationstechnik verlieren nur 8 - 15 % der Patienten ihre Ejakulation. Durch die
aggressive Rezidivtherapie mit evtl. Salvage-LA wird auch die Fertilität dieser

Tabelle 5. Rezidive nach modifizierter bzw. radikaler LA (PGH 1987)

LA	Rezidive		Monate nach LA
	n	%	
Modifiziert	28	17	2 - 21
Radikal	10	15	1 - 11

Surveillance-Patienten beeinträchtigt. Das Progreßrisiko dieser Patienten ist deutlich erhöht und das Rezidivmuster ungünstiger, da das Retroperitoneum schwer zu beurteilen ist. An die Qualität der Nachsorge müssen hohe Anforderungen gestellt werden. Es muß zudem sichergestellt sein, daß der Patient regelmäßig zu den Kontrolluntersuchungen erscheint und mit einer eventuellen Rezidivtherapie einverstanden ist. Neben dem zeitlichen Aufwand sind die psychischen Belastungen des Patienten nicht zu vernachlässigen.

Tabelle 6. Rezidivlokalisation nach LA im Stadium I (n = 229) (PGH 1987)

Lokalisation*	Rezidive	
	n	%
Lunge	24	10
Retroperitoneum	5	2
Skrotum	4	2
Mediastinum	3	
Supraclav.	1	
Inguinal	1	3
Skelett	1	
Tumormarker	1	
Gesamt	38	17

*Mehrfachnennungen

Tabelle 7. Ejakulationsfähigkeit nach LA (PGH 1987)

Postop. Ejakulation	Mod. LA (n = 155)	Rad. LA (n = 56)
Antegrad	144 (74 %)	19 (34 %)
Retrograd	17 (11 %)	7 (12 %)
Fehlt	24 (15 %)	30 (54 %)

Tabelle 8. Spermiogramm vor und nach LA bei den gleichen Patienten (n = 49) (PGH 1987)

Gleich	6 %
Verbessert	47 %
Verschlechtert	28 %
Schwankend	19 %

Möglicherweise können durch die genannten prognostischen Faktoren Risikogruppen abgegrenzt werden, die von einer Surveillance-Strategie auszuschließen sind. Prospektive Studien werden erweisen müssen, ob sich damit das Progreßrisiko für Patienten ohne Risikofaktoren reduzieren läßt.

Die adjuvante Chemotherapie nach SK bietet als dritte Vorgehensweise die therapeutisch größte Sicherheit, jedoch werden 62 – 83 % der Patienten einer unnötigen toxischen Therapie unterzogen. Zwar kann die Cis-Platin-bedingte Nierentoxizität durch alternative Gabe von Carboplatin oder die zusätzliche Applikation einer bestimmten Aminosäure-Lösung bzw. Kalzium-Antagonisten reduziert werden, jedoch sind die übrigen akuten und chronischen Nebenwirkungen nicht zu vernachlässigen.

Letztlich sind folgende Aspekte zu überprüfen, bevor über das Vorgehen nach SK im Stadium I des Hodentumors entschieden wird: Risikofaktoren; Erfahrung und Ausstattung des behandelnden Arztes und der kooperierenden Fachdisziplinen; Möglichkeit und Bereitschaft zur engmaschigen Nachsorge; Wünsche des Patienten und seine psychische und physische Belastbarkeit; Risikobereitschaft von Arzt und Patient.

Literatur

1   Crawfort SM, Rustin GJS, Begent RHJ, Newlands ES, Bagshawe KD: Detection of relapse in stage I testicular germ cell tumours, in Jones, WG, Milford Ward, A, Anderson CK (eds): Germ cell tumours II. Oxford, Pergamon, 1986, p 452.
2   Dewar JM, Spagnolo DV, Jamrozik KD, van Hazel GA, Byrne MJ: Predicting relapse in stage I non-seminomatous germ cell tumours of the testis. Lancet 1987;II:454.
3   Donohue JP: Selecting initial therapy. Cancer 1987;60:490 – 495.
4   Einhorn LH: Treatment strategies of testicular cancer in the United States, in Rorth, M, Daugaard G, Skakkebaek NE, Grigor KM, Giwercman A (eds): Carcinoma in situ and cancer of the testis. Oxford, Blackwell, 1987, p 399.
5   Fossa SD, Ous S, Abyholm T, Loeb M: Post-treatment fertility in patients with testicular cancer I. Influence of retroperitoneal lymph node dissection on ejaculatory potency. Br Urol 1985;57:204 – 209.
6   Fraley EE, Lange PH: Technical nuances of extended retroperitoneal dissection for low-stage nonseminomatous testicular germ-cell cancer. World J Urol 1984;2:43 – 47.
7   Freedman LS, Parkinson MC, Jones WG, Oliver RTD, Peckham MJ, Read G, Newlands ES, Williams CJ: Histopathology in the prediction of relapse of patients with stage I testicular teratoma treated by orchidectomy alone. Lancet 1987;II:294 – 298.
8   Freiha FS, Shortliffe LD, Picozzi VJ, Torti FM, Alto P: Stage I non-seminomatous testis tumors: Is retroperitoneal lymph node dissection always necessary? J Urol 1985;133:244.

9 Geldermann WAH, Schraffordt Koops H, Sleijfer DD, Osterhuis JW, Marrink J, de Bruijn HWA, Oldhoff J: Orchidectomy alone in stage I nonseminomatous testicular germ cell tumors. Cancer 1987;59:578.

10 Hoskin P, Dilly S, Easton D, Horwich A, Hendry W, Peckham MJ: Prognostic factors in stage I non-seminomatous germ cell testicular tumors managed by orchiectomy and surveillance: implications for adjuvant chemotherapy. J Clin Oncol 1986;4:1031–1036.

11 Javadpour N, Moley J: Alternative to retroperitoneal lymphadenectomy with preservation of ejaculation and fertility in stage I nonseminomatous testicular cancer. A prospective study. Cancer 1985;55:1604–1606.

12 Jewett MAS, Comisarow RH, Herman JG, Sturgeon JFG, Alison RE, Gospodarowicz MK: Results with orchidectomy only for stage I non-seminomatous testis tumor. J Urol 1984;131:224.

13 Klepp O: Risk indicators in stage I testicular teratoma. Lancet 1989;II:506.

14 Kreuser ED, Harsch U, Hetzel WD, Schreml W: Chronic gonadal toxicity in patients with testicular cancer after chemotherapy. Eur J Cancer Clin Oncol 1986;22:289–294.

15 Peckham MJ: An appraisal of the role of radiation therapy in the management of nonseminomatous germ-cell tumours of the testis in the era of effective chemotherapy. Cancer Treat Rep 1989;63:1653–1658.

16 Peckham MJ, Husband JE, Barrett A, Hendry WF: Orchidectomy alone in testicular stage I non-seminomatous germ-cell tumours. Lancet 1982;II:678–680.

17 Peckham MJ, Brada M: Surveillance following orchidectomy for stage I testicular cancer. Int J Androl 1987;10:247.

18 Peckham MJ, Freedman LS, Jones WG, Newlands ES, Parkinson MC, Oliver RTD, Read G, Williams CJ: Der Einfluß der Histopathologie auf die Rezidivwahrscheinlichkeit bei Patienten mit nichtseminomatösen Hodenkarzinomen im Stadium I nach alleiniger Orchiektomie, in Schmoll HJ, Weißbach L. (eds): Diagnostik und Therapie von Hodentumoren. Berlin, Springer, 1988, p 152.

19 Oliver RTD, Read G, Jones WG, Williams CJH, Peckham MJ: Justification for a policy of surveillance in the management of stage I testicular teratoma, in Denis L, Murphy GP, Schröder F (eds): Controlled clinical trials in urologic oncology. New York, Raven 1984, p 73.

20 Pizzocaro G, Salvioni R, Zanoni F: Unilateral lymphadenectomy in intraoperative stage I nonseminomatous germinal testis cancer. J Urol 1985,134:485–489.

21 Pizzocaro G, Zanoni F, Salvioni R, Milani A, Piva L, Pilotti S: Difficulties of a surveillance study omitting retroperitoneal lymphadenectomy in clinical stage I nonseminomatous germ cell tumors of the testis. J Urol 1987;138:1393.

22 Raghavan D, Colls B, Levi F, Fitzharris B, Tattersall MHN, Atkinson C, Woods R, Coorey G, Farrell C, Wines R: Surveillance for stage I non-seminomatous germ cell tumours of the testis: the optimal protocol has not yet been defined. Br J Urol 1988; 61:522.

23 Read G, Johnson RJ, Wilkinson PM, Eddleston B: Prospective study of follow-up alone in stage I teratoma of the testis. Br Med J 1983;287:1503.

24 Richie JP: Modified retroperitoneal lymphadenectomy for patients with clinical stage I testicular cancer. Semin Urol 1988;6:216–222.

25 Rorth M, von der Maase H, Nielsen ES, Pedersen M, Schultz H: Orchidectomy alone versus orchidectomy plus radiotherapy in stage I nonseminomatous testicular cancer:

a randomized study by the Danish Testicular Carcinoma Study Group. Int J Androl 1987;10:255.

26   Seppelt U: Validierung verschiedener diagnostischer Methoden zur Beurteilung des Lymphknotenstatus, in Weißbach L, Bussar-Maatz R (eds): Die Diagnostik des Hodentumors und seiner Metastasen. Ergebnisse einer TNM-Validierungsstudie. Basel, Karger, 1988, pp 154–169.

27   Sogani PC, Whitmore WF, Herr HW, Morse MJ, Bosl G, Fair W: Long term experience with orchiectomy alone in treatment of clinical stage I nonseminomatous germ cell tumor of testis. J Urol 1985;133:246.

28   Thompson PI, Harvey VJ: Disease relapse in patients with stage I non-seminomatous germ cell tumour of testis on active surveillance. Proc ECCO 1987;4:183.

29   Thon WF, Sparwasser C, Gilbert P, Altwein JE: Stellenwert der Surveillance-Therapie beim nichtseminomatösen Hodentumor im klinischen Stadium I. Urol Int 1987; 42:445.

30   Weißbach L, Boedefeld EA, for the Testicular Tumor Study Group: Localization of solitary and multiple metastases in stage II nonseminomatous testis tumor as basis for a modified staging lymph node dissection in stage I. J Urol 1987;138:77–82.

31   Weißbach L, Bussar-Maatz R: Operative Maßnahmen beim Hodentumor. Onkol Forum 1988;3:19–28.

32   Wishnow KI, Johnson DE, Tenney DM, Dunphy CH, Ro JY, Ayala AG: Clinical stage I nonseminomatous germ cell tumor of the testis (NSGCTT) managed by surveillance: Identification of patients with low risk of relapse. AUA (1989) Abstract NO 530.

Prof. Dr. L. Weißbach, Krankenhaus am Urban, Urologische Abteilung, Dieffenbachstraße 1, D-1000 Berlin 61

Beitr Onkol. Basel, Karger, 1990, vol 40, pp 191–194.

Nerverhaltende bilaterale retroperitoneale Lymphadenektomie

Anatomische Studie, Zugangsweg und Operation

K. Colleselli, W. Schachtner, S. Poisel, G. Bartsch

Universitätsklinik für Urologie, Innsbruck, Österreich

Retroperitoneale Lymphadenektomie und Fertilität

Die retroperitoneale Lymphadenektomie führt in einem hohen Prozentsatz (70–80 %) zu einem Ejakulationsverlust (= Aspermie) [1–5]. Im Stadium A kann mit gleicher Rezidivrate wie nach beidseitig ausgeführter Lymphadenektomie eine Mofifikation durchgeführt werden (Weißbach et al., 1982). Bei niedrigem retroperitonealem Tumorvolumen wurde von Fraley und Lange (1984) eine modifizierte beidseitige Lymphadenektomie angegeben (erhaltene Ejakulation in 30 %).

Ziel dieser Studie war: die Topographie des sympathischen Grenzstranges, der sympathischen Ganglien und der sympathischen Fasern zur Aorta und Vena cava zu erarbeiten sowie einen anatomischen Zugangsweg und aufbauend auf diesem eine operative Methode zur Nerverhaltung bei niedrigem Tumorvolumen des Retroperitonealraumes zu entwickeln.

Emission und Ejakulation werden größtenteils durch efferente Fasern über die sympathischen Ganglien Th12-L3 zum Plexus hypogastricus superior gesteuert. Sie führen zur Kontraktion der glatten Muskulatur von Vas deferens, Prostata und Blasenhals. Nach dessen Verschluß und Kontraktion der Perinealmuskulatur erfolgt die antegrade Ejakulation [13].

Anatomische Studie

12 Trunci wurden feinanatomisch disseziert [6]; bei weiteren 6 wurden nach Abpräparation des Lymphknotennetzes beidseitig der sympathische Grenzstrang, die Ganglien und sympathischen Fasern dargestellt und die Beziehung zu Aorta, Vena cava und Lumbalgefäßen festgehalten [7–12].

Ergebnisse der anatomischen Präparation

Sympathische Fasern und Ejakulation

Nach Whitelaw und Smithwick (1951) führt die einseitige Entfernung von Th12, L1, L2 und L3 Ganglien zu keiner Aspermie [14]; die Entfernung beider L1, eines L1 und des kontralateralen L2-Ganglions, sowie die Entfernung beider L2-Ganglien führen in 15 %, bzw. 28 % respektive 37 % zu einer Aspermie. Die Entfernung von L1 – L3 auf der einen und zwei Ganglien mit Schonung des L3 auf der kontralateralen Seite führt in einem hohen Prozentsatz (46 %) zur Erhaltung der Ejakulation (Abb. 1, 2).

Modifizierte beidseitige Lymphadenektomie – anatomischer Zugangsweg [15 – 20]

Bei linksseitigem Hodentumor wird der paracavale, präcavale und aortocavale Raum unterhalb der Arteria mesenterica inferior mit entsprechender Lumbalvene und Lumbalarterie geschont. Mit dieser Modifikation sollte es gelingen, bei niedrigvolumigen retroperitonealem Tumor bei der Hälfte der Patienten die Ejakulation zu erhalten. Auch bei dieser Form müssen die Ergebnisse mit der beidseitig radikalen Lymphadenektomie verglichen werden; nur bei gleicher Rezidivrate ist eine solche Operationsmethode vertretbar (Abb. 3, 4).

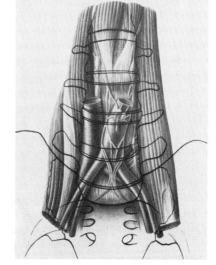

Abb. 1. Im 3. und 4. Intervertebralraum bestehen Verbindungen zwischen rechtem und linkem sympathischen Grenzstrang; die sympathischen Fasern ziehen von rechts unter der Vena cava in den aortocavalen Raum und erhalten caudal der Arteria mesenterica inferior Anschluß an die Fasern des linksseitigen Sympathicus.

Literatur

1   Lenz P, Meridies R: Fertilitätsstörungen nach retroperitonealer Lymphknotenaus-
    räumung wegen teratoider Hodentumoren. Akt Urol 1972;4:87.
2   Narayan P, Lang P, Fraley EE: Ejaculation and fertility after extended retropeitoneal
    lymphnode-dissection for testicular cancer. World J Urol 1982;127:685.
3   Scheiber K, Bartsch G, Biedermann G, Flora G: Störungen der vita sexualis nach
    Operationen im Retroperitonealraum. Ang Arch 1985;8:71.

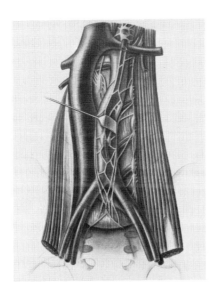

Abb. 2. Die Ganglien L2 und L3
liegen in enger topischer Beziehung,
wobei der untere Rand des L3-Gangli-
ons ca. 1 cm höher als die A.mesente-
rica inf. liegt.

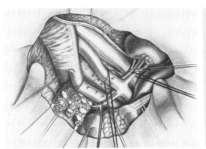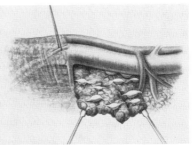

Abb. 3, 4. Die Lymphadenektomie wird beidseitig ausgeführt; die Dissektion ist pro-
tektiv im kontralateralen Gebiet des L3-Ganglions. Rechtsseitiger Tumor: Erhaltung der
A.mesenterica inf., Vorderwand der Aorta caudal der A.mesenterica inf. mit entsprechen-
dem paraaortalem und aortacavalem Raum; die entsprechende Lumbalarterie bleibt
intakt.

4 Walsh PC, Kaufmann JJ, Coulsen WF, Goodwin WE: Retroperitoneal lymphadenectomy for testicular tumors. J Am Med Ass 1971;217:309.
5 Weißbach L, Lange CE, Rodemund OE, Zwicker H, Gropp A, Pothmann W: Fertilitätsstörungen bei behandelten Hodentumorpatienten. Urol A 1974;13:80.
6 Platzer W, Putz R, Poisel S: Ein neues Konservierungs- und Aufbewahrungssystem
   für anatomisches Material. Acta Anat 1978;102:60.
7 Clara M: Das Nervensystem des Menschen (Lehrbuch für Studierende und Ärzte)
   Leipzig, Johann Ambrosius Barth Verlag, 1959, p 223.
8 Ferner H, Benninghoff/Goerttler: Lehrbuch der Anatomie des Menschen. München, Urban & Schwarzenberg, 1979, vol 3, p 360.
9 O'Rahilly R: Basic human anatomy. Boston, W.P. Saunders, 1983, p 270
10 Warwick R, Williams PL: Gray's Anatomy. 1973, voll 7, p 1074.
11 Ferner H, Benninghof/Goerttler: Lehrbuch der Anatomie des Menschen. München,
   Urban & Schwarzenberg, 1979, vol 3, p 368.
12 Warwick R, Williams PL: Gray's Anatomy. 1973, vol 7, p 1078.
13 Chiou RK, Fraley EE, Lange PH: Newer ideas about fertility in patients with testicular cancer. World J Urol 1984;2:26.
14 Whitelaw GP, Smithwick RH: Some secundary effects of sympathectomy with particular reference to disturbance of sexual function. N Engl J Med 1951;245:121.
15 Javadpour N: Principles and management of testicular cancer. Stuttgart, Thieme
   1986, p 243.
16 Fowler EF, de Takats: Side effects and complications of sympathecttomy for hypertension. Arch Surg 1949;59:1213.
17 Donohue JP, Zachery JM, Maynard SD: Distribution of nodal metastases in nonseminomatous testicular cancer. World J Urol 1982;128:315.
18 Donohue JP: Retroperitoneal lymphadenectomy: the anterior approach including
   bilateral suprarenal-hilar dissection. Urol Clin N Am 1977;4:509.
19 Rowland GR, Donohue JP: Testicular cancer: Innovations in diagnosis and treatment. Semin Urol 1988;6:223.
20 Costa M, Furness S: Observations on the anatomy and amine histochemistry of the
   nerves and ganglia which supply the pelvic viscera and on the associated chromaffin
   tissue in the guinea pig. Z Anat Entwicklungsgesch 1973;140:85.

Prof. Dr. G. Bartsch, Univ.-Klinik f. Urologie,
Anichstr. 35, A-6020 Innsbruck (Österreich)

Beitr Onkol. Basel, Karger, 1990, vol 40, pp 195–204.

Nerve-Sparing Retroperitoneal Lymphadenectomy

J. P. Donohue

Department of Urology, Indiana University School of Medicine, Indianapolis, USA

Background

The anatomy of the sympathetic nervous system is well described. For many years it has been dissected by anatomists and surgeons and known to have specific effects on the autonomic nervous function. In more recent years its role in the process of male sexual function has become better appreciated [1–4].

In past decades, radical retroperitoneal lymphadenectomy, if done bilaterally, was followed by ejaculatory failure in most patients [5, 6], Studies to outline the distribution of nodal metastases led to a better understanding of suitable boundaries or templates for dissection in patients with lower volume disease [7, 8]. Several centers were conducting experimental work with this problem in mind [9, 10]. It seemed that lumbar sympathetic fibers, particularly those of the upper three or four ganglia, are important in preservation of ejaculation following surgery in this area. Surgeons interested in retroperitoneal dissections actively communicated and compared notes regarding the return of ejaculation in their patients dissected with varying extents of dissection [11–15]. These boundaries or templates were compared in retrospective studies. Modifications in these templates led to a general recognition that para-aortic tissues, especially below the inferior mesenteric artery, were critical in the preservation of ejaculation. Further dissection work, both here and abroad, elucidated the course of these sympathetic postganglionic fibers, which appeared to decussate and travel in the para-aortic tissues to form the so-called hypogastric plexus [16–19]. Some of these fibers terminated in the ejaculatory apparatus of the seminal vesicles and ampullary portions of the vas, the vas itself, bladder neck, and prostate tissues. At the same time, surgical anatomists interested in cancer were emboldened by the work of Doncker and Walsh related to the specific nerve-sparing techniques in prostate cancer [20]. It was clear that suitable cases could be selected for preservation of the neurovascular bundles from the hypogastric plexus going to the corporeal tissues of the penis. Encouraged by these experiences and particularly by the improvements in clinical staging and chemotherapy for advanced disease in testis cancer [21–23], it seemed appropriate to look for the possibility of reduced morbidity in surgical staging of patients with testis cancer. Furthermore, it seemed possible in some well selected patients, at least, to employ these techniques in cases where there were positive nodes [16, 17]. Perhaps in some cases it could be applied even in the postchemotherapy patient with limited volume disease. Hence, the one major toxicity of RPLND could be eliminated.

Materials and Methods

Beginning in 1978, in the course of doing modified templates of dissection in patients with low volume disease, it became clear that some patients could have their postganglionic fibers identified and preserved in the course of a staging lymphadenectomy (fig. 1). Therefore, a nerve-sparing modification was gradually introduced at this institution in the subset of patients who were receiving modifed PRLND surgery for low volume disease. Only those patients woh appeared to be negative, with no gross disease, were selected for this nerve-sparing technique. Looking at our own institutional data, it was clear that our modified techniques which were done en bloc on the ipsilateral side (with no effort made to spare nerves) ejaculated at a rate somewhere between 50–66 %. At this same time, all the nerve-sparing patients seemed to be ejaculating. According to a sexual questionnaire the initial experience of the department indicated that only one patient out of 73 followed did not ejaculate. This single exception was time limited. Several months later he resumed ejaculation. The end point of this current report was strictly limited to the presence or absence of ejaculation following NS-RPLND. Our next interest is developing this information into a fertility study; several qualitative and quantitative studies of fertility are now under way in these patients. These will include spermiograms preoperatively and at several checkpoints postoperatively.

Results

Currently our institution has over 100 patients who have had NS-RPLNDs using the nerve-sparing technique. This will be the subject of a future report. We have a median follow-up of 24 months of 73 patients. All received the modified RPLND technique with boundaries described earlier. For the most part, patients were selected carefully with low volume to no gross disease. Fourteen patients were found to have positive nodes by pathologic staging. Four patients have relapsed in the 73 patients described. One relapse is clearly abdominal in a patient who was found to have eight nodes positive at the time of his dissection. He refused the option of adjuvant chemotherapy, went on to progress in the chest and abdomen, and then received a full course of combination chemotherapy. He achieved a partial remission. He later underwent a postchemotherapy RPLND for resection of residual abdominal disease. This was found to be scar and necrosis. Three other patients relapsed, two with serologic changes only, and one with metastatic disease in his chest. All are now negative and disease-free.

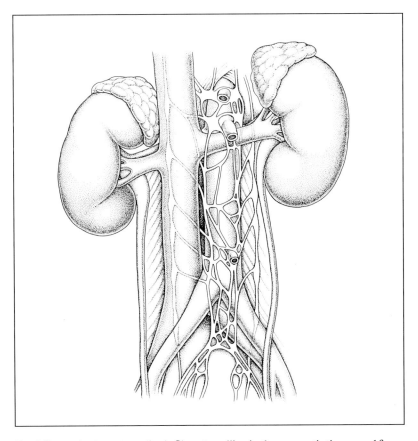

Fig. 1. Sympathetic postganglionic fibers travelling in the paraaortic tissues and forming the hypogastric plexus.

These data were reported as part of the Guiteras Lecture in May, 1988 – AUA Boston [16]. Also, it should be noted that none of the 49 patients with negative nodes had a local relapse. Therefore, this implies the dissections did not miss patients with positive nodes.

Discussion

Cancer surgery carries with it a certain extirpative purpose. Historically, radical surgery was known to produce considerable functional deficit in many areas. In urology, for example, total cystectomy and prostatectomy were uniformly greeted with impotence. In radical retroperitoneal lymphadenectomies most patients failed to ejaculate. In many areas, including urology, care is now being taken to keep functional concepts and quality of life at the forefront when developing surgical strategies. As noted earlier, the pioneering work of Doncker and Walsh in nerve-sparing technique in prostatectomy was an impetus to many to see if this could also be applied in selected patients for other pelvic procedures such as radical cystectomy. Early reports on this are also encouraging [24]. Surgeons interested in retroperitoneal surgery also were modifying the templates for dissection in such a way as to preserve at least contralateral postganglionic fibers, which would permit ejaculation. These scaled down boundaries were greeted with significant increase in ejaculation rates postoperatively and, therefore, the one long-term morbidity of RPLND was eliminated.

In fact, it can be said that the major impetus to surveillance programs for clinical stage I testis cancer was the downside risk of anejaculation, which was the one long-term morbidity of RPLND surgery. This, of course, was especially poignant in cases who were indeed true pathologic stage I with negative nodes. These patients, in retrospect, were not given any therapeutic procedure and were injured functionally. Currently patients followed with surveillance have greatly enhanced our knowledge of the disease process. All workers are interested in enhancing the sensitivity of clinical staging, which currently are not adequate for the identification of patients with low volume disease. The retrospective of studies of Friedman et al. and Hoskins et al. [25, 26] show a significant relapse rate of 32 % in patients followed four years with good active surveillance techniques. It is impressive that the relapse rate has continued beyond two years at a rate of 4–5 % a year, such that now 32 % of clinical stage I cases have relapsed. This implies a continued need, at least for the present, of staging RPLND surgery as another option. It also was apparent that if RPLND surgery were to be done, it should be appropriate and not excessive. If nerve-sparing techniques could be evolved, the one and only serious morbidity of RPLND surgery could be eliminated.

Now, with the development of nerve-sparing technique, one of the compelling motivations to surveillance (an ejaculation after RPLND), has been rendered a moot point.

Clearly the ideal is to accurately identify those who are pathologic stage I versus stage II as early as possible. Currently, the most accurate way to do that is nerve-sparing RPLND. It can be therapeutic for those found as stage II and it accurately directs further management in a most timely way [27, 28]. If it can be done with no long-term morbidity, it is perfectly reasonable to continue its use in low stage disease given the state of the art in clinical staging.

We have also selected 10 patients following chemotherapy for advanced disease for NS-RPLND. They were in partial remission with relatively low volume lateralized para-aortic disease. All patients ejaculate postoperatively. It is in this group that NS-RPLND may well have the greatest promise and potential. This will be the subject of a future report.

Technique

The nerve-sparing technique can be applied to the modified templates described earlier. For the most part, we have chosen those with clinically negative retroperitoneums. But, in well selected cases as noted earlier, these have also been applied to people with more extensive disease. These can be divided into two parts: (A) right-sided tumors and (B) left-sided tumors.

Right-Sided Nerve Sparing

After incision of the root of the small bowel from the cecum to the ligament of Treitz, the small bowel mesentery is separated by blunt and sharp dissection from the anterior aspect of Gerota's fascia. This exposes the area of the great vessels and the gonadal veins as they enter the Vena cava. Once the separation is done, laparotomy pads and retraction is set so as to maintain this exposure.

At times the sympathetic nerve trunks in the preaortic area, particularly at the level of the origin of the right iliac artery from the aorta, are vis-

ible. The patients who have more fat or reaction may not have these termi-
nal trunks of the sympathetic hypogastric plexus quite so readily visible at
this juncture. In that case, it is simplest to begin the dissection over the left
renal vein dividing and clipping the lymphatics over the anterior aspect of
the vessel. This is carried to the Vena cava where it is then brought down in
a caudal direction to the cross of the external iliac artery. If one stays at the
mid-portion of the anterior cava (i. e., 12 o'clock), one can avoid damaging
any nerve roots as they emerge medial to this from underneath the cava
toward the aorta. This anterior divison of Gerota's fascia and its lymphatics
over the great vessels is called the anterior split. The subsequent dissection
of this package off the great vessels medially and laterally is called 'roll technique', hence, the term 'split and roll'. If one uses the split and roll technique off the great venous structures in the retroperitoneum, one can readily
identify the nerve roots of L1, 2, 3 in the packet of tissue rolled off the cava.
At this point, it is best to place a plastic vessel loop around each of the branches so that one can advert to these more easily. Vessel loops also permit
gentle counter traction during subsequent dissection.

Once the roots of L1, 2, 3 are taped, then it is a simple matter to dissect
distally, so as then to connect with the decussation of fibers forming the
distal common trunks of the hypogastric plexus as they pass anterior to the
iliac vessels into the pelvis. In the course of this dissection, the anterior set
of lymph nodes can be dissected off these vessels in the para-aortic tissues.
Also, the anterior set of interaortacaval nodes which are most superficial
can be dissected off the nerve roots early. Following this, the more substan-
tial and difficult portion of the dissection involves the mobilization of the
lymph nodes posterior to these nerve roots which are para-aortic. These are
in a para-aortic sulcus bounded by the nerve roots laterally, the anterior
spinous ligaments and transversing lumbar vessels posteriorly, and the
aorta medially. This package needs to be subtended by sharp and blunt dissection from the overlying nerve roots which can be gently elevated in their
vessel loops. Major lymphatics are clipped, especially the distal group and
those against the posterior body wall. The cephalad superior extent of the
dissection is the real artery. The nerve roots run inferior to the renal artery.
At the apex of the dissection, however, care must be taken not to catch the
nerve root of L1 as it runs just under the renal artery to the ganglion of the
L1 cephalad and posterior to this. Therefore, the 'square out' of the nodal
package superiorly requires considerable care so that the pre-prepared
nerve roots are not injured in this process of removing the lymph nodes
beneath them. Ultimately, with careful technique, the entire para-aortic

lymph node package can be drawn out from under these nerve roots which overlie them. Then the para-aortic sulcus is clear and one can see the anterior spinous ligaments, the lumbar vessels, and the aorta cleanly dissected with the nerve roots coursing through now empty para-aortic space. The anterior set of nodes has been removed and then the posterior set, which are para-aortic, have been removed following this. The right-sided dissection is then complete. This involves the right para-aortic nodes or the so-called interaortacaval group. The name interaortacaval distinguishes them from lymph nodes on the opposite side of the Vena cava, i. e. the right para-caval group. These are rarely involved in primary testis tumors and, therefore, are not the primary nodes involved when doing a nerve-sparing technique. They can easily be removed as a separate package by stripping them off the Vena cava and the posterior body wall down to the common iliac. Care is taken to observe the sympathetic chain below them and the branches of the genitofemoral and ileoinguinal nerve distally.

Again, for right-sided primaries the interaortacaval group, or right para-aortic, are the primary nodes of spread. This is the central core of the so-called modified template for right-sided tumors. It should be recalled that even in en bloc surgery, if the modified template is limited to these interaortacaval parameters, patients should be able to ejaculate, perhaps in the 90th percentile, as long as the distal trunks are preserved below the inferior mesenteric artery and the contralateral nerve roots of L1, 2, 3 are not injured. They are unlikely to be injured in such modified dissection if the parameters are limited as noted. Following the dissection the wound is irrigated and inspected for hemostatis and lymphostasis. Any lymphatic leaks are clipped, then the root of the small bowel is closed with running 2 – 0 chromic catgut closing serosal incision at the base of the mesentery. No external drains are required.

Left-Sided NS-RPLND

The root of the small bowel is left intact. Rather, the left colon is elevated and the left mesocolon sharply divided from the sigmoid colon up to the lienocolic ligament. Some of the lienocolic ligament is also divided so as to retract the colon medially without tension. The mesentery of the colon is separated bluntly from the underlying Gerota's fascia which contains the gonadal veins and envelopes the great vessels.

Once retraction is set the overlying gonadal vein, which traverses the field, is divided at it's entry ito the left renal vein between 2 – 0 silk ligatures.

This is then retracted and exposes the underlying ureter which forms a lateral boundary of the field of dissection.

At this point, by blunt and sharp dissection, the sympathetic chain can be identified posterolateral to the aorta. It is often easiest to make this the initial step in left-sided dissections. From this point, nerve roots of L1, 2, 3 are easily identified. They course medial and inferior, decussating with contralateral sympathetic branches as well as splanchnic sympathetic fibers which course anterior to the aorta as well. Occasionally the nerve roots will be the most apparent initial structures and they can be taped in vessel loops and dissected out with the sympathetic chain and ganglia identified by dissection down along the nerve roots themselves.

In either case, with chain and nerve roots identified *primarily*, the anterior set of nodes is once again easily dissected off these nerve roots. These are few in number compared to the posterior set of nodes. The posterior set of nodes is isolated from the nerve roots using the same technique as described for the right side. Essentially, the nerve roots are carefully dissected in such a manner as to permit their elevation off the nodal package lying in the sulcus bounded by the aorta medially, the spinous ligaments posteriorly, and the nerve roots themselves which course ventrally over them. A combination of blunt and sharp dissection is useful. Again, it is critical to advert to the course of the nerve roots when squaring off the nodal package superiorly. It is quite easy to incorporate these nerve roots in the lymph node package itself at this point. Also, care is taken to elevate the left renal vein and to divide any lumbar venous tributaries between 2 – 0 silk ligatures so as to permit better exposure at this cephalad apical portion of the node package. The renal artery itself is the upper margin of the dissection. Nerve roots to the ganglia of the L1, 2, 3 course below this as does the sympathetic chain itself. If care is taken to keep some tension on these nerve roots which are held in plastic vessel loops, the node package can be dissected off the aorta with relative safety. The origin of the spermatic artery is easily identified, clipped and divided, and separated from the node package. As on the right para-aortic group, these nodes can then be rotated beneath the nerve roots and drawn out from under them as the lymphatic connections are clipped and divided posteriorly, inferiorly, and laterally. Once they have been rotated out it is apparent that the largest part of the lymph node chain or packet lies in the sulcus between the aorta posterior body wall and the overarching sympathetic nerve roots themselves. Once this has been accomplished, the nerve-sparing left-sided template is completed. The wound is then irrigated and the mesocolon closed with 2 – 0 chromic catgut.

References

1 Goss CM: Gray's Anatomy, Philadelphia, Lea & Febiger, 1954, pp 1089–1117.
2 Fowler EF: Side effects and complications of sympathectomy for hypertension. Arch Surg 1949;59:1213–1233.
3 Whitelaw GP, Smithwick RH: Some secondary effects of sympathectomy with particular reference to disturbance of sexual function. N Engl J Med, 1951;245:121–130.
4 Narayan P, Lang P, Fraley EE: Ejaculation and fertility after extended retroperitoneal lymph node dissection for testicular cancer. World J Urol, 1982;127:685–688.
5 Donohue JP: Retroperitoneal lymphadenectomy: the anterior approach including bilateral suprarenal-hilar dissection. Urol Clin Am 1977;4:509–521.
6 Donohue JP, Rowland RG: Complications of retroperitoneal lymphadenectomy. J Urol 1981;125:338.
7 Donohue JP, Zachary JM, Maynard SD: Distribution of nodal metastases in nonseminomatous testicular cancer. J Urol 1982;128:315–320.
8 Ray B, Hajd SI, Whitmore WF Jr: Distribution of retroperitoneal lymph node metastases in testicular germinal tumors. Cancer 1974; 33:340–348.
9 Colleselli K, Poisel S, Schachtner W, Bartsch G: Anatomic study and operative approach to nerve-sparing bilateral retroperitoneal lymphadenectomy (in press).
10 Lange PH, Chang WY, Fraley EE: Fertility issues in the therapy of nonseminomatous testicular tumors. Urol Clin N Am 1987;14:731–745.
11 Pizzocaro G, Salvioni R, Zanoni F: Unilateral lymphadenectomy in intraoperative stage I nonseminomatous germinal testis cancer. J Urol 1985;134:485–489.
12 Fossa SD, Ous S, Abyholm T, et al: Post-treatment fertility in patients with testicular cancer: I. Influence of retroperitoneal lymph node dissection on ejaculatory potency. Br J Urol 1985;57:204–209.
13 Weissbach L, Boedefeld EA, Oberdorster W: Modified RLND as a means to preserve ejaculation, in: Khoury S, Kuss R, Murphy GP, et al (eds): Testicular cancer. New York, Alan R. Liss, 1985, pp 323–336.
14 Donohue JP, Rowland RG, Bihrle R: Transabdominal retroperitoneal lymph node dissection, in Skinner DG, Lieskowsky G (eds): Diagnosis and management of genitourinary cancer, New York, W.B. Saunders, 1988, pp 802–816.
15 Fossa SD, Klepp O, Molne K, et al: Testicular function after unilateral orchiectomy for cancer and before further treatment. Int J Androl 1982;5:179–184.
16 Donohue JP, Foster RS, Geier G, Rowland RG, Bihrle R: Preservation of ejaculation following nervesparing retroperitoneal lymphadenectomy (RPLND). J Urol 1988; 139:206A.
17 Jewett MA, et al: Retroperitoneal lymphadenectomy for testicular tumor with nerve-sparing for ejaculation. J Urol 1988;139:1220.
18 Poisel S, Colleselli K, Schachtner W, Bartich G: Nerve preserving bilateral retroperitoneal lymphadenectomy – anatomy and operative approach. J Urol 1987;137:214A.
19 Richie JP, Garnick MB: Modified retroperitoneal lymphadenectomy for patients with clinical stage I testicular tumor. J Urol 1987;137:212A.
20 Walsh PC, Donker PJ: Impotence following radical prostatectomy: insight into ethiology and prevention. J Urol 1982;128:492.

21   Einhorn LH, Donohue JP: Improved chemotherapy in disseminated testicular cancer. J Urol 1977;177:65.
22   Loehrer PJ; Williams SD, Einhorn LH: Status of chemotherapy for testis cancer. Urol Clin N Am 1987;14:713.
23   Oliver RTD, Freedman LS, Parkinson MC, Peckham MJ: Medical options int he management of stages I and II (No-N3, MO) testicular germ cell tumors. Urol Clin N Am 1987;14:721.
24   Walsh PC: Personal communication.
25   Freedman LS, Jones WG, Peckham MJ, Newlands ES, Parkinson MC, Oliver RTD, Read G, Williams CJ: Histopathology in the prediction of relapse of patients with stage I testicular teratoma treated by orchidectomy alone. Lancet 1987;II:294–297.
26   Hoskin P, Dilly S, Easton D, et al: Prognostic factors in stage I nonseminomatous germ cell testicular tumors managed by orchiectomy and surveillance: Implications for adjuvant chemotherapy. J Clin Oncol 1986;4:1031–1036.

J.P. Donohue; MD, Department of Urology,
Indiana University School of Medicine, Indiana, IN, 46223 (USA)

Beitr Onkol. Basel, Karger, 1990, vol 40, pp 205–210.

Primäre Chemotherapie versus RLA +/−
adjuvante Chemotherapie im Stadium IIA/B

J. H. Hartlapp

Med. Universitätsklinik Bonn, BRD

Mit Einführung einer hochwirksamen, aber aggressiven Polychemotherapie konnte die Prognose für Patienten mit Hodentumoren in den letzten 12 Jahren entscheidend verbessert werden [8]. In den früh metastasierten Stadien IIA/IIB werden Heilungsraten von deutlich mehr als 90 %
erreicht [7, 8]. Diese exzellenten Ergebnisse werden mit z. T. gegensätz-
lichen Therapiestrategien erzielt, die Gegenstand verschiedener Studien
sind. Ziel aktueller Forschung ist übereinstimmend eine Verringerung der
Therapiemorbidität bei gleich gutem Therapieergebnis [5].

Traditionsgemäß erfolgt eine retroperitoneale radikale Lymphadenektomie, an die eine adjuvante Cisplatin-basierende Polychemotherapie
angeschlossen wird (Abb. 1, 2).

1982 initiierten wir 2 randomisierte multizentrische prospektive
Studien bei Patienten mit nichtseminomatösen Hodentumoren in dem
Stadium IIA und IIB. Ziel dieser Studien war es, die Notwendigkeit einer
adjuvanten Chemotherapie im Stadium IIA und ihr Ausmaß im Stadium
IIB zu überprüfen [7]. Nach radikaler retroperitonealer Lymphadenekto-
mie wurden die Patienten im Stadium IIA in einen Kontrollarm ohne
Chemotherapie bzw. einen Chemotherapiearm mit 2 Zyklen PVB bzw. im
Stadium IIB in einen Arm mit 2 Zyklen oder einen mit 4 Zyklen PVB rando-
misiert. In diese Studien wurden von den Mitgliedern der Projektgruppe
Hodentumoren insgesamt 296 Patienten eingebracht. Nach einer medi-
anen Nachsorge von 42 Monaten liegen die Abschlußergebnisse dieser
Studien vor (Tab. 1).

Ein Vergleich der Rezidivraten im Stadium IIA zeigt einen statistisch
signifikanten Unterschied zwischen den beiden Therapiearmen – Signifi-
kanzniveau p = 0,0019. Vergleicht man die Überlebenszeiten im Stadium

IIB, so zeigt sich ein Trend zur Überlegenheit des Armes mit nur 2 Zyklen. Trotz der nahezu identischen Überlebensraten favorisieren wir in den frühen Stadien eine adjuvante Chemotherapie mit 2 Zyklen. Dies bedeutet für den Patienten eine hohe Sicherheit bei nur geringer Morbidität (Tab. 2).

Zeitlich parallel zu unseren Studien prüfte in den USA die Testicular Cancer Intergroup in einer prospektiv randomisierten Studie, ob bei Patienten im Stadium IIA/B überhaupt eine adjuvante Chemotherapie nach Lymphadenektomie notwendig ist [8]. Verglichen wurde die Rezidivrate nach 2 Zyklen adjuvanter Chemotherapie und nach alleiniger Lymph-

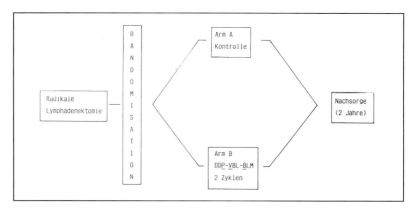

Abb. 1. Prospektive randomisierte Phase-III-Studie bei nichtseminomatösen Hodentumoren im Stadium IIA.

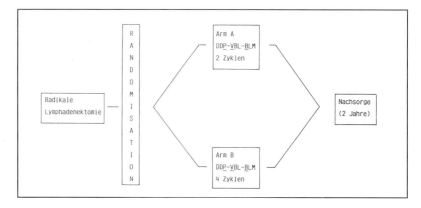

Abb. 2. Prospektive randomisierte Phase-III-Studie bei nichtseminomatösen Hodentumoren im Stadium IIB.

adenektomie. Die Heilungsrate liegt in beiden Studienarmen mit 95 % in der Kontrollgruppe und 97 % in der Chemotherapiegruppe vergleichbar hoch. Die Ergebnisse zeigen jedoch die hohe Rezidivrate von 49 % bei den Patienten, bei denen auf eine Chemotherapie zunächst verzichtet wurde. Durch eine sehr sorgfältige Nachsorge galt es, den Progreß möglichst frühzeitig zu entdecken, um dann durch eine verzögerte Chemotherapie noch eine definitive Heilung zu erreichen. Jedoch waren in dieser Kontrollgruppe bereits 51 % der Patienten durch die Operation allein geheilt. Ihnen konnte die Chemotherapie erspart werden. Voraussetzung für diese Therapiestrategie ist jedoch die konsequente, engmaschige Nachsorge zum möglichst frühzeitigen Erfassen des mit 50-prozentiger Wahrscheinlichkeit eintretenden Rezidivs.

Als alternative Behandlungsmöglichkeit zur Lymphadenektomie ist bei diesem Chemotherapie-sensiblen Tumor die primäre Chemotherapie anzuführen [5]. Dieses Vorgehen ist die logische Konsequenz einer Ent-

Tabelle 1. Therapieergebnisse der Studie im Stadium IIA und IIB der Projektgruppe Hodentumoren

	IIA		IIB	
	Kontrolle	2 × PVB	2 × PVB	4 × PVB
Patienten	30	41	114	111
CR	30	40	114	109
Rezidive aus CR	8*	−*	6	1
Patienten lebend ohne Tumor	28 (93 %)	40 (98 %)	113 (99 %)	108 (97 %)

*p = 0,0019

Tabelle 2. Testicular Cancer Intergroup Study: Rezidiv- und Überlebensrate mit und ohne adjuvante Chemotherapie im Stadium IIA/B

	Kontrollgruppe n = 98	Chemotherapiegruppe n = 97
Rezidivrate	49 %	6 %
Tod (gesamt)	5 %	3 %
Tod durch Tumor	3 %	1 %
Lebend ohne Tumor	95 %	97 %

wicklung, die seit Bekanntwerden der günstigen Prognose, die effektivste Therapie an den Anfang der Behandlung stellt und nur bedarfsweise die Lymphadenektomie akzeptiert. Diese erfolgt nur im Falle einer partiellen Remission, indem lediglich der Residualtumor reseziert wird. Dieses Vorgehen ermöglicht es, bei einem Großteil der Patienten die Lymphadenektomie und ihre Folgen, den Ejakulationsverlust und die operationsbedingten Risiken, zu vermeiden (Tab. 3).

Im klinischen Stadium IIA/IIB wurden bei einer medianen Nachsorge von 28–34 Monaten Heilungsraten von durchschnittlich 98 % erreicht und entsprechen somit den konventionellen Therapiestrategien. Operiert wurden lediglich 22–33 % der Patienten [2–4, 6]. Da bisher jedoch noch keine vergleichenden Untersuchungen durchgeführt wurden, die diese Therapiestrategien als vergleichbar effektiv belegen, kann die primäre Chemotherapie heute noch nicht als Standardtherapie gelten. Ob diese Behandlungsvorgehen bei Reduktion der operationsbedingten Langzeitnebenwirkungen gleiche Effektivität besitzen, muß in einer prospektiv randomisierten Studie überprüft werden, indem die Standardbehandlung mit einer primären Chemotherapie hinsichtlich Lebensqualität, Rezidivrate und Gesamtüberlebenszeit verglichen wird (Abb. 3).

Das von uns entwickelte Studiendesign sieht so aus, daß Patienten in einem Arm nach Lymphadenektomie eine adjuvante Chemotherapie mit 2 Zyklen Etoposid, Bleomycin und Cisplatin erhalten. In dem anderen Therapiearm erfolgt nach 2 identischen Chemotherhapiezyklen ein Zwischenstaging. Bei Vorliegen einer kompletten Remission wird die Therapie mit einem dritten Chemotherapiezyklus abgeschlossen. Im Falle einer partiellen Remission werden 2 weitere Zyklen appliziert. Bei Nachweis eines persistierenden Residualtumors erfolgt eine Resektion.

Mit den drei vorgestellten Therapiekonzepten – Lymphadenektomie mit adjuvanter Chemotherapie, alleinige Lymphadenektomie und primäre Chemotherapie – ist zu erwarten, daß alle Patienten in dem Stadium IIA/

Tabelle 3. Therapieergebnisse nach primärer Chemotherapie im Stadium IIA/B

Autoren	Patienten, n	LA n. Chemo, %	Rezidive, %	CR/NED, %
Peckhamu, Hendry [3]	54	22	6	96
Pflüger et al. [4]	12	33	0	100
Socinski et al. [9]	19	32	0	100
Gesamt	85	26	4	98

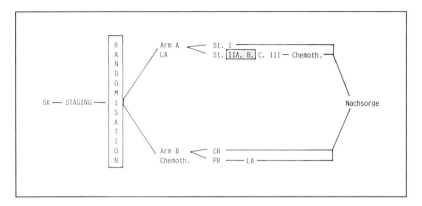

Abb. 3. Prospektive randomisierte Phase-III-Studie bei nichtseminomatösen Hodentumoren im klinischen Stadium IIA/IIB.

IIB geheilt werden können. Deshalb gewinnt die Morbidität jeder einzelnen Behandlungsmaßnahme überragende Bedeutung. Sie muß in die
Überlegung mit einbezogen werden, wenn es darum geht, die Vorgehensweise für den einzelnen Patienten festzulegen. Sowohl die Chemotherapie
als auch die Lymphadenektomie sind mit erheblichen Nebenwirkungen
unterschiedlicher Art belastet.

Als Standardtherapie gilt die Lymphadenektomie und adjuvante Chemotherapie mit 2 Zyklen Cisplatin, Etoposid und Bleomycin bzw. Cisplatin, Vinblastin und Bleomycin. Hiermit wird die Rezidivrate minimiert
[7, 8]. Entscheidet man sich für die primäre Chemotherapie, ist gewiß, daß
nur wenige Patienten einem zweiten Behandlungsverfahren unterzogen
werden müssen. Die Toxizität der Chemotherapie und die Unsicherheit
des klinischen Stagings sind zu berücksichtigen. Bei der primären Lymphadenektomie verliert ein großer Teil der Patienten die Ejakulation und muß
zusätzlich chemotherapiert werden.

Literatur

1   Einhorn LH, Donohue JP: Cis-diamminedichloroplatinum, vinblastine, bleomycin
     combination chemotherapy in disseminated testicular cancer. Ann Intern Med 1977;
     87:293–298.
2   Logothetis CJ, Swanson DA, Dexeus F et al: Primary chemotherapy for clinical stage
     II nonseminomatous germ cell tumors of the testis: a follow-up of 50 patients. J Clin
     Oncol 1987;5:906–911.

3   Peckham MJ, Hendry WF: Clinical stage II non-seminomatous germ cell testicular
     tumours. Results of management by primary chemotherapy. Br J Urol 1985;57:
     763–768.

4   Pflüger K-H, Mack J, Ulshöfer B, von Keitz A, Havemann K, Rodeck G: Primäre
     Chemotherapie und elektive Operation bei Patienten mit nichtseminomatösen
     Hodenkarzinomen, in Schmoll HJ, Weißbach L (eds): Diagnostik und Therapie von
     Hodentumoren. Berlin, Springer 1988, pp 186–191.

5   Pizzocaro G: Retroperitoneal lymph node dissection in clinical stage IIA and IIB non-
     seminomatous germ cell tumours of the testis. Int J Androl 1987;10:269–275.

6   Rorth M, von der Maase H, Sandberg Nielsen E, Schultz H, Pedersen M: Treatment
     of non-seminomatous testicular germ cell tumors in Denmark since 1979, in Khoury
     S, Küss R, Murphy GP, Chatelain C, Karr JP (eds): Testicular cancer. New York, Alan
     R. Liss, 1985, pp 539–551.

7   Hartlapp JH, Weißbach L: Therapie nichtseminomatöser Hodentumoren im Sta-
     dium IIA/B: Lymphadenektomie +/- adjuvante Chemotherapie vs. primäre Chemo-
     therapie, in Schmoll HJ, Weißbach L (eds): Diagnostik und Therapie von Hoden-
     tumoren. Berlin, Springer, 1988, pp 179–185.

8   Williams SD, Stablein DM, Einhorn LH, et al: Immediate adjuvant chemotherapy
     versus observation with treatment at relapse in pathological stage II testicular cancer.
     N Engl J Med 1987;317:1433–1438.

9   Socinski MA, Garnick MB, Stomper PC, Fung CY, Richie JP: Stage II nonsemino-
     matous germ cell tumors of the testis: an analysis of treatment options in patients
     with low volume retroperitoneal disease. J Urol 1988;140:1437–1441.

PD Dr. med. J. Hartlapp, Med. Universitätsklinik,
Sigmund-Freud-Straße 25, D-5300 Bonn 1 (BRD)

Beitr Onkol. Basel, Karger, 1990, vol 40, pp 211–220.

Adjuvant Chemotherapy in Stage II-A/B Non-Seminomatous Germ Cell Testicular Tumors[1]

G. Pizzocaro

Istituto Nazionale per lo Studio e la Cura dei Tumori, Milan, Italy

Alternatives in management of clinical stage II A/B non-seminomatous germ cell tumors (NSGCT) of the testis are primary retroperitoneal lymph node dissection (PRLND) or primary chemotherapy. The advantage of PRLND is pathological staging, which can be quite different from clinical staging [1]. Everyone agrees that patients with negative nodes need no further treatment following radical surgery. These patients are closely observed, and chemotherapy is given only in the event of relapse. Relapses occur in approximately 10 % of patients with negative nodes, usually in distant organ sites, and whithin 3 years [2]. The alternative in patients with positive nodes is immediate adjuvant therapy or observation with chemotherapy given in the event of relapse. In node-positive patients relapses occur in approximately 40 % of cases, again in distant organ sites, and usually within 3 years [3]. If risk factors for relapse could be identified, high-risk patients could be treated with immediate adjuvant chemotherapy and low-risk patients could be carefully followed. Furthermore, if patients with definitely positive nodes could be identified clinically, these could be treated with primary chemotherapy.

Clinical and Pathological Staging – Prognostic Implications and Clinico-Pathological Correlations

In 1979, Peckham et al. [4] reported a clinical classification for NSGCT of the testis which was widely accepted in Europe. Peckham's stage II sub-

---

[1] Supported in part by Grant no. 88.00819.44, finalized project 'Oncology', Italian National Research Council (CNR), Rome.

grouping is reported in table 1. A couple of years later, Vugrin et al. [5] reported a detailed pathological subgrouping of resected stage II NSGCT of the testis (table 2), which was widely accepted in the United States. The two classifications are difficult to compare, due to the fact that different information was gathered in each of them. In 1984 [6], we proposed a modi-fication of Vugrin's pathological classification (table 3), which has two main

Table 1. Subgrouping of *clincial* stage II NSGCT of the testis [4]

Subgroup	Definition
II-A	radiographic evidence of retroperitoneal metastases < 2 cm
II-A	radiographic evidence of retroperitoneal metastases between 2 and 5 cm
II-C	radiographic evidence of retroperitoneal metastases > 5 cm

NB: Only the largest transverse diameter is considered

Table 2. Subgrouping of *resected* stage II NSGCT of the testis [5]

Subgroup	Definition
II-A	
N1	grossly negative, microscopically positive
N2	grossly and microscopically positive, but no extension beyond lymph nodes (LN)
N2A	largest LN < 2 cm, and 5 or fewer LNs involved
II-B	
N2B	largest LN ≥ 2 cm, and / or 6 or more LNs involved
N3	extension of tumor from LN into adjacent tissues

Table 3. Subgrouping of *resected* stage II NSGCT of the testis [6]

Subgroup	Definition
II-A	retroperitoneal metastases < 2 cm, no more than 5 retroperitoneal nodes involved, no extension beyond lymph nodes
II-B	retroperitoneal metastases between 2 and 5 cm; more than 5 nodes involved: microscopic extracapsular extension
II-C	retroperitoneal metastases > 5 cm; macroscopic extranodal spread; tumor invasion into retroperitoneal veins

advantages: (1) it was comparable to Peckham's clinical classification; and (2) it was able to identify a pathological subset of resected stage II NSGCT of the testis (stage II-C) which has a very poor prognosis (table 4).

To our knowledge, it is the only pathologic stage II subgroup of very poor risk which has been identified. Vugrin et al. [5] treated 62 resected stage II NSGCT of the testis with mini-VAB. They reported no relapse in 33 stage II-A patients and 10 (34 %) relapses in the 29 stage II-B cases. In particular, the relapse rate was 19 % (3 out of 16 cases) in the N2B group and 54 % (7 out of 13) in the N3 group. Recently, Williams et al. [7] were unable to detect any significant parameter in the relapse rate in the observation arm of resected stage II NSGCT of the testis, but they felt that 'if more patients had been entered, nodal stage might have become a significant factor'.

We compared the clinical to the pathological staging of 91 patients who had undergone RPLND for clinical stage II-A/B NSGCT of the testis from 1980 to 1984 inclusively [1]. All patients had bipedal lymphangiography plus either echography of CT scan of the abdomen, and post-orchiectomy serum AFP and HCG determinations. Sixteen (40 %) of 40 clinical stage II-A patients actually had negative nodes, versus only 4 (8 %) of 51 stage II-B patients (table 5). In particular, no patient with radiographic evidence of retroperitoneal metastases > 3 cm had negative nodes. As the great majority of false-positive clinical staging was due to lymphangiography, we analyzed the clinico-pathological correlation of a subsequent series of patients who were clinically staged with CT scan of the abdomen and post-orchiectomy AFP and HCG (table 6). The false-positive rate was 50 % in clinical stage II-A patients with negative markers and O in clinical stage II-A

Table 4. Results of RPLND and adjuvant therapy in resected stage II NSGCT of the testis [6]

Pathologic subgroup	Cases, n	RPLND ± RT		RPLND + VB		RPLND + PVB	
		relapsed/total	(%)	relapsed/total	(%)	relapsed/total	(%)
II – A	8	0/2	(–)	0/2	(–)	0/4	(–)
II – B	31	2/7	(28)	2/10	(20)	1[a]/14	(7)
II – C	21	6/7	(86)	2/3	(66)	0/11	(–)
Total	60	8/16	(50)	4/15	(27)	1/29	(3)

RPLND = retroperitoneal lymphadenectomy; RT = postoperative irradiation;
VB = vinblastine, continuous infusion bleomycin; PVB = cisplatin, vinblastine, bleomycin.
[a] This patient had a supraclavicular relapse of mature teratoma

patients with positive markers or in clinical stage II-B patients. Incidentally, the false-negative clinical staging was 24 % in the 122 marker-negative clinical stage I patients, while 80 % of clinical stage I patients with positive markers had retroperitoneal metastases.

Adjuvant Chemotherapy in Resected Stage II NSGCT of the Testis

In our experience [6], the only adjuvant treatment which was able to prevent recurrences in resected stage II NSGCT of the testis was the combination cisplatin, vinblastin and bleomycin (PVB) (table 4). Starting in 1980, we treated only pathological stage II-C patients with 3 courses of adjuvant PVB. Of the 23 cases treated until December 1984, only 1 relapsed as supraclavicular metastases of mature teratoma 5 ycars after PRLND [1]. The 41 resected stage II-A/B patients were submitted to observation only: 14 (34 %) relapsed and 13 of them were salvaged with deferred chemotherapy. Donohue et al. [8] reported the same relapse rate after PRLND alone or PRLND and adjuvant actinomycin D (table 7). Only 2 courses of adjuvant PVB were able to prevent relapses in resected stage II NSGCT of the testis. However, 20 of 21 patients with relapse were salvaged with PVB. Vugrin et al. [5] reported 10 (34 %) relapses in 29 resected stage II-B NSGCT of the testis treated with adjuvant mini-VAB. The relapse rate in 71 resected stage II-B patients subsequently treated with adjuvant VAB-3 [9] or VAB-6 [10] was 0 out of 29 and 1 out of 42, respectively. Only Samuels and Johnson [11] reported a low relapse rate with adjuvant high-dose vinblastine plus continuous infusion bleomycin in resected stage II NSGCT of the testis, but 2 out of 32 patients died of toxicity, and another 2 died of cancer.

Table 5. Correlation between radiographic and pathological staging in 91 clinical stage II-A/B NSGCT of the testis [1]

Radiographic staging	Cases, n	Pathological staging			
		I	II-A	II-B	II-C
II-A	40	16	9	11	4
II-B < 3 cm	21	4	2	7	8
II-B ≥ 3 cm	30	–	–	12	18
Total	91	20	11	30	30

So far, only cisplatin-containing adjuvant chemotherapy is able to prevent relapses in nearly all resected stage II NSGCT of the testis, but the great majority of patients with relapse following surgery alone can be salvaged with PVB or VAB-6. Williams et al. [7] performed a multicenter randomized study comparing 2 courses of adjuvant PVB or VAB-6 to observation and treatment with 4 courses of deferred chemotherapy in the event of relapse (table 8). After a median follow-up of 4 years, only 1 patient who actually received adjuvant chemotherapy recurred and died of cancer. Of

Table 6. Correlation between clinical and pathological staging, considering CT scan and markers only (Instituto Nazionale Tumori, Milan, 1985/1988 inclusively)

Clinical staging	Cases, n	Pathological staging			
		I	II – A	II – B	II – C
I					
STM−	122	93	16	13	–
STM+	5	1	1	3	–
II – A					
STM−	14	7	2	4	1
STM+	7	–	2	4	1
II – B					
STM−	9	–	1	6	2
STM+	7	–	–	5	2
Total	164	101	22	35	6

STM− = normal post-orchiectomy serum tumor markers;
STM+ = elevated serum AFP and / or HCG after orchiectomy.

Table 7. Results of different treatment modalities in resected stage II NSGCT of the testis [8]

Treatment	Cases, n	Relapse		Salvaged	
		n	(%)	n	(%)
RPLND alone	24	7	(29)	7	(100)
+ Actinomycin D	31	14	(45)	13	(93)
+ PVB × 2	7	0	(0)	–	–
Total	62	21	(34)	20	(95)

the 98 patients who were observed, 48 (49 %) had a relapse, but almost all patients with relapses were effectively treated with chemotherapy and only 3 died of cancer, including one who refused the therapy.

The German cooperative 'Therapiestudien Hodentumoren' [21] confirms the data of Williams et al. [7]: the relapse rate in resected stage II-A is 0 in the PVB arm and 23 % in the control arm (table 9), but the final disease-free survival is 97 % in both arms. In resected stage II-B (table 10) 2 courses of adjuvant PVB were as effective as 4 courses, with the advantage of much lower toxicity.

Discussion and Conclusions

Before considering adjuvant chemotherapy in the management of resected stage II NSGCT of the testis, we must discuss the role of PRLND in the management of low stage NSGCT. The alternative to PRLND in the management of clinical stage I NSGCT of the testis is surveillance [12 – 13], and the alternative to PRLND in clinical stage II-A/B is primary chemotherapy [14 – 15]. The end results of the different treatment modalities are practically the same, with a final cure rate of 95 – 100 %. Therefore, we must try to avoid overtreatment and choose the easiest treatment modality. We must consider that approximately 25 % of clinical stage I NSGCT of the testis actually have retroperitoneal metastases, and that approximately 50 % of clinical stage II-A with negative markers actually have negative nodes. Pro-

Table 8. Recurrence and death in the study groups of adjuvant versus deferred chemotherapy [7]

Treatment	Cases, n	Relapses		Cancer deaths	
		n	(%)	n	(%)
Adjuvant	97	6[a]	(6)	1	(1)
Deffered	98	48	(49)	3[b]	(3)
Total	195	54	(27)	4	(2)

[a] Only 1 patient received assigned adjuvant therapy, and he died of cancer. The other 5 cases recurred before starting chemotherapy.
[b] One patient refused treatment at relapse, and in the other 2, treatment deviated from the protocol in dosage and schedule.

vided a nerve-sparing PRLND [16-17] can be performed, we advise primary surgery for clinical stage I and clinical stage II-A with negative markers, while primary chemotherapy should be selected for stage II-B/C and stage II-A with positive postorchiectomy markers. We consider surveillance difficult since it can only be carried out safely in ideal situations [18]. Surveillance cannot be considered the treatment of choise for clinical stage I NSGCT of the testis, because if optimal situations are not met it can become a disaster.

As far as adjuvant chemotherapy in resected stage II NSGCT of the testis is concerned, it is obvious that only cisplatin-based chemotherapy will almost always prevent relapses [6-10]. Only 2 courses of adjuvant PVB or VAB-6 are necessary, but adjuvant chemotherapy does not have the ability to eliminate premalignant testicular lesions, as patients receiving adjuvant chemotherapy developed a new primary tumor in the contralateral testis [7].

Table 9. Results of the German adjuvant study in resected stage II-A NSGCT of the testis [21]

Treatment	Cases, n	Relapses		Alive, NED	
		n	(%)	n	(%)
PVB × 2	41	0	–	40	(97)
Observation	30	7	(23)	29	(97)
Total	71	7	(10)	69	(97)

NED = no evidence of disease.

Table 10. Results of the German adjuvant study in resected stage II-B NSGCT of the testis [21]

Treatment	Cases, n	Relapses		Alive, NED	
		n	(%)	n	(%)
PVB × 2	114	6	(5)	113	(99)
PVB × 2	111	4[a]	(4)	108[b]	(97)
Total	225	10	(4)	221	(98)

NED = no evidence of disease
[a] Three patients developed a contralateral testicular tumor
[b] One patient died of toxicity

However, almost all patients with relapses following PRLND alone can be cured with deferral chemotherapy [1, 7, 8], but the success of deferral chemotherapy is dependent on close observation and optimal chemotherapy at relapse. The special problem of compliance with intensive follow-up examinations in this young population must be very carefully considered in choosing between adjuvant chemotherapy and observation. If adjuvant chemotherapy is selected, the improved regimens containing etoposide instead of vinblastine, with or without bleomycin, should be considered [19–20].

In conclusion, we advise nerve-sparing PRLND in all clinical stage I NSGCT of the testis and in clinical stage II-A with normal markers following orchiectomy because of the great advantage of pathological staging. As far as adjuvant chemotherapy in resected stage II patients is concerned, it is mandatory in pathologic stage II-C, as it is actually advanced disease. The choice between 2 courses of adjuvant cisplatin-based chemotherapy or observation in pathologic stage II-A/B depends on patients' compliance for a very close follow-up during the first 3 years.

Summary

Only cisplatin-based chemotherapy prevents relapses in resected stage II-A/B non-seminomatous germ cell tumors (NSGCT) of the testis. Only two courses of chemotherapy are necessary. The rare patients with relapse (less than 5 %) either have mature teratoma, sarcoma or contralateral tumors. Truly unresponsive tumors are exceptionally rare. The end results of adjuvant chemotherapy and of deferred chemotherapy given only in the event of relapse are not statistically different. So far, adjuvant chemotherapy is mandatory only when a good follow-up cannot be guaranteed, or in very high-risk patients. We defined high-risk (relapse rate > 80 %) patients with retroperitoneal metastases > 5 cm, macroscopic invasion into adjacent structures, or tumor invasion into retroperitoneal veins (pathologic stage II-C). Of 23 patients with pathologic stage II-C NSGCT operated on between 1980 and 1984 inclusively and treated with adjuvant PVB, only 1 relapsed with mature teratoma after 5 years.

References

1   Pizzocaro G: Retroperitoneal lymph-node dissection in clinical stage II-A and II-B non-seminomatous germ cell tumors of the testis. Int. J Androl 1987;10:269–275.
2   Bredael JJ, Vugrin D, Whitmore WF Jr: Recurrences in surgical stage I non-seminomatous germ cell tumors of the testis. J Urol 1983;130:476–479.

3   Whitmore WF. Jr: Surgical treatment of adult germinal testis tumors. Semin Oncol 1979;6:55–68.
4   Peckham MJ, Mc Elwein TJ, Barret A: Combined management of malignant tera- torma of the testis. Lancet 1979;II:267–272.
5   Vugrin D, Whitmore WF Jr, Cvitkovic E, Grabstald H, Sogani P, Barzell W, Golbey RB: Adjuvant chemotherapy combination of vinblastine, actinomycin D, bleomycin, and chlorambucil following retroperitoneal lymph node dissection for stage II testis tumors. Cancer 1981;47:840–844.
6   Pizzocaro G, Piva L, Salvioni R, Pasi M, Pilotti S, Monfardini S: Adjuvant chemo- therapy in resected stage II non-seminomatous germ cell tumors of testis. In which cases is it necessary? Eur Urol 1984;10:151–158.
7   Williams SD, Stablein DM, Einhorn LH, et al: Immediate adjuvant chemotherapy versus observation with treatment at relapse in pathological stage II testicular cancer. New Engl J Med 1987;317:1433–1438.
8   Donohue JP, Einhorn LD, Williams SD: Is adjuvant chemotherapy following retro- peritoneal lymph node dissection for non-seminomatous testis cancer necessary? Urol Clin N Am 1980;7:747–756.
9   Vugrin D, Whitmore WF, Cvitkovic E, Grobstald H, Sogani P, Golbey RB: Adjuvant chemotherapy with VAB-3 of stage II-B testicular cancer. Cancer 1981;48:233–237.
10 Vugrin D, Whitmore WF Jr, Herr H, Sogani P, Golbey RB: Adjuvant vinblastine, actinomycin D, bleomycin, cyclophosphamide and cis-platinum chemotherapy regi- men with and without maintenance in patients with resected stage II-B testis cancer. J Urol 1982;128:715–717.
11 Samuels ML, Johnson DE: Adjuvant therapy of testis cancer: the role of vinblastine and bleomycin. J Urol 1980;124:369–371.
12 Hoskin P, Dilly S, Eashon D, Horwich A, Hendry W, Peckham MJ: Prognostic factors in stage I non-seminomatous germ-cell testicular tumors managed by orchiectomy and surveillance: implications for adjuvant chemotherapy. J Clin Oncol 1986;4:1031–1036.
13 Rorth M, Van der Maase H, Nielsen FS, Pedersein M, Schultz H: Orchiectomy alone versus orchiectomy plus radiotherapy in stage I non-seminomatous testicular cancer: a randomized study by the Danish Testicular Carcinoma Study Group. Int J Androl 1987;10:255–262.
14 Peckham MJ, Hendry WF: Clinical stage II non-seminomatous germ cell testicular tumors. Results of management by primary chemotherapy. Br J Urol 1985;17:763–768.
15 Logotetis CJ, Swanson DA, Dexens F, Ogden S, Ayala AG, Von Eschenback AC, Johnson DE, Samuels ML: Primary chemotherapy for clinical stage II non-semino- matous germ cell tumors of the testis: a follow-up of 50 patients. J Clin Oncol 1987; 5:906–911.
16 Pizzocaro C, Salvioni R, Zanoni F: Unilateral lymphadenectomy in intraoperative stage I non-seminomatous germinal testis cancer. J Urol 1985;134:485–489.
17 Donohue JP, Foster RS, Geier G, Rowland RC, Bihrle R: Preservation of ejaculation following nerve sparing retroperitoneal lymphadenctomy. J Urol 1988;139:206.
18 Pizzocaro G, Zanoni F, Salvoni R, Milani A, Piva L, Pilotti S: Difficulties of a surveil- lance study omitting retroperitoneal lymphadenectomy in clinical stage I non-semi- nomatous germ cell tumors of the testis. J Urol 1987;138:1393–1396.

19   Williams SD, Birch R, Einhorn LH, Greco FA, Loeherer PJ: Treatment of dissemi-
     nated germ cell tumors with cisplatin, bleomycin, and either vinblastine or etoposide.
     New Engl J Med 1987;316:1435–1440.
20   Bosl GJ, Bejain D, Leitner S: A randomized trial of etoposide plus cisplatin and VAB-
     6 in the treatment of 'good-risk' patients with germ cell tumors. Proc Am Soc Clin
     Oncol 1986;5:104.
21   Weissbach L, Hartlapp JH, Horstmann-Dubral B: Necessary extent of adjuvant
     Chemotherapy in nonseminomatous testicular tumor stage II B. European Associa-
     tion of Urology, 8. Congress, London 1988.

Dr. Giorgio Pizzocaro, Istituto Nazionale Tumori, Via G. Venezian, 1
I-20133 Milano (Italy)

Beitr Onkol. Basel, Karger, 1990, vol 40, pp 221–225.

Current Treatment of Testicular Cancer

L. H. Einhorn

Indiana University, Indianapolis, IN, USA

In August, 1974, we began studies at Indiana University in disseminated testicular cancer with PVB (cisplatin, vinblastine and bleomycin) chemotherapy [1]. The original PVB regimen is depicted in table 1, and the therapeutic results are outlined in table 2. Twenty-eight of 47 patients (60 %) are currently alive with a minimal follow-up of 11 years.

The major serios toxicity was related to the high-dose (0.4 mg/kg) vinblastine. Myalgias, constipation, and paralytic ileus were all troublesome side effects, but severe granulocytopenia and potential sepsis were the most worrisome toxicity.

Thus, in 1976, we started a random prospective trial comparing our original PVB with the same regimen using a 25 % dosage reduction (0.3 mg/kg)

Table 1. Original PVB regimen

Platinum 20 mg/m^2 × 5 i.v. every weeks, (4 courses)	
Vinblastine 0.2 mg/kg i.v. days 1 and 2 every weeks, (4 courses)	Induction
Bleomycin 30 units i.v. push (starting on day 2), weekly × 12	
Maintenance vinblastine 0.3 mg/kg	
monthly × 21 (after induction therapy)	

Table 2. Results with PVB

Patients, n	47
Complete remission	33 (70 %)
Disease-free after PVB + surgery	5 (11 %)
5-year survivors	30 (64 %)
Number presently alive	28 (60 %)

for vinblastine during remission induction. It was felt that the reduced vinblastine dosage would reduce the hematological toxicity, but the more critical question was whether it could maintain the same therapeutic efficacy. A third arm adding doxorubicin to PVB was tested to see if the use of doxorubicin in combination with PVB would further improve the complete remission (CR) rate. The schema for this study is shown in table 3.

Seventy-eight patients were entered on this study and all patients have been followed for a minimum of 9 years. The 25 % reduction in the vinblastine dosage resulted in the expected decrease in hematological and neuromuscular toxicity. The therapeutic results are shown in table 4. There was no significant difference in any of the 3 induction arms. Fifty-eight of 78 patients (74 %) are currently alive and disease-free (no evidence of disease, NED). Based upon the results of this study, we abandoned our original PVB

Table 3. PVB study number 2

	Platinum 20 mg/m^2 × 5 q 3 weeks × 4 Vinblastine 0.4 mg/kg q 3 weeks × 4 Bleomycin 30 units i.v. weekly × 12
Randomized	Platinum 20 mg/m^2 × 5 q 3 weeks × 4 Vinblastine 0.3 mg/kg q 3 weeks × 4 Bleomycin 30 units i.v. weekly × 12
	Platinum 20 mg/m^2 × 5 q 3 weeks × 4 Vinblastine 0.2 mg/kg q 3 weeks × 4 Doxorubicin 50 mg/m^2 × 3 weeks × 4 Bleomycin 30 units i.v. weekly × 12

After 12 weeks of induction therapy, maintenance vinblastine (0.3 mg/kg monthly) given for a total of 2 years of chemotherapy.

Table 4. Therapeutic results

	PVB (0.4 mg/kg)	PVB (0.3 mg/kg)	PVB + Doxorubicin	Total
Patients, n	26	27	25	78
Complete remission	18 (69 %)	17 (63 %)	18 (72 %)	53 (68 %)
NED with surgery	5 (19 %)	4 (15 %)	2 (8 %)	11 (14 %)
Relapses	5 (19 %)	2 (10 %)	3 (15 %)	10 (13 %)
Continuously NED, n	18 (69 %)	18 (67 %)	17 (68 %)	53 (68 %)
Presently NED, n	20 (77 %)	19 (70 %)	18 (72 %)	58 (74 %)

regimen in favor of the equally effective but less toxic regimen that utilized the reduced dosage (0.3 mg/kg) of vinblastine [2].

We began a third generation study in 1978, utilizing the resources of the Southeastern Cancer Study Group (SECSG). This study randomized patients achieving CR (or NED with PVB + resection of teratoma) to standard maintenance vinblastine (0.3 mg/kg monthly $\times$ 21) versus no maintenance therapy. This important study confirmed the fact that optimal cure rates in disseminated testicular cancer could be achieved with merely 12 weeks of PVB induction and that maintenance therapy was unnecessary [3]. One hundred and forty-seven patients from Indiana University entered this SECSG protocol. With a minimal follow-up of 6 years, 117 (80 %) patients are currently alive and disease-free.

Combination chemotherapy with PVB has been used at Indiana University since 1974. Overall, with a follow-up of 6–13 years on these first 3 studies, 202 of 272 patients (74 %) are currently alive and presumably cured of their disseminated testicular cancer. Furthermore, these results have been confirmed and published by numerous other investigators and cooperative groups around the world.

PVB versus Platinum + VP-16 + Bleomycin (PVP$_{16}$B)

From 1981 to 1984, the SECSG has evaluated PVB versus PVP$_{16}$B as initial induction chemotherapy for disseminated testicular cancer. The VP-16 dosage was 100 mg/m^2 $\times$ 5 every 3 weeks for 4 courses and was combined with the usual dosages of cisplatin + bleomycin. The therapeutic results were similar, with 72 % NED with PVB and 79 % NED with PVP$_{16}$B (p = NS). However, the reduction in myalgias und peripheral neuropathy with PVP$_{16}$B was highly statistically significant [4]. Therefore, in 1984, based upon these results PVP$_{16}$B became our standard induction regimen for disseminated testicular cancer.

New Studies

It has been clear for many years that the most important prognostic factor related to a favorable outcome of chemotherapy in disseminated testicular cancer was the volume of metastatic disease. Several staging systems are already available; however, most of them were at least partially

developed prior to the advent of successful cisplatin combination chemotherapy. Therefore, we have developed a new staging system placing disseminated patients into 3 categories: minimal, moderate or advanced disease,
based upon disease extent (table 5). One hundred and eighty-one patients
were retrospectively classified by this scheme (PVB with or without maintenance vinblastine) and additional patients were prospectively stratified on
our recently completed SECSG protocol (PVB versus $PVP_{16}B$). Overall,
99 %, and 57 % of patients in these 3 categories achieved a favorable response to chemotherapy (CR or NED with chemotherapy plus surgical
resection of teratoma) [5].

Our present studies utilize this new staging system. For minimal and
moderate disease, it would be statistically impossible to demonstrate therapeutic superiority for a new regimen. However, once again, we can demonstrate equivalent results with decreased toxicity and cost, as we did when we
reduced vinblastine to 0.3 mg/kg, eliminated maintenance vinblastine, and
substituted VP-16 for vinblastine [6]. In this new study, we have evaluated
the standard 4 courses (12 weeks) of $PVP_{16}B$ and compared it in a random
prospective study to 3 courses (9 weeks) of $PVP_{16}B$. In advanced disease, we
are currently comparing 'standard' chemotherapy with $PVP_{16}B$ versus iden-

Table 5. Staging system

A. Minimal
  (1) Elevated markers only
  (2) Cervical ± retroperitoneal nodes
  (3) Unresectable, nonpalpable retroperitoneal disease
  (4) Minimal pulmonary metastases: less than 5 per lung field and largest less than 2 cm.
      (± nonpalpable abdominal disease; ± cervical nodes)

B. Moderate
  (1) Palpable abdominal mass with no supradiaphragmatic disease
  (2) Moderate pulmonary metastases: 5–10 per lung field with largest less than 3 cm;
      or, solitary pulmonary mass of any size; or mediastinal adenopathy less than 50 %
      intrathoracic diameter

C. Advanced
  (1) Advanced pulmonary metastases: primary mediastinal germ cell tumor; or, greater than
      10 pulmonary metastases per lung field; or, multiple pulmonary metastases with largest
      metastasis greater than 3 cm.

  (2) Palpable abdominal mass + pulmonary metastases
  (3) Hepatic, osseous, or CNS metastases

tical chemotherapy, but with double dose ($40\,mg/m^2 \times 5$) cisplatin. The advanced disease protocol is still accruing patients, whereas the favorable prognosis (minimal and moderate) study has been completed. One hundred and eighty-four patients entered this study from 10/84 through 6/87; 98 % of whom achieved a disease-free status. There was a 5 % relapse rate on both arms, and 93 % and 94 % respectively of patients remain disease-free on 3 courses versus 4 courses. Therefore, for the two-thirds of disseminated germ cell tumor patients who require chemotherapy (presentation as minimal or moderate disease), 3 courses of cisplatin plus VP-16 plus bleomycin is the preferred regimen.

References

1   Einhorn LH, Donohue JP: Cis-diamminedichloroplatinum, vinblastine, and bleomy-
     cin combination chemotherapy in disseminated testicular cancer. Ann Intern Med
     1977;87:293–298.
2   Einhorn LH, Williams SD: Chemotherapy of disseminated testicular cancer. Cancer
     1980;46:1339-1344.
3   Einhorn LH, Williams SD, Troner M, et al: The role of maintenance therapy in dis-
     seminated testicular cancer. New Engl J Med 1981;305:727–731.
4   Williams SD, Einhorn LH, Greco A, Birch R, Irwin G: Disseminated germ cell
     tumors: a comparison of cisplatin plus bleomycin plus either vinblastine or VP-16.
     New Engl J Med 1987;316:1435–1440.
5   Birch R, Williams SD, Cone A, et al: Prognostic factors for favorable outcome in dis-
     seminated germ cell tumors. J Clin Oncol 1986;4:400–407.
6   Einhorn LH, Williams SD, Loehrer P, et al: A comparison of four courses of cisplatin,
     VP-16 and bleomycin in favorable prognosis disseminated germ cell tumors (Ab-
     stract). Proc Am Soc Clin Oncol 1988;7:120 (No 462)

Lawrence H. Einhorn, MD, Indiana University, Medical Center,
University Hospital A–109,
926 West Michigan,
Indianapolis, IN 462 23 (USA)

Beitr Onkol. Basel, Karger, 1990, vol 40, pp 226–241.

Stellenwert der Salvage-Lymphadenektomie (LA) beim germinalen Hodentumor

N. Jaeger, W. Vahlensieck

Urologische Universitätsklinik der Universität Bonn, Bonn, BRD

Einleitung

Keine Organgeschwulst des Mannes hat so gute Heilungsaussichten wie der maligne Keimzelltumor; das gilt auch für die fortgeschrittenen Stadien IIC und III (Tab. 1) [41] mit retroperitonealen Lymphknotenabsiedlungen > 5 cm und/oder Fernmetastasen.

Die Verbesserung in der Prognose gegenüber früheren Jahren ist zweifellos der Entwicklung neuer Chemotherapeutika zu verdanken [14]. Prin-

Tabelle 1. Stadieneinteilung germinaler Hodentumoren [41]

Stadium I	Tumor auf den Skrotalinhalt beschränkt (entspricht $T_{1-4}N_0M_0$)
Stadium II	Tumor mit lymphogener Metastasierung unterhalb des Diaphragmas
A (entspricht $T_XN_1M_0$)	Solitäre Lymphknotenmetastase ≤ 2 cm oder mikroskopische Lymphknotenmetastasen oder ≤ 5 Lymphknotenmetastasen ≤ 2 cm
B (entspricht $T_XN_2M_0$)	Solitäre oder multiple Lymphknotenmetastasen 2–5 cm
C (entspricht $T_XN_3M_0$)	Lymphknotenmetastasen > 5 cm (bulky disease)
Stadium III	Lymphknotenmetastasen oberhalb des Diaphragmas oder extranodale Metastasen (Lunge, Leber, Gehirn, Knochen) (entspricht $T_XN_4M_0$ oder $T_XN_XM_1$)

zip unserer Behandlung ist die primäre pharmakologische Zytoreduktion, d. h. die induktive Polychemotherapie, ein Vorgehen, das die in den früheren Jahren favorisierte primäre chirurgische Intervention abgelöst hat [17, 28]. Trotzdem hat die operative Exploration der Metastasen als Bestandteil eines multimodalen Therapie-Konzeptes nach wie vor ihren Stellenwert.

Bei 25–30 % unserer Patienten im fortgeschrittenen Tumorstadium müssen wir nach induktiver Chemotherapie mit Residuen rechnen [9, 14]. Die Wirkung der zytostatischen Behandlung ist weniger an der radioskopisch und sonographisch erfaßbaren Tumorvolumen-Reduktion als an der patho-histologischen Aufarbeitung nach Dissektion ermeßbar. Somit hat die einer primären induktiven Polychemotherapie folgende chirurgische Intervention neben einer therapeutischen auch eine diagnostische Bedeutung. Der Eingriff dient der Beseitigung eines in seiner Dignität und in seinem späteren biologischen Verhalten nicht abschätzbaren Tumorrestes.

Indikation zur Salvage-LA beim fortgeschrittenen Seminom

Eine patho-histologische Differenzierung des germinalen Hodentumors in Seminome und Nicht-Seminome hat grundlegende Bedeutung in der Wahl unterschiedlicher therapeutischer Maßnahmen für die Initialstadien I, IIA und B (Abb. 1). Bei fortgeschrittener Dissemination (Stadium

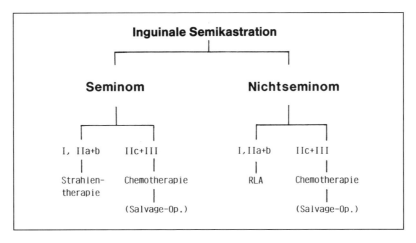

Abb. 1. Behandlungsplan des seminomatösen bzw. nicht-seminomatösen Hodentumors, differenziert nach Initialstadium bzw. fortgeschrittenem Stadium.

IIC und III) gilt jedoch sowohl für das Nicht-Seminom wie auch für das Seminom: Der Befund retroperitonealer Absiedlungen mit einem Durchmesser > 5 cm muß induktiv chemotherapiert werden, seit erwiesen ist, daß auch dieser histologische Typ erfolgreich auf eine Kombinationsbehandlung mit Cis-Platin anspricht [2, 6, 30, 35, 42]. Die primäre Strahlentherapie hat ihren früheren Stellenwert für diese fortgeschrittenen Stadien des Seminoms eingebüßt; Überlebensquoten von 22 % bzw. 28 % nach Radiotherapie (Tab. 2) stehen Vollremissionsraten von 63 – 92 % nach Chemotherapie (Tab. 3) gegenüber.

Bei 12 eigenen Patienten im fortgeschrittenen Stadium des Seminoms erzielten wir eine Vollremissionsrate von 92 % durch induktive Zytostase und sekundäre Resektion in 9 Fällen (Tab. 3). Patho-histologisch fand sich bei 7 dieser Patienten lediglich Nekrose/Fibrose und in 2 Fällen überraschenderweise ein adultes Teratom.

Tabelle 2. Ergebnisse der Radiotherapie des fortgeschrittenen metastasierten Seminoms (IIC + III)

Autor	n	Überlebensrate
Smith et al. [33]	154	22,1 %
Caldwell et al. [4]	130	28,4 %
Eigene Patienten	15	60,0 %

Tabelle 3. Vollremission nach induktiver Chemotherapie des fortgeschrittenen metastasierten Seminoms (IIC + III)

Autor	n	Vollremissionsrate
Einhorn, Williams [11]	19	63 %
Schuette et al. [30]	28	82 %
Peckham et al. [27]	44	91 %
Stanton et al. [34]	28	84 %
Friedmann et al. [13]	20	90 %
Loehrer et al. [21]	44	62 %
Wettlaufer [42]	12	92 %
Eigene Patienten	12	92 %*

*nach Chemotherapie + Salvage-Operation

Das gute Ansprechen des Seminoms auf Chemotherapeutika wird von anderen Autoren bestätigt [14]. Die geringe Inzidenz einer malignen Histologie im Dissektat hat infolgedessen Wettlaufer sowie Daniels veranlaßt, generell bei einer Teilremission (Reduktion des Tumorvolumens auf < 50 % für die Dauer von mindestens 4 Wochen) auf die sekundäre Operation zu verzichten [6, 42]. Motzer et al. sehen keinerlei Operations-Indikation bei Residuen mit einem Durchmesser < 3 cm [25]. Handelt es sich um eine residuelle Fibrose, wird sich diese im weiteren Verlauf zurückbilden.

Indikation zur Salvage-LA beim fortgeschrittenen Nicht-Seminom

Chemotherapeutische Vollremission

Die Effektivität der induktiven Chemotherapie in fortgeschrittenen Stadien des Keimzelltumors (IIC und III) ist an der Rate erzielter Vollremissionen (Tab. 4) ermeßbar. Nach Donohue handelt es sich bei diesen Patienten definitionsgemäß um eine Normalisierung des Röntgen-Thorax- und/oder CT-Befundes (Thorax und/oder Abdomen) sowie Normalisierung des Markerprofils für die Dauer von 4 Wochen; als Kriterium der Vollremission von Lymphknotenmetastasen gilt der Befund des Lymphknoten-Durchmessers < 1,5 cm bzw. des Lymphknotenvolumens < 20 cm^3 [10].

Angesichts gehäufter falsch-negativer radiologischer Befunde in früheren Jahren haben Garnick et al. und Skinner et al. auf die operative

Tabelle 4. Behandlungsergebnisse beim fortgeschrittenen Keimzell-Tumor

Autor	n	CR durch Chemotherapie (%)	NED durch Salvage-Operation (%)	Gesamt-CR-Rate (%)
Bosl et al. [3]	28	71	11	82
Einhorn, Williams [12]	78	68	14	82
Vugrin et al. [39]	25	68	24	92
Crawford [5]	114	53	36	89
Prenger et al. [29]	28	43	36	79
Wettlaufer et al. [43]	29	31	62	93
Pizzocaro et al. [28]	60	58	30	88
Vulgrin, Whitmore [40]	66	38	38	76
Logothetis et al. [24]	100	85	4	89

CR = «complete remission», NED = «no evidence of disease»

Exploration entsprechender Regionen nicht verzichtet und – auch bei kompletter Remission – nicht selten maligne Tumorresiduen exstirpieren können [15, 32]. Durch moderne bildgebende Verfahren (Computertomographie, Immunszintigraphie) ließ sich jedoch die Sensitivität der Abklärung von Metastasen erheblich steigern, so daß bei ihrem Einsatz in Fällen einer Vollremission auf die chirurgische Exploration verzichtet werden kann [9, 10].

Geldermann et al. sowie Vugrin und Whitmore sehen eine derartige «wait and see»-Strategie nur dann vor, wenn es sich um einen teratomfreien Primärtumor (beispielsweise ein reines embryonales Karzinom) gehandelt hat [16, 40]. Im Falle eines teratomhaltigen Primärtumors operieren sie nach wie vor auch bei chemotherapeutischer Vollremission. Das Argument für dieses differenzierte Vorgehen bietet die bekanntermaßen schlechtere Ansprechbarkeit der Teratome auf zytostatische Substanzen.

Chemotherapeutische Teilremission bei normalisiertem Markerprofil

Für den Fall einer Teilremission mit normalisiertem Markerprofil haben Donohue et al. das bislang vorgeschriebene Konzept der Salvage-Operation abgeändert: Unter Berücksichtigung der Primärtumor-Histologie wird von den Autoren – wie in der Situation eines suffizient regressiven Seminoms – von der operativen Intervention abgesehen, wenn die Konstellation «teratomfreier Primärtumor plus Remission der Metastasen um mindestens 90 % ihres Volumens» gegeben ist, da ihrer Erfahrung nach sodann nicht mehr mit einer malignen Histologie zu rechnen ist [10].

Nach wie vor bleibt die Indikation zum Eingriff bei einer Remission < 90 % des ursprünglichen Metastasenvolumens sowie in jedem Fall einer Partialremission bei teratomhaltigen Primärtumor bestehen. – Auch in Fällen mit unzureichender Regression großvolumiger Metastasen hat der Eingriff unter der Zielsetzung der kompletten Tumorexstirpation seinen Stellenwert (Abb. 2). Voraussetzung zur OP ist jedoch eine Normalisierung der Tumormarker AFP und HCG.

Unzureichende Tumorregression mit pathologischem Markerprofil

Bei pathologischem Markerbefund ist jegliche Resektion eines Residualtumors als Verzweiflungstat zu werten und damit kontraindiziert. In

einer eigenen Untersuchung von 59 Patienten konnten wir zeigen, daß
8 von 9 Patienten mit pathologischem Markerprofil nach der Salvage-Operation an den Folgen eines späteren Tumorprogresses verstorben sind [18].
Entsprechende Erfahrungen machten auch Logothetis et al., Crawford,
Donohue und Rowland sowie Bosl et al. [3, 5, 9, 22]. Statt einer Operation

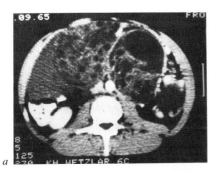
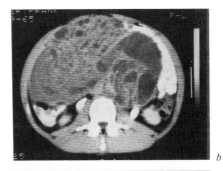

a   b

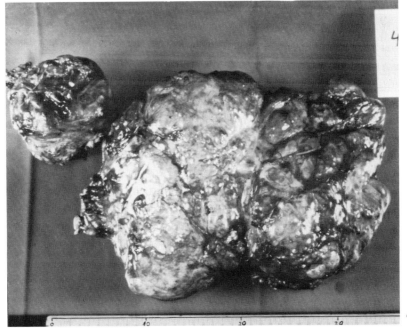

c

Abb. 2. a Ausgedehnte retroperitoneale Metastasierung (bulky tumor) eines rechtsseitigen Hoden-Mischtumors. *b* Nur geringe Volumen-Regression, jedoch Markernorma-
lisierung nach 5 Kursen einer induktiven Polychemotherapie (Vinblastin, Bleomycin, Cis-
Platin, Ifosfamid). *c* Entsprechendes Dissektat der Salvage-Lymphadenektomie. Patho-
Histologie: adultes Teratom.

vermag ein alternatives Chemotherapie-Konzept noch effektive Tumor-
regressionen herbeizuführen und somit reelle Heilungschancen für den
Patienten zu bieten [22].

Operationsausmaß und -komplikationen

Neben der Frage zur Indikation der Salvage-Operation ist auch das
notwendige Ausmaß dieser Operation zu diskutieren. Abzuwägen ist, ob
der Eingriff lediglich auf die Entfernung makroskopisch verifizierbarer
Tumoren beschränkt werden kann, oder ob der Eingriff nach Dissektion
der Residuen zur bilateralen LA mit Entfernung unverdächtiger Lymphknoten ausgeweitet werden muß. Wir sind dieser Frage in einer retrospektiven Untersuchung unseres Krankenguts nachgegangen [20].

Von Januar 1978 bis Februar 1988 haben wir bei 143 Patienten mit
retroperitonealen Residuen nach Chemotherapie eine Salvage-LA vorgenommen. In 92 Fällen gestalteten wir die Ausmaße des Eingriffs radikal,
d.h., die Grenzen der Dissektion reichten kranial bis zum Abgang der Arteria mesenterica superior, rechts und links bis zur Vena testicularis und kau-
dal bis zum Abgang der Arteria iliaca interna. In 51 Fällen beschränkten wir
uns lediglich auf die Dissektion präoperativ computertomographisch dia-
gnostizierter und zugleich intraoperativ verifizierter Residuen (debulking).
Dabei wurde die Resektion einer tumorangrenzenden Sicherheitszone
angestrebt. In 4 Fällen war die Radikalität aus operationstechnischen Gründen nicht möglich; Tumorrandbezirke mußten aus vitaler Indikation belas-
sen werden.

Die Rate der gravierenden intraoperativen Läsionen belief sich auf
38 % (radikale LA) bzw. 27 % (debulking) (Tab. 5). Im Vordergrund standen
Läsionen der großen retroperitonealen Gefäße, des Harnleiters, des Darms
und der Leber. – Schwerwiegende postoperative Komplikationen (Tab. 6)
traten bei 20 % (radikale LA) bzw. 12 % (debulking) der Patienten auf. Es
handelte sich um Einzelfälle mit einer Aortenruptur, einer Nierenarterien-
thrombose, einer ausgeprägten Beckenvenenthrombose, einem zerebralen
Insult und einem Darmverschluß; ferner beobachteten wir: das intersti-
tielle Lungenödem, den Platzbauch, den retroperitonealen Abszeß und die
Lungenarterienembolie. 4 Patienten sind an den Folgen der postoperativen
Komplikationen verstorben. Nach unseren Recherchen (Tab. 7) leben 66
Patienten (72 %) aus der Gruppe der radikal operierten nach 42 Monaten
ohne Anzeichen des Tumors; 21 Patienten (23 %) verstarben am

Tabelle 5. Intraoperative Läsionen bei Salvage-LA (n = 143)

	Radikale LA (n = 92)	Debulking (n = 51)
V. cava*/iliaca	10	3
Aorta abdominalis / A. iliaca	6	2
A./V. renalis	12	3
Duodenum	1	2
Ureter	5	2
Prostatische Harnröhre	–	1
Leber	–	1
Kolon	1	–
	35 (38 %)	14 (27 %)

*in 3 Fällen Resektion der V. cava

Tabelle 6. Schwere postoperative Komplikationen nach Salvage-LA (n = 143)

	Radikale LA (n = 92)	Debulking (n = 51)
Aortenruptur	1	–
Interstitielles Lungenödem	2	1
Thrombose der A. renalis	1	–
«Platzbauch»	3	1
Retroperitonealer Abszeß	3	–
Beckenvenenthrombose	1	–
Embolie der A. pulmonalis	2	–
Zerebraler Insult	1	–
Intestinal-Fistel	–	2
Ileus	1	1
Exitus	3	1
	18 (20 %)	6 (12 %)

Tabelle 7. Status nach Salvage-LA beim fortgeschrittenen metastasierten Keimzelltumor (n = 142)

	Radikale LA (n = 92)	Debulking (n = 51)
Lebend ohne Tumor	66 (72 %)	37 (73 %)
Lebend mit Tumorzeichen	2	5
Gestorben an Tumorfolgen	21 (23 %)	8 (16 %)
Gestorben an Therapiefolgen	3	1

Tumorprogreß. Von den Patienten, bei denen wir lediglich den Residualtumor entfernten (debulking), leben 37 Patienten (73 %) nach 31 Monaten
ohne Anzeichen der Erkrankung; 8 Patienten (16 %) verstarben am Tumorprogreß.

Diskussion

Das multimodale Therapiekonzept für Keimzelltumoren gehört zu
den erfolgreichsten systemischen Maßnahmen in der Krebsbehandlung.
Bei dem größten Teil der Patienten im fortgeschrittenen disseminierten
Stadium ist mit Hilfe der Polychemotherapie innerhalb von 2–5 Monaten
eine klinische Vollremission mit Rückbildung aller nachweisbarer Herde
und Normalisierung pathologischer Tumormarker möglich (Tab. 4). Das
betrifft unter Umständen auch größere Tumorvolumen und sogar ungünstige Absiedlungsorte wie beispielsweise den Leberbefall (Abb. 3). Nach
Seeber liegen die Rückfallquoten für Patienten mit einer Vollremission bei
nur etwa 8 % [31]. Donohue et al. verzichteten in dieser Situation mit radio-

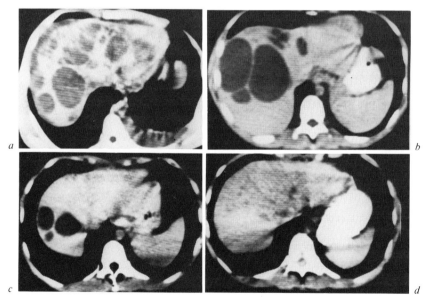

Abb. 3. a Lebermetastasen eines Hoden-Mischtumors. *b, c* Teilremission während
bzw. *d* Vollremission nach induktiver Polychemotherapie mit Vinblastin, Bleomycin und
Cis-Platin.

logischem Ausschluß von Geschwulstresten und normalen Tumormarkern bei 28 Patienten auf die Salvage-Operation; in 4 Fällen kam es späterhin zu einem pulmonalen Progreß, der jeweils eine reinduktive (Salvage-) Chemotherapie erforderlich machte, eine Maßnahme, die Dank ansehnlicher Erfolge die «wait and see»-Strategie bei chemotherapeutischer Vollremission absichert [7].

Als Ergebnis einer Analyse von Vugrin und Whitmore ist es zur Gegenüberstellung von Ansprechraten unausweichlich, Patienten mit einer fortgeschrittenen Keimzellgeschwulst im Hinblick auf Tumorvolumen und Tumorlokalisation eingehender zu differenzieren [40]. Aus Tabelle 8 ist ersichtlich, daß die Remissionen in erster Linie vom Volumen der retroperitonealen Metastasen abhängig sind. – Auch Birch et al. machten entsprechende Beobachtungen und sahen sich veranlaßt, ein differenziertes Klassifikationsschema (Tab. 9) für fortgeschrittene metastasierte Hodentumoren zu entwerfen [1].

Über die Bedeutung des Tumorvolumens hinaus spielt auch das teratomatöse Element im Primärtumor eine wesentliche Rolle für das Remissionsverhalten entsprechender Absiedlungen, da man davon ausgehen muß, entsprechende patho-histologische Subtypen auch in der Metastase antreffen zu müssen. Geldermann et al. und auch Donohue et al. machten die Erfahrung, daß infolge einer offensichtlich schlechteren Ansprechbarkeit die chemotherapierten Metastasen eines teratomatösen Primärtumors in 50 % noch teratomatöse Elemente beinhalten, wohingegen in jedem Fall eines teratomfreien Primärtumors in der Absiedlung jeweils lediglich Narbenreste anzutreffen waren [10, 16]. Trotz zum Teil günstiger Ausgangsbefunde (Seminom, teratomfreier Primärtumor etc.) ist der maligne Charakter eines Residualtumors in keinem Fall gänzlich auszuschließen.

Tabelle 8. Prognostische Faktoren der chemotherapeutischen Vollremissionsrate (CR) beim fortgeschrittenen Keimzell-Tumor [40]

Faktor	CR-Rate
«minimal disease» (abdom.)	76 %
«minimal disease» (thorak.)	86 %
«advanced disease» (abdom.)	24 %
«advanced disease» (thorak.)	68 %
Primär-Tumor mit Teratom	23 %
Primär-Tumor ohne Teratom	55 %

Bei radiologischem Nachweis dient uns daher die radikale sekundäre Metastasenchirurgie noch immer als entscheidende Behandlungsmaßnahme, in
Fällen der Teilremission den Status der Vollremission mit Aussicht auf
Dauerheilung herbeizuführen (Tab. 4). Darüber hinaus ist der Befund des
Dissektats von besonderer prognostischer Bedeutung und hat unter Umständen auch weitere therapeutische Konsequenzen (Indikation zur reinduktiven Polychemotherapie bei vital-malignen Tumorresten). Nach Lite-
raturrecherchen (Tab. 10) ist das Verteilungsmuster der 3 histologischen
Subtypen: «Nekrose/Fibrose – adultes Teratom – vitaler Keimzelltumor»
uneinheitlich. Einer eigenen retrospektiven Untersuchung zufolge [19]
leben 80 von 92 Patienten mit der Histologie einer Nekrose bzw. eines adulten Teratoms ohne Anzeichen der Erkrankung, während nach dem Dissektat eines unreifen Malignoms 19 von 44 Patienten am Erkrankungsprozeß
verstorben sind (Tab. 11).

Zur Frage nach dem Umfang der Salvage-Operation sind eindeutige
Stellungnahmen in der Literatur nur selten zu finden. 1980 forderte Donohue noch die radikale Dissektion des gesamten Retroperitoneums [7]. Die-

Tabelle 9. «Indiana»-Klassifikation des fortgeschrittenen metastasierten Keimzelltumor [1]

Minimal	nur HCG und/oder AFP erhöht
	supraklavikuläre Metastase (mit/ohne nicht-palpablen retroperitonealen Metastasen)
	nicht dissezierbare, nicht-palpable retroperitoneale Metastasen
	weniger als 5 Lungenmetastasen (< 2 cm) pro Lungenfeld (mit/ohne nicht-palpablen retroperitonealen Metastasen)
Moderate	lediglich palpabler retroperitonealer «bulky» Tumor
	5–10 Lungenmetastasen (< 3 cm) pro Lungenfeld oder mediastinale Lymphknoten-Metastase (< 50 % des Intrathorakal-Durchmessers) oder solitäre Lungenmetastase > 3 cm (mit/ohne nicht-palpablen retroperitonealen Metastasen)
Advanced	mehr als 10 Lungenmetastasen pro Lungenfeld oder mediastinale Lymphknoten-Metastase bzw. Lungenmetastasen (> 50 % des Intrathorakal-Durchmessers) oder mehrere Lungenmetastasen > 3 cm (mit/ohne nicht-palpablen retroperitonealen Metastasen)
	palpabler retroperitonealer «bulky» Tumor mit Lungenmetastasen
	Leber-, Knochen- oder Hirnmetastasen

ses Ausmaß übertrifft die später 1983 von ihm propagierte Notwendigkeit, «das gesamte makroskopisch identifizierbare Restgewebe zu entfernen» [8]. 1987 ging Donohue noch einen Schritt weiter, er empfahl schließlich die «wait and see»-Strategie in Fällen eines teratomfreien Primärtumors nach mindestens 90 %iger Volumenreduktion der Metastasen durch Chemotherapie [10]. Somit ist sowohl für die Indikation als auch für das Ausmaß der Salvage-Operation ein Trend zur Beschränkung des Eingriffs erkennbar. Nicht nur zuletzt durch vergleichbare Überlebensraten (Tab. 7) läßt sich die begrenzte und zugleich komplette Dissektion des Resttumors rechtfertigen, ohne die Gesetze der radikalen Tumorchirurgie zu mißachten. Durch diese Maßnahmen kann möglicherweise das Risiko für die in

Tabelle 10. Histologie des Dissektats nach induktiver Polychemotherapie beim fortgeschrittenen Keimzell-Tumor

Autor	n	Vit. Tumor (%)	Nekrose (%)	Diff. Teratom (%)
Donohue, Rowland [9]	123	35	28	37
Vulgrin et al: [38]	37	30	49	22
Wettlaufer et al. [43]	20	20	45	35
Stoter et al. [36]	41	12	59	29
Surmeijer et al. [37]	49	6	53	41
Neidhart et al. [26]	8	25	25	50
Logothetis et al. [23]	24	0	38	62
Williams et al. [44]	25	4	20	76
Jaeger et al. [19]	136	32	30	38
Total	463	24	36	39

Tabelle 11. Histologie der chemotherapeutisch behandelten Metastase und Verlauf (n = 136) [19]

Histologie	n	NED	AWD	DOD	DoTh
Nekrose / Fibrose	41	36 (88 %)	–	4	1
Adultes Teratom	51	44 (86 %)	1	6	–
Aktiv-unreifes Malignom	44	21 (48 %)	3	19	1
Total	136	101 (74 %)	4	29	2

NED = «no evidence of disease»   AWD = «alive with disease»
DOD = «dead of disease»   DoTh = «dead of therapy»

Frage kommenden Patienten bzw. die Rate der intra- und postoperativen Komplikationen gesenkt werden.

Schlußfolgerungen und Beurteilung

Führt die induktive Polychemotherapie bei fortgeschrittenen disseminierten Keimzelltumoren zur Vollremission, so kann nach den vorliegenden Erkenntnissen auf eine sekundäre chirurgische Exploration von Regionen vormaliger Metastasierung (Retroperitoneum, Mediastinum, Lunge etc.) verzichtet werden.

Eindeutig definierbare Tumorresiduen sollten bei normalem Markerprofil entfernt werden. Hinsichtlich des Operationsausmaßes ist eine Resektion lediglich makroskopisch verifizierbarer Residuen zu rechtfertigen. Der Eingriff muß nicht zur bilateralen LA ausgeweitet werden.

Die sekundäre Metastasenchirurgie sichert eine histologische Vollremission (Nekrose/Fibrose). Im Falle eines adulten Teratoms führt sie zur Heilung. Bei Patienten mit unreif-malignem Dissektat besteht die Indikation zur reinduktiven Polychemotherapie.

Nur Langzeitbeobachtungen können zeigen, ob in Fällen einer Teilremission bei primär «reinem Seminom» und «teratomfreiem» Primärtumor einer «wait and see»-Strategie stattgegeben werden kann.

Beim Vergleich von Ansprechraten müssen die entsprechenden Daten mit Vorsicht interpretiert werden. Unter den verschiedenen Ursachen, die wesentlichen Einfluß auf die Prognose besitzen, ist die Gesamttumormasse vor Chemotherapie der wichtigste Faktor, der unter optimalen Kautelen in der Indiana-Klassifikation berücksichtigt wird [1].

Literatur

1   Birch R, Williams SD, Cone A, Einhorn L, Roark P, Turner S, Greco FA: Prognostic factors for favourable outcome in disseminated germ cell tumors. J Clin Oncol 1986; 4:400–407.
2   Ball D, Barett A, Peckham MJ: The management of metastatic seminoma testis. Cancer 1982;50:2289–2294.
3   Bosl GJ, Gluckman R, Geller NL, Golbey RB, Whitmore WF, Herr H, Sogani P, Morse M, Martine N, Bains M, McCormick P: VAB-6: an effective chemotherapy regimen for patients with germ-cell tumors. J Clin Oncol 1986;45:1768–1774.
4   Caldwell CWL, Kademian MT, Frias Z, Davis E: The management of testicular seminomas. Cancer 1980;45:1768–1774.

5   Crawford ED: The Southwest Oncology Group Study for advanced testicular cancer. Semin Urol 1984;2:244–253.

6   Daniels JR: Chemotherapy in seminoma: when is it appropriate initial treatment? J Clin Oncol 1985;3:1294–1295.

7   Donohue JP, Einhorn LH, Williams SD: Cytoreductive surgery for metastatic testis cancer: considerations of timing and extent. J Urol 1980;123:876–880.

8   Donohue JP, Roth LM, Zachary JM, Rowland RG, Einhorn LH, Williams SG: Zytoreduktive Chirurgie beim metastasierenden Hodencarcinom: Histologie retroperitonealer Residualmetastasen nach Chemotherapie. Akt Urol 1983;14:86–89.

9   Donohue JP, Rowland RG: The role of surgery in advanced testicular cancer. Cancer 1984;54:2716–2721.

10 Donohue JP, Rowland RG, Kopecky K, Steidle CP, Geier G, Ney KG, Einhorn LH, Williams SD, Loehrer P: Correlation of computerized tomographic changes and histological findings in 80 patients having radical retroperitoneal lymph node dissection after chemotherapy for testis cancer. J Urol 1987;137:1176–1179.

11 Einhorn LH, Williams SD: Chemotherapy of desseminated testicular Cancer: a random prospective study. Cancer 1986;46:1339–1344.

12 Einhorn EH: Chemotherapy of disseminated germ cell tumors. Cancer 1987;60:570–573.

13 Friedman EL, Garnick MB, Stomper PC, Mauch PM, Harrington DP, Richie JP: Therapeutic guidelines and results in advanced seminoma. J. Clin Oncol 1985;3:1325–1332.

14 Gallmeier WM, Kaiser G, Bruntsch U: Chemotherapie bei Nicht-Seminom-Hodenkarzinomen. Münch Med Wschr 1984;126:14–19.

15 Garnick MB, Canellos GP, Richie JP: Advanced testicular carcinoma: correlation of radiographic and surgical findings following combination chemotherapy. Proc Am Soc Clin Oncol 1986;21:422.

16 Gelderman WAH, Schraffordt-Koops H, Sleijfer DT, Oosterhuis JW, Oldhoff J: Treatment of retroperitoneal residual tumor after PVB chemotherapy of non-seminomatous testicular tumors. Cancer 1986;58:1418–1421.

17 Jaeger N, Weißbach L, Altwein JE, Kreuser E: Primary lymphadenectomy or primary chemotherapy in advanced metastatic testicular cancer. Eur Urol 1983;9:329–333.

18 Jaeger N, Vahlensieck W: Diagnostic value of markers AFP, HCG and LDH in advanced germ cell tumors before and after cytostasis resp, in Khoury S, Küss R, Murphy GP, Chatelain C, Karr JP (eds): Testicular cancer. New York, Alain R Liss, Prog Clin Biol Res 1985; vol 203:pp 107–112.

19 Jaeger N, Kreuser ED, Altwein JE, Vahlensieck W: Zeitpunkt und Ausmaß der verzögerten Resektion beim fortgeschrittenen Keimzelltumor ($T_{0-4}N_{3,4}M_{0,1}$). Akt Urol 1987;18:171–176.

20 Jaeger N, Weißbach L, Schoeneich G, Vahlensieck W: Zulässige Begrenzung der Salvage-Lymphadenektomie (LA) bei Residuen nach Chemotherapie eines fortgeschrittenen Keimzelltumors. Verh Dtsch Ges Urol (im Druck).

21 Loehrer PJ, Hui S, Clark S, Seal M, Einhorn LH, Williams SD, Ulbright T, Mandelbaum I, Rowland R, Donohue JP: Teratoma following cisplatin-based combination chemotherapy for non-seminomatous germ cell tumors: a clinicopathological correlation. J Urol 1986;135:1183–1189.

22 Logothetis CJ, Samuels ML: Surgery in the management of stage III germinal cell tumors. Cancer Treat Rev 11:27–37.

23 Logothetis CJ, Samuels ML, Selig D, Swanson D, Johnson DE, von Eschenbach AC: Improved survival with cyclic chemotherapy for non-seminomatous germ cell tumors of the testis. J Clin Oncol 1985;3:326–335.

24 Logothetis CJ, Samuels M,L, Selig D, Ogden S, Dexeus F, Swanson D, Johnson D, von Eschenbach A: Cyclic chemotherapy with cyclophosphamide, doxorubicin and cisplatin plus vinblastine and bleomycin in advanced germinal tumors. Am J Med 1986;81:219–228.

25 Motzer R, Bosl G, Heelan R, Fair W, Whitmore W, Sogani P, Herr H, Morse M: Residual mass: an indication for further therapy in patients with advanced seminoma following systemic chemotherapy. J Clin Oncol 1987;5:1064–1070.

26 Neidhart JA, Memo R, Metz EN, Wise H: Probable cure of metastatic testicular tumors treated with sequential therapy. Cancer Treat Rep 1986;64:553–554.

27 Peckham MJ, Horwich A, Hendry WF: Treatment with cis-platin-based combination chemotherapy or carboplatin. Br J Cancer 1985;52:7–13.

28 Pizzocaro G, Salvioni R, Pasi M, Zanoni F, Milani A, Pilotti S, Monfardini S: Early resection of residual tumor during cisplatin, vinblastine, bleomycin combination chemotherapy in stage III and bulky stage II nonseminomatous testicular cancer. Cancer 1985;56:249–255.

29 Prenger K, Eysman L, Homan van der Heide JN, Oldhoff J, Sleijfer DT, Schraffordt-Koops H, Osterhuis JW: Thoracotomy as a staging procedure after chemotherapy in the treatment of stage III nonseminomatous carcinoma of the testis. Ann Thorac Surg 1984;38:444–446.

30 Schuette J, Niederle M, Scheulen ME, Seeber S, Schmidt CG: Chemotherapy of metastatic seminoma. Br J Cancer 1985;51:467–472.

31 Seeber S: Fortschritte in der Therapie teratoider Hodentumoren. Wien Med Wschr 1982;13:329–333.

32 Skinner DG, Melamud A, Lieskovsky G: Complications of thoracoabdominal retroperitoneal lymph node dissection. J Urol 1982;127:1107–1110.

33 Smith RB, DeKernion JB, Skinner DG: Management of advanced testicular seminoma. J Urol 1979;121:429–431.

34 Stanton GF, Bosl FJ, Whitmore WF, Herr H, Sogani P, Morse M, Golbey RB: VAB-6 as initial treatment of patients with advanced seminoma. J Clin Oncol 1985;3:336–339.

35 Stomper PC, Jochelson MS, Friedman EL, Garnick MB, Richie JP: CT evaluation of advanced seminoma treated with chemotherapy. AJF 1986;146:745–748.

36 Stoter G, Vendrick GPJ, Struyvenberg A, Sleijfer DT, Vriesendorp R, Schraffordt-Koops H, van Ostertom AT, ten Bokkel-Huinink WW, Pindeo HW: Five-year survival of patients with disseminated non-seminomatous testicular cancer treated with cisplatin, vinblastine and bleomycin. Cancer 1984;54:1521–1526.

37 Suurmeijer AJH, Oosterhuis JW, Sleijfer DT, Schrafford-Koops H, Fleuren GJ: Non-seminomatous germ cell tumours of the testis: morphology of retroperitoneal lymph node metastases after chemotherapy. Eur J Cancer Clin Oncol 1984;727–734.

38 Vugrin D, Whitmore WF, Sogani PC, Bains M, Herr HW, Golbey RB: Combined chemotherapy and surgery in treatment of advanced germ cell tumors. Cancer 1981;47:2228–2234.

39 Vugrin D, Whitmore W.F, Golbey RB: Vinblastine, actinomycin-D; bleomycin, cyclophosphamide and cisplatin combination chemotherapy in metastatic testis cancer – a 1-year program. J Urol 1982;128:1205–1208.

40 Vugrin D, Whitmore WF: The role of chemotherapy and surgery in the treatment of retroperitoneal metastases in advanced nonseminomatous testis cancer. Cancer 1985;55:1874–1878.

41 Weißbach L, Boedefeld EA, Seeber S: Hodentumoren: Frühzeitige Diagnose und stadiengerechte Therapie sichern den Erfolg. Deutsches Ärzteblatt 1985;82:1340–1349.

42 Wettlaufer JN: The management of advanced seminoma. Semin Urol 1984;2:257–263.

43 Wettlaufer JN, Feiner AS, Robinson WA: Vincristine, Cisplatin and bleomycin with surgery in the management of advanced metastatic nonseminomatous testis tumors. Cancer 1984;53:203–209.

44 Williams S, Einhorn LH, Greco A, Birch R, Irwin L: Disseminated germ cell tumors: a comparison of cisplatin plus bleomycin plus either vinblastine (PVB) or VP-16 (BEP). Proc Am Soc Clin Oncol 1984;4:100.

Prof. Dr. Norbert Jaeger, Urologische Universitätsklinik,
Sigmund-Freud-Straße 25, D-5300 Bonn 1 (BRD)

Beitr Onkol. Basel, Karger, 1990, vol 40, pp 242 – 250

Surgery in Advanced Disease
(Testicular Cancer)

J. P. Donohue

Department of Urology, Indiana University School of Medicine, Indianapolis, IN, USA

Introduction

Points of consensus for treating advanced testicular cancer are as follows:

(1) *Primary chemotherapy* is the best initial treatment for people with pulmonary and/or advanced abdominal disease at presentation.

(2) *Follow-up* management including *markers* and *imaging studies* on a regular basis will determine those who achieve a complete and/or partial response (CR or PR).

(3) Those who achieve a *partial response* are then considered *surgical candidates* based on the following considerations. *(A)* Type of *primary histology* (MTU vs. MTI; i. embryonal cancer vs. teratoma). *(B) Rate of response:* (percent reduction in size of tumor mass and of marker reduction in size of tumor mass and of marker reduction through induction chemotherapy). *(C)* Size of residual tumor and its location (small vs. large; peripheral pulmonary vs. retroperineum etc.).

(4) Generally, those with partial remissions and significant residual tumor (i.e. obvious residual volume of nodal disease of pulmonary disease) should be resected surgically. Tumor marker status should be negative. Occasionally, partial remissions who have exhausted salvage programs and who have localized seemingly resectable disease can be candidates for surgery as well.

(5) The histology of the resected tissue will determine subsequent management. Necrosis fibrosis and/or teratoma elements are generally managed expectantly after surgical resection of tumor. Those with residual vital malignancy, remain candidates for further salvage chemotherapy programs.

Points of Contention

Points of continuing contention and disagreement revolve around the following. (1) Definitions of advanced disease (when is retroperitoneal disease advanced?) Is all retroperitoneal clinical disease advanced? Or is only Stage IIB advanced? (2) What ist the 'cut off' for referral of patients for primary chemotherapy for 'advanced disease'. Are there any absolute criteria? (3) Should all partial remissions be operated for RPLND surgery. Some would say 'yes', and others feel therapy can be individualized based on the nature of the primary tumor histology and the rate of response. (4) Should the nature of retroperitoneal surgery be the same in all candidates with residual tumor after chemotherapy? Is there room for modified templates of surgery, particularly in lower volume disease? Also, can a nerve sparing technique, applied successfully to clinical Stage I and IIA be applied to postchemotherapy dissection if anatomical considerations are favorable? (5) To what extent does the histology of the primary testis tumor play a role in decision making regarding postchemotherapy of RPLND surgery? If there is pure embryonal carcinoma, to what extent are we willing to observe a resolving partial remission? Also, if there is pure seminoma in the primary when if ever would a patient require surgery for removal of a postchemotherapy mass? Finally, do all complete remissions require surgery anyway if they had any teratoma elements in the primary? Each of these points are areas of some contention among various centers actively involved in the management of germ cell tumors.

Consensus

It is uniformly agreed that advanced testicular cancer is best treated with combination platinum based chemotherapy as primary therapy [5]. Those with more bulky tumor who obtain a partial remission should then have residual tumor completely resected by surgery [2-4, 8, 10, 11, 12, 14-16]. This effectively restages the patient, provides therapeutic benefit to many and determines the need for additional chemotherapy. If carcinoma is found in the resected specimen further 'salvage' chemotherapy is required [4, 16]. If the resection is grossly complete, even this group can obtain survival in the majority of cases [1, 5].

The combined clinical experience over the past two decades approaches 2000 operative cases. These permit us several additional observations.

Some patients who achieve a partial remission following chemotherapy for pure seminoma or pure embryonal carcinoma can still be observed [4, 7, 13 – 15]. Those with pure seminoma in the primary specimen who still have a radiographic abnormality after treatment for bulky metastatic disease usually have necrotic tumor, if resected.

However, a minority of seminoma patients, those who have a relatively large persistent mass, may require resection. Some have noted a persistent seminoma in those cases who are relatively unresponsive to chemotherapy. Several groups have demonstrated a successful conservative approach in partial responders if they had seminoma in their primary tumor as the only histologic component [4, 13]. In more recent times, several groups have noted other subsets of patients with nonseminous germ cell tumors who can be observed even with a partial remission [4]. For example, those who had pure embryonal cancer of the primary tumor and those who had very good and rapid response in measured tumor volume (70 to 90 % depending on the several reports) had a great likelihood of necrotic tissue in the resected specimen [9]. Therefore, it is speculated that these partial responders with favorable predictive criteria (chemosensitive tumor without teratoma in the primary, rapid response rate) can be observed if these favorable conditions are met [5]. Hence, it becomes possible to consider individualizing therapy in patients post chemotherapy based on these prognostic factors.

The relapse potential after surgery for advanced disease is related to 3 major variables. (1) The site of the disease (mediastinal vs. retroperitoneal vs. pulmonary). (2) The histology of the primary disease (teratomatous and/or non germ cell elements vs. none) and (3) Bulk of the disease (massive vs. moderate vs. small) [1].

Indications for Cytoreductive Surgery after Chemotherapy

Two different groups of patients need to be considered. The first group are those who have had a partial remission with primary therapy. The second group are those who once had a complete remission after primary chemotherapy, but who relapsed and then achieved a partial remission after salvage chemotherapy.

The first group who do not have complete remission on abdominal CAT scan or on abdominal ultrasound after chemotherapy are considered as candidates for radical retroperitoneal lymph node dissection. If the residual mass is high in the abdomen and extends into the retrocrural area or apparently involves the diaphragm and has extension into the chest, a combined abdominal and thoracic approach is indicated [10]. Depending upon the circumstances of the individual case, either a thoracoabdominal incision or a median sternotomy in combination with midline abdominal incision is used. When patients have residual unilateral chest disease, incision alone is sufficient assuming that the abdominal findings have completely normalized or were normal initially. If bilateral chest disease is present particularly in the posterior mediastinum, separate thoracotomy incision may be indicated. If the bilateral chest disease is in any other location, adequate exposure can frequently be obtained through a median sternotomy. Any of these approaches can be used in combination with a midline abdominal incision if there is residual disease in the abdomen.

If any patient in this group, having undergone primary cytoreductive chemotherapy, has a persistently elevated serum marker, AFP or Beta-HCG, he ist treated with salvage chemotherapy rather than surgical resection based upon the knowledge that there is still active disease present [5].

The second set of patients are those who have undergone salvage chemotherapy. The same indications for surgery are used in this set of patients; that is, they would have evidence of only a partial remission. Again, in general, if the patient had an elevated AFP or Beta-HCG, he would be a candidate for further chemotherapy rather than surgical treatment. There are occasional exceptions to this rule if the patient has exhausted all chemotherapeutic regimens which have any likelihood of success and has a limited focus of disease deemed resectable. Table 1 summarizes the indications for surgery.

The technical options of the retroperitoneal node dissection have been thoroughly described in the past [2-4]. A full bilateral retroperitoneal lymph node dissection is indicated in most cases. Tissue analysis from full RPLND specimens confirms the diverse nature of histologic change in these patients who have had widespread metastatic disease [9, 11, 17]. Therefore, a simple 'lumpectomy' is a dangerous practice, as it risks missing tumor elsewhere in the retroperitoneum.

Discussion

There is wide spread disagreement, particularly between U.S. and European groups, between the definition of advanced disease in practical terms regarding of use of primary surgery. For purposes of this discussion, we shall focus on advanced disease as primarily postchemotherapy surgery. It must be noted somewhere many Europeans and most medical oncologists in particular feel that advanced disease represents *anything* that is clinically positive, even if very low volume. For example, clinical Stage II would be considered advanced disease by many. Therefore, the patient would be referred for primary chemotherapy in any case, even if his low volume nodal disease was easily resected by RPLND. In the United States, in contrast, many patients presenting with low volume clinical Stage II disease are well resected primarily with RPLND (with or without nerve sparing techniques) and then referred for either observation only or adjuvant chemotherapy. It is clear that RPLND per se can control local recurrence in the retroperitoneum and, even in the presence of multiple nodal deposits, can be associated with freedom from any retroperitoneal relapse. This combined with brief adjuvant chemotherapy represents a very effective tool in the management of resected low volume clinical Stage II disease. Relapse is eliminated; also duration and morbidity of treatment is less.

But depending on the traditions and practice patterns in the area, other patients with similar easily resectable clinical Stage II disease may be all subjected to primary chemotherapy in lieu of the primary RPLND surgery. The same analogy will apply to those patients as noted in the earlier discussion. Those with a complete remission are generally followed expectantly and those with a partial remission are generally resected with postchemo-

Table 1. Indications for surgery after chemotherapy

Finding	RPLND	Thoracotomy	Median sternotomy
Residual abd. mass on CAT or Ultrasound	+		
Retrocrural mass on CAT	+	+/0	+/0
Unilateral parenchymal mass on WLT		+	
Unilateral mediastinal mass on WLT		+	
Bilateral parenchymal or mediastinal masses			+
Elevated Serum AFP	0	0	0
Elevated Serum BHCG	0	0	0

therapy RPLND. Some with complete remission may still have RPLND surgery because of the findings of teratoma in their primary testis tumor on the chance the may harbor occult nodal tumor [12]. This relatively extreme position, however, is not shared by most urologic surgeons.

The question 'What ist the cut off and the definition of lower volume clinical Stage II disease suitable for primary RPLND surgery?' The answer in the U.S. is somewhere in the range of 3 to 5 centimeters diameter nodal disease. Others would limit primary RPLND surgery who are less than 2.5 centimeters in greatest diameter and presumable fewer than 5 nodes (i.e. Stage II A). Finally, others feel that any evidence of clinical disease is enough to warrant primary chemotherapy. There remains the difference of opinion largely between U.S. and British oncologists. The U.S. group recognizes the positive impact of our RPLND surgery and controlling local retroperitoneal disease, shortening the overall treatment program, and now, with the advent nervesparing techniques, limiting the morbidity of RPLND surgery itself. On the other hand, such information is unlikely to disuade medical oncologists who remain committed to treatment of any measureable metastatic germ cell tumor with primary chemotherapy. They maintain that those who fail to achieve complete remission can be resected later. They also assume the added burden of unknown long term toxicity by wider application of primary chemotherapy; but they feel all of this remains to be seen, however.

Everyone who has received chemotherapy for any measureable germ cell tumor must be evaluated following consolidation and completion of chemotherapy for any radiographic evidence of clinical disease. The question remains, should all of them be operated on to rule out the occasional few, who will have microscopic disease? Most busy oncology centers feel that this approach subjects too many patients to unnecessary surgery. But there are a few interesting reports suggesting that if there was teratoma in the primary tumor, the risk for developing subsequent teratoma from a presently occult focus is significant enough to warrant exploration [4, 10]. The data for this wide application for RPLND surgery in all who have received primary chemotherapy is not strong enough to make this a mandate however. Most agree, however, that a partial remission with any teratoma in the primary is certainly a candidate for RPLND surgery.

An interesting discussion on the extent of surgery remains in progress. A radical bilateral suprahilar dissection for all patients has evolved into a more modified infrahilar template for most patients. Nonetheless, those with bulky disease in and around the renal hilum clearly deserve suprahilar dissection in order to achieve adequate margins. It is also recognized that most suprahilar extension of tumor is now retrocrural and this is the pathway to the posterior mediastinum from bulky metastatic retroperitoneal tumors. With the advent of excellent imaging, the third and fourth generation CT scanners have obviated many of the difficulties in clinical staging. In years past, we encouraged wide application of templates in the absence of good CT scans. Today the surgical boundaries can be more individualized practical templates of dissection.

One of the most interesting developments in RPLND surgery is the application of *nerve sparing techniques* which can be applied even to a young man in the postchemotherapy setting. It is recognized that testicular function will recover after 24 to 36 months following platinum based combination programs. Therefore, every effort should be made to promote ejaculation in young men who might otherwise be rendered infertile by wide, but unnecessarily agressive dissection. Therefore, there is a growing awareness of the most potential of individualization of therapy in young men post chemotherapy particularly with nerve sparing techniques in mind.

The histology of the primary testis tumor plays a role in the decision making regarding postchemotherapy RPLND surgery. If there was pure seminoma, most are willing to follow a partial remission if there is no evidence of progression clinically. But, if there is little evidence of response and the tumor remains large, there is some disturbing evidence that additional therapy is required. Some groups have radiated the persistent seminoma, and others have dissected it. While the great majority of patients will reveal necrosis only in such specimens, those with larger and less responsive seminoma have significantly greater risk for persistent, refractory malignant tumor (seminoma). Another histologic subset is the pure embryonal carcinoma (MTU). As noted earlier, we are more willing to follow a partial response provided it has resolved readiographically for the most part (90 %) and the patient is compliant and marker negative [4]. However, we are aware of at least a couple of subsequent relapses in patients who met these criteria, so these comments are made with the caveat that any partial remission is treacherous and must be followed closely.

References

1   Birch R, Williams SD, Cone A, Einhorn LH, Roark P, Turner S, Greco FA: Prognostic factors for favorable outcome in disseminated germ cell tumors. J Clin Oncol 1986; 4:400.

2   Donohue JP, Einhorn LH, Williams SD: Cytoreductive surgery for metastatic testis cancer: considerations on timing and extent. J Urol 1980;123:876.

3   Donohue JP, Roth LM, Zachary JM, Rowland RG, Einhorn LH, Williams SG: Cytoreductive surgery for metastatic testis cancer: tissue analysis of retroperitoneal masses after chemotherapy. J Urol 1982;127:1111.

4   Donohue JP, Rowland RG, Kopecky K, Steidle CP, Geier G, Neg KG, Einhorn LH, Williams SD: Correlation of computerized tomographic changes and histological findings in 80 patients having radical retroperitoneal lymph node dissection after chemotherapy for testis cancer. J Urol 1987;137:1176.

5   Einhorn LH, Donohue JP: Cisdiamminedichloroplatinum, vinblastine and bleomycin combination chemotherapy in disseminated testicular cancer. Ann Intern Med 1987;87:239.

6   Dros JP, Kramar A, Ghosn M, Piot G, Rey A, Theodore C, Wibault P, Court BH, Perrin JL, Travagli JP, Bellet D, Caillaud JM, Pico JL, Hayat M: Prognostic factors in advanced nonseminomatous testicular cancer. Cancer 1988;62:108.

7   Friedman EL, Garnick MB, Stomper PC, Mauch PM; Harrington DP, Richie JP: Therapeutic guidelines and results in advanced seminoma. J Clin Oncol 1985;3:1325.

8   Gelderman WAH, Koops HS, Sleijfer DT, Oosterhuis JW, VanDer Heide JNH, Mulder NH, Marrink J, DeBruyne HWA, Oldhoff J: Results of adjuvant surgery in patients tumors after cisplatin-vinblastine-bleomycin chemotherapy. J Surg Oncol 1988;38:227.

9   Husband JE, Hawkes DJ, Peckham MJ: CT estimations of mean attenuation values and volume in testicular tumors: a comparison with surgical and histologic findings. Radiology 1982;144:553.

10 Loehrer PJ, Mandelbaum I, Hue S, Clark S, Einhorn LH, Williams SD, Donohue JP: Resection of thoracic and abdominal teratoma in patients after cisplatin based chemotherapy for germ cell tumor. J Thor Cardiol Surg 1986;92:676.

11 Loehrer PJ, Hue S, Clar S, Seal M, Einhorn LH, Williams SD, Ulbright T, Mandelbaum I, Rowland R, Donohue JP: Teratoma following cisplatin-based combination chemotherapy for nonseminomatous germ cell tumors: A clincopathological correlation. J Urol 1986;135:1183.

12 Logothesis CJ, Samuels ML, Trindade A, Johnson DE: The growing teratoma syndrome. Cancer 1982;50:1629.

13 Motzer R, Bosl G, Heelan R, Fair W, Whitmore W, Sagoni P, Herr H, Morse M: Residual mass: An indication for further therapy in patients with advanced seminoma following systemic chemotherapy. J Clin Oncol 1987;5:1064.

14 Stanton FG, Bosl GJ, Whitmore WF, Herr HS, Sagoni P, Morse M, Golbey RB: VAB-6 as initial treatment of patients with advanced seminoma. J Clin Oncol 1985; 3:336.

15 Stomper PC, Jochelson MS, Garnick MB, Richie JP: Residual abdominal masses after chemotherapy for nonseminomatous testicular cancer: Correlation of CT and histology. Am Roentgen Ray Soc 1985;145:743.

16 Stoter G, Sylvester R, Sleyfer DT, Bokkel Huinink WW, Kaye SB, Jones WG, Van Oosteromm AT, Vendrik CPJ, Spaander P, dePauw M: Multivariate analysis of prognostic factors in patients with disseminated nonseminomatous testicular cancer: results from a European organization for research on treatment of cancer multiinstitutional phase III study. Can Res 1987;47:2714.

17   Suurmeijer AJH, Oosterhuis JW, Sleijfer DT, Koops SH, Fleuren GH: Nonsemino-
     matous germ cell tumors of the testis: morphology of retroperitoneal lymph node
     metastases after chemotherapy. Eur J Cancer Clin Oncol 1984;20:727.

J.P. Donohue, MD, Dept. of Urology, Indiana University School of Medicine,
Indianapolis, IN, 46223 (USA)

Beitr Onkol. Basel, Karger, 1990, vol 40, pp 251–263.

Salvage-Chemotherapie bei Hodentumoren

A. Harstrick, H.-J. Schmoll, H. Wilke

Medizinische Hochschule Hannover (Hämatologie/Onkologie), Hannover, BRD

Einleitung

Maligne Keimzelltumoren sind eine seltene Erkrankung mit einer Inzidenz von ca. 5/100 000 in den westlichen Industrieländern [1]. Dennoch hat gerade diese Tumorentität aus zwei Gründen großes Interesse bei den medizinischen Onkologen und den Urologen gefunden. Zum einen sind die Keimzelltumoren die häufigste bösartige Erkrankung der jungen Männer im Alter von 20 bis 40 Jahren und zum anderen sind sie auf Grund ihrer hohen Chemotherapiesensibilität geradezu zum Paradebeispiel für eine kurativ behandelbare, maligne Erkrankung geworden. Das Ansprechen auf Cisplatin-haltige Chemotherapieprotokolle ist stadienabhängig. So sind bei Patienten mit limitierter Metastasierung («minimal» und «moderate» nach der Indiana-University-Klassifikation [2]) bei 85–95 % komplette Remissionen zu erzielen; die Rezidivrate in dieser Gruppe liegt bei 5–8 % [3–7]. Bei weit fortgeschrittener Erkrankung sind die Therapieergebnisse deutlich schlechter; komplette Remissionen sind hier nur noch bei 40–70 % der Patienten zu erwarten, die Rezidivrate liegt bei über 10 % [8–10].

Insgesamt bedeutet dies, daß ca. 20 % der Patienten mit malignen Keimzelltumoren durch die erste Chemotherapie nicht geheilt werden und somit einer sogenannten «Salvage-Therapie» bedürfen.

Da es mittlerweile als medizinischer Standard gelten dürfte, daß Patienten mit metastasierten Keimzelltumoren eine Cisplatin-haltige Kombination in der Primärtherapie erhalten, sollen im folgenden nur die Studien analysiert werden, bei denen zumindest die Mehrzahl der Patienten mit Cisplatin vorbehandelt war. Bei der Beurteilung aller Rezidivtherapien ist es wichtig, genau die behandelte Patientenpopulation zu betrachten. Hierbei ist es von entscheidender Bedeutung, zu unterscheiden, ob es sich bei den Patienten wirklich um Cisplatin-refraktäre (Progreß unter oder Rezidiv innerhalb 4 Wochen nach Cisplatin-haltiger Therapie) handelt oder um Patienten, die nach einer längeren Therapiepause rezidiviert sind. Gerade dieses Ansprechen auf die Primärtherapie scheint nämlich der entscheidende prognostische Faktor für den Erfolg einer Rezidivtherapie zu sein, so daß durch Patientenselektion die Resultate einer Salvage-Therapie erheblich in die eine oder andere Richtung beeinflußt werden können. Grundsätzlich sollte daher bei Rezidivtherapiestudien eine Einteilung der Patienten gemäß ihrem Ansprechen auf die Primärtherapie in «favorable response» und «unfavorable response» vorgenommen werden (Tab. 1). Neben diesem Ansprechen auf die Primärtherapie gibt es noch einige andere wichtige Patientencharakteristika, die den Erfolg einer Rezidivtherapie beeinflussen können und die daher immer bei der Analyse von entsprechenden Studien beachtet werden müssen (Tab. 2).

Monoaktivität

Tabelle 3 faßt die Substanzen zusammen, die an ausreichend großen Patientenkollektiven in krankheitsorientierten Phase-II-Studien bei Cisplatin-vorbehandelten Patienten untersucht wurden. Von den untersuchten Substanzen waren 5 Medikamente in der Lage, bei größtenteils Cisplatin-refraktären Patienten objektive Remissionen zu erzielen: Etoposid,

Tabelle 1. «Favorable» und «unfavorable response»

«Favorable response»

- Chemisch induzierte komplette Remission
- Komplette Remission nach Chemotherapie und nachfolgender Resektion von Nekrosen oder reifem Teratom
- Irresektable residuelle Tumoren nach Chemotherapie aber Normalisierung zuvor erhöhter Tumormarker für mindestens 8 Wochen (sog. PRm–).

«Unfavorable response»

- Progreß unter Chemotherapie
- Markerpositive Remission (d.h. Verkleinerung von Metastasen und Absinken, aber keine Normalisierung von Tumormarkern unter adäquat dosierter Chemotherapie)
- Frührezidiv (erneutes Auftreten von Metastasen oder erneuter Markeranstieg < 4 Wochen nach Therapieende)

Ifosfamid, Carboplatin, Vindesin und Epidoxorubicin [11 – 18, 49]. Komplette Remissionen konnten allerdings nur durch Etoposid und Ifosfamid bei einem sehr kleinen Prozentsatz der Patienten erreicht werden. Die Remissionsdauer war bei allen Substanzen extrem kurz und lag im Median bei 2 – 4 Monaten. Neben Etoposid und Ifosfamid zeigten auch Carboplatin in Standarddosierung, Vindesin sowie hochdosiertes Epidoxorubicin eine marginale Aktivität.

Die übrigen getesteten Substanzen erwiesen sich als komplett unwirksam [19 – 26].

Eine kürzlich publizierte Studie scheint eine Schedule-Abhängigkeit von Etoposid anzuzeigen. So konnte Miller bei 17 Patienten, von denen die meisten mit konventionellen Etoposidregimen vorbehandelt waren, noch

Tabelle 2. Faktoren, die das Ansprechen auf eine Rezidivtherapie beeinflussen

Qualität der Remission nach Primärtherapie!
Tumorausdehnung zu Beginn der Rezidivtherapie
Dosisreduktion:
– verminderte Knochenmarkreserve
– eingeschränkte Nierenfunktion
– Neurotoxizität (z. B. nach Cisplatin-Vortherapie)
– Lungenfunktionsstörung (z. B. nach Bleomycin-Vortherapie)
Allgemeinzustand
Motivation und Krankheitseinsicht des Patienten

Tabelle 3. Monoaktivität nach Cisplatin-haltiger Vorbehandlung

Substanz	Studien	Patienten	CR	PR	Literatur
Etoposid	3	91	4 (4 %)	16 (18 %)	[11 – 13]
Ifosfamid	2	117	2 (2 %)	22 (14 %)	[14, 49]
Carboplatin (JM8)	1	22	–	2 (9 %)	[15]
Epidoxorubicin	2	32	–	4 (12 %)	[16, 17]
Mitoxantron	2	22	–	–	[18, 19]
Iproplatin (JM9)	2	34	–	1 (3 %)	[20, 21]
m-AMSA	2	22	–	–	[22, 23]
Vindesin	1	20	–	3 (15 %)	[24]
Mitoguazone	1	14	–	–	[25]
Diamminecyclohexanplatin	1	9	–	–	[26]
Etoposid p.o. kont.	1	17	–	3 (18 %)	[27]

bei 3 Patienten eine objektive Remission durch orale Dauertherapie erzielen [27]. Dieser interessante palliative Therapieansatz muß aber noch in weiteren Studien bestätigt werden.

Ausgehend von diesen Monoaktivitäten haben 3 Substanzen bislang Eingang in Kombinationsprotokolle zur Rezidivtherapie gefunden: Etoposid, Ifosfamid und seit neuestem Carboplatin in allerdings ultrahoher Dosierung.

Cisplatin/Etoposid-Kombinationen

Auf Grund seiner vielversprechenden Monoaktivität und weitgehend fehlenden Organtoxizität wurde Etoposid von mehreren Arbeitsgruppen in Kombination mit Cisplatin in der Rezidivtherapie von Keimzelltumoren getestet. Von einigen Arbeitsgruppen wurde außerdem Bleomycin oder Doxorubicin als drittes, bzw. viertes Medikament zu dieser Zweier-Kombination gegeben, ohne daß die Addition dieser beiden Substanzen einen entscheidenden Einfluß auf die Therapieresultate zu haben scheint. Die Ergebnisse dieser Protokolle sind in Tabelle 4 zusammengefaßt. Williams erreichte bei 14/30 Patienten (= 47 %) mit Cisplatin + Etoposid (± Doxorubicin ± Bleomycin) erneut komplette Remissionen. Betrachtet man allerdings nur die Patienten, die mit Cisplatin vorbehandelt waren, so ergeben

Tabelle 4. Cisplatin / Etoposid-Kombinationen

Regime	Patienten	CR / NED	Rezidive aus CR/NED	Literatur
DDP + VP (± ADM, BLM)	30	14 (47 %)	6 (43 %)	[28]
DDP + VP	18	8 (47 %)	4 (50 %)	[29]
DDP + VP	45	8 (18 %)	4 (50 %)	[30]
DDP + VP (± ADM, BLM)	18	5 (28 %)	n.s.	[31]
DDP + VP (± ADM, BLM)	44	19 (43 %)	9 (47 %)	[32]
DDP + VP (± BLM)	26	6 (23 %)	4 (66 %)	[33]
DDP* + VP	12	5 (42 %)	4 (80 %)	[34]
Gesamt	193	65 (34%)	31 (48 %)	

*Hochdosiertes Cisplatin (40 mg/m^2 i.v. d 1–5)

DDP = Cisplatin; VP = Etoposid; ADM = Doxorubicin; BLM = Bleomycin; n.s. = nicht berichtet sich 10 komplette Remissionen bei 25 Patienten (40 %) [28]. Pizzocaro erreichte mit der Zweier-Kombination Cisplatin/Etoposid bei 18 mit Cisplatin/Vinblastin/Bleomycin vorbehandelten Patienten 8 (=47 %) komplette Remissionen [29]. Eine etwas niedrigere Remissionsrate berichtete Bosl. Nach VAB 6 oder PVB Vorbehandlung konnte er mit Etoposid und Cisplatin noch 8 komplette Remissionen (= 18 %) bei 45 Patienten erzielen [30]. In dieser Studie wurde auch erstmals auf die Bedeutung des Ansprechens auf die Primärtherapie für den Response nach Rezidivtherapie hingewiesen. So erreichten von den 17 Patienten mit kompletter Remission nach Primärtherapie 8 (= 47 %) eine erneute CR, während bei 28 Patienten, die unter Primärtherapie nicht tumorfrei geworden waren auch mit Cisplatin/Etoposid keine komplette Remission erreicht werden konnte.

Vergleichbare Ergebnisse mit Cisplatin/Etoposid-Regimen wurden von Lederman (5/18 CR = 28 %), Hainsworth (19/44 CR = 43 %) und Hansen (6/26 CR = 23 %) berichtet [31 – 33]. Bei all diesen Studien konnte ebenfalls gezeigt werden, daß vor allem die Patienten eine erneute komplette Remission erreichen, die schon in der Primärtherapie einen «favorable response» gezeigt hatten.

In der Studie von Trump wurde versucht, durch eine Verdoppelung der Cisplatindosis auf 200 mg/m^2/Zyklus die Wirksamkeit zu steigern. Allerdings konnte mit dieser intensiven Therapie nur bei 5/12 Patienten eine komplette Remission erreicht werden, so daß sich hier keine eindeutigen Vorteile gegenüber Cisplatin in Standarddosen abzeichnen [34].

Wenn auch die initialen Therapieergebnisse relativ erfolgversprechend waren mit 25 – 40 % erneuten kompletten Remissionen, so waren die Langzeitergebnisse insgesamt enttäuschend. Bei allen Studien lag die Rezidivrate aus kompletter Remission bei über 50 %, so daß letztendlich nur 15 – 20 % der Patienten nach Salvage-Therapie mit Cisplatin und Etoposid wirklich tumorfrei blieben. Die logische Konsequenz war es, diese als prinzipiell wirksam erkannte Zweier-Kombination durch ein drittes Medikament mit dokumentierter Monoaktivität, nämlich Ifosfamid, zu erweitern.

Cisplatin/Etoposid/Ifosfamid-Kombinationen

Die Aktivität der Dreier-Kombination Cisplatin/Etoposid/Ifosfamid bei mit Cisplatin vorbehandelten Patienten ist von mehreren Arbeitsgruppen intensiv untersucht worden. Tabelle 5 faßt die bisher publizierten Ergebnisse zusammen. Loehrer et al. berichteten 1986 über 16 komplette

Remissionen bei 48 Patienten; trotz der Aufschlüsselung in drei prognosti-sche Subgruppen ist der Status der Patienten (Rezidiv oder refraktär) aber nicht klar. Auffällig ist allerdings, daß nur 4/16 Patienten mit kompletter Remission in die Gruppe «unfavorable response», nämlich markerpositive partielle Remission nach Primärtherapie, fallen [35]. In einer Nachfolgepu-blikation 1988 berichtet die gleiche Arbeitsgruppe über 20 komplette Remissionen bei 56 Patienten. In dieser Publikation wird allerdings aus-drücklich erwähnt, daß Cisplatin-refraktäre Patienten von dem Salvage-Protokoll ausgeschlossen wurden; bei einem Teil der Patienten wurde au-ßerdem Etoposid durch Vinblastin ersetzt [36]. Bei beiden Studien ist die Rezidivrate aus CR mit 56 % (9/16) bzw. 55 % (11/20) sehr hoch.

Cooper berichtete die Erfahrungen des Memorial Sloan Kettering Cancer Center. Von 29 Patienten, die mit mindestens 2 Cisplatin-haltigen Regimen vorbehandelt waren, erreichten 6 (= 21 %) eine erneute komplette Remission [37].

Wesentlich bessere Ergebnisse wurden von der Gruppe um Pizzocaro in Mailand berichtet. Bei 27 mit PVB oder PEB vorbehandelten Patienten konnte bei insgesamt 17 (= 63 %) erneut Tumorfreiheit erzielt werden. Nach einer medianen Nachbeobachtungszeit von 24 Monaten waren 15 (= 55 %) kontinuierlich tumorfrei (38). Vor allem die ausgesprochen nied-rige Rezidivrate (2/17 = 12 %) unterscheidet sich hier deutlich von übrigen Studien.

An der Medizinischen Hochschule Hannover und kooperierenden Kliniken wurden bisher 30 Patienten nach Cisplatin-haltiger Vortherapie

Tabelle 5. Cisplatin/Etoposid/Ifosfamid-Kombinationen

Regime	Patienten	CR / NED	Rezidive aus CR / NED	Literatur
DDP + VP + IFO*	48	16 (33 %)	9 (56 %)	[35]
DDP + VP + IFO*	56	20 (36 %)	11 (55 %)	[36]
DDP + VP + IFO	29	6 (21 %)	n.s.	[37]
DDP + VP + IFO	27	17 (63 %)	2 (12 %)	[38]
DDP + VP + IFO	30	10 (33 %)	9 (90 %)	[39]
DDP$^+$ + VP + IFO	19	8 (42 %)	n.s.	[40]
Gesamt	209	77 (37 %)	31 (49 %)	

* zum Teil entsprechen sich die Patientenkollektive der beiden Publikationen
$^+$ Hochdosiertes Cisplatin (40 mg/m^2/d; d 1 – 5)

mit Cisplatin/Etoposid/Ifosfamid behandelt. Bei 10/30 Patienten (= 33 %) konnte eine erneute komplette Remission erreicht werden, allerdings war die komplette Remission nur bei 1 Patienten anhaltend; die übrigen 9 Patienten rezidivierten nach einer medianen Remissionsdauer von 3,5 Monaten [39]. Auch in dieser Studie konnte gezeigt werden, daß vor allem das Ansprechen auf die Primärtherapie der entscheidende prognostische Faktor ist. Von 19 Patienten mit «favorable response» nach Primärtherapie erreichten 9 (47 %) eine erneute CR, im Gegensatz von nur 1 CR (9 %) bei 11 Patienten «unfavorable response». In einer univariaten Analyse war das Ansprechen auf Primärtherapie sogar der einzige signifikante Prognosefaktor (Tab. 6).

Wie schon bei der Zweier-Kombination mit Etoposid und Cisplatin scheint auch bei der Dreier-Kombination eine Intensivierung der Cisplatin-Dosis keine signifikante Verbesserung der Ergebnisse zu bringen. Ghosn erreichte mit einer Hochdosis-Platintherapie (200 mg/m^2/Zyklus) 8 komplette Remissionen bei 19 Patienten (42 %) [40].

Um die prognostische Signifikanz des Ansprechens auf die Primärtherapie hinsichtlich der Erfolgsaussichten einer Rezidivtherapie nochmals zu unterstreichen, sind in Tabelle 7 die Studien, die über den Status der Patienten vor «Salvage-Therapie» detailiert Auskunft geben, getrennt nach

Tabelle 6. PEI Salvage MHH. Therapieergebnisse in Abhängigkeit von Prognosefaktoren

	CR/NED	p-Value
Vortherapie mit		
+ Etoposid	6/20 (30 %)	
− Etoposid	4/10 (40 %)	n.s.
Vortherapie mit		
+ Ifosfamid	4/12 (33 %)	
− Ifosfamid	4/18 (22 %)	n.s.
Stadium bei Erstdiagnose		
«minimal/moderate»	7/15 (47 %)	
«advanced»	3/15 (20 %)	n.s.
Stadium bei Therapiebeginn mit PEI		
«minimal/moderate»	7/16 (44 %)	
«advanced»	3/14 (21 %)	n.s.
Ansprechen auf Primärtherapie		
CR/NED	8/14 (57 %)	
PRm+/PD	1/11 (9 %)	0,039

Tabelle 7. Therapieergebnisse der Rezidivtherapie in Abhängigkeit von Ansprechen auf die Primärtherapie (CR-Rate)

Regime	Ansprechen auf Primärtherapie		Literatur
	«favorable response»	«unfavorable response»	
DDP + VP	8 / 17 (47 %)	0 / 28 (0 %)	[30]
DDP + VP (+ BLM)	6 / 12 (50 %)	0 / 14 (0 %)	[33]
DDP + VP	7 / 10 (70 %)	1 / 8 (12 %)	[29]
DDP + VP (± ADM, BLM)	3 / 10 (30 %)	2 / 8 (24 %)	[31]
DDP + VP (± ADM, BLM)	12 / 21 (57 %)	7 / 23 (30 %)	[32]
DDP + VP + IFO	9 / 19 (47 %)	1 / 11 (9 %)	[39]
DDP + VP + IFO	17 / 20 (85 %)	0 / 7 (0 %)	[38]
Gesamt	62 / 109 (57 %)	11 / 99 (11 %)	

den entsprechenden Untergruppen analysiert. Bei allen Studien zeigt sich ein signifikant besseres Ansprechen für Patienten mit initialem «favorable response» gegenüber Patienten mit «unfavorable response» nach Primärtherapie.

Hochdosistherapie mit autologem Knochenmarks-«rescue»

Nachdem die Eskalation der Cisplatindosis in der Kombination mit Etoposid oder Etoposid/Ifosfamid zu keiner signifikanten Verbesserung der Ergebnisse geführt hatte, wurde von verschiedenen Arbeitsgruppen versucht, durch Dosisintensivierung von anderen Substanzen wie Etoposid oder Carboplatin zu besseren Therapieresultaten zu kommen. Da die dosislimitierende Toxizität bei diesen Substanzen die Myelosuppression ist, ist ein autologer Knochenmarks-«rescue» mit den gleichen supportiven Maßnahmen wie bei allogenen Knochenmarkstransplantationen Voraussetzung für diese Hochdosistherapien.

Tabelle 8 faßt die Resultate zusammen. Die ersten Ergebnisse mit Hochdosis-Etoposid allein oder in Kombination mit hochdosiertem Cyclophosphamid waren wenig optimistisch. Faßt man die drei Studien von Mulder, Wolff und Blijham zusammen, so wurde zwar bei 8/35 Patienten (23 %) eine komplette Remission induziert, allerdings kam es bei 7/8 Patienten zu einem erneuten Rezidiv; die Remissionsdauer betrug nur 3 – 4 Monate [41 – 43].

Deutlich bessere Therapieresultate wurden erst durch die Addition von hochdosiertem Cisplatin oder Carboplatin zu dem ultrahohen Etoposid erreicht. In der Studie des Institut Gustave-Roussy erreichten 8/19 Patienten (42 %) nach Hochdosistherapie mit Cisplatin, Hochdosis Etoposid und Hochdosis Cyclophosphamid eine komplette Remission [44]. 4 der 8 Remissionen dauern nach 45, 48, 49 und 51 Monaten an und diese Patienten sind wahrscheinlich geheilt. Wie bei der konventionell dosierten Rezidivtherapie scheinen auch hier vor allem die Patienten mit initial gutem Ansprechen zu profitieren. So überlebte in dieser Studie keiner von 12 Patienten mit initialem «unfavorable response» 18 Monate im Vergleich zu 4/7 Patienten mit «favorable response» nach Primärtherapie.

Die Kombination von Hochdosis-Carboplatin und Hochdosis-Etoposid scheint ähnlich gute Resultate erzielen zu können. Die berichteten Raten an kompletten Remissionen liegen zwischen 10 und 25 % [45–47].

Biron erreichte in seiner Studie, in der nur Patienten mit erneutem Ansprechen auf konventionell dosierte Chemotherapie aufgenommen wurden, sogar 7/8 komplette Remissionen [48]. Auffällig ist, daß in allen Studien trotz intensiver Vorbehandlung einige Patienten länger als 12 Monate tumorfrei leben und wahrscheinlich geheilt sind, was bei diesen schwerst vorbehandelten Patienten sicher als gutes Therapieresultat zu werten ist. Allerdings dürfen diese ermutigenden Daten nicht darüber hinweg täuschen, daß es sich bei diesen Hochdosisprotokollen um ausgeprägt toxische Therapieformen mit einer therapiebedingten Letalität von 10–25 % handelt.

Tabelle 8. Hochdosistherapie + autologer Knochenmarkrescue bei Cisplatin-vorbehandelten Keimzelltumoren

Regime	Patienten	CR/NED	Rezidive aus CR/NED	Literatur
VP	11	2 (18 %)	2 (100 %)	[42]
VP+CYC	11	2 (18 %)	1 (50 %)	[41]
VP+CYC (+BCNU)	13	4 (31 %)	4 (100 %)	[43]
VP+DDP+CYC	19	9 (47 %)	4 (44 %)	[44]
VP+DDP+IFO	8	7 (87 %)	1 (13 %)	[48]
VP+JM8	32	8 (25 %)	4 (50 %)	[45]
VP+JM8	8	2 (25 %)	1 (50 %)	[46]
VP+JM8+CYC	10	1 (10 %)	n.s.	[47]

DDP = Cisplatin; JM8 = Carboplatin; VP = Etoposid; CYC = Cyclophosphamid;
IFO = Ifosfamid

Schlußfolgerungen

Die Therapieergebnisse von Patienten mit malignen Keimzelltumoren, die nach einer adäquat dosierten, Cisplatin-haltigen Primärtherapie nicht tumorfrei werden oder nach initialem Ansprechen rezidivieren, sind weiterhin unbefriedigend. In der Monotherapie sind nur Etoposid und Ifosfamid in der Lage, komplette Remissionen von allerdings kurzer Dauer zu erzielen.

Von den Kombinationsprotokollen muß die Dreier-Kombination Cisplatin/Etoposid/Ifosfamid momentan als Standard-Rezidivtherapie angesehen werden. Ungefähr 1/3 der Patienten wird hiermit eine erneute komplette Remission erreichen; die zu erwartende Rezidivrate liegt allerdings bei über 50 %, so daß auch mit diesem Regime nur maximal 15 – 20 % der Patienten längerfristig tumorfrei bleiben werden. Das Ansprechen auf die Primärtherapie ist dabei der wichtigste Prognosefaktor für das Ansprechen auf die Rezidivtherapie; Patienten mit «unfavorable response» nach Primärtherapie werden kaum von einer Cisplatin-haltigen Rezidivtherapie profitieren. Dies führt zu folgenden Empfehlungen für die Therapie von Patienten mit refraktären oder rezidivierten Hodentumoren:

1. Patienten mit «favorable response» nach Primärtherapie sollten als Standard-Rezidivtherapie mit Cisplatin/Etoposid/Ifosfamid behandelt werden; ist nach 2 Zyklen kein deutliches Ansprechen erreicht (zumindest deutliche Markerreduktion > 90 %), ist eine weitere aggressive Therapie wenig erfolgsversprechend.

2. Patienten mit «unfavorable response» nach Primärtherapie oder ungenügendem Ansprechen auf die Rezidivtherapie profitieren nicht von weiteren, aggressiven Behandlungen. Diese Patienten sollten unbedingt im Rahmen laufender Phase-II-Studien zur Identifikation neuer, wirksamer Substanzen behandelt werden, da es nur so möglich sein wird, die immer noch bestehende Misere in der Rezidivtherapie von Keimzelltumoren zu bessern.

3. Die Hochdosistherapie mit autologem Knochenmarksrescue ist eine vielversprechende, aber noch experimentelle und toxische neue Behandlungsoption. Die Indikationsstellung ist nicht gesichert, allerdings scheinen auch hier vor allem Patienten zu profitieren, die noch zumindest teilweise auf konventionell dosierte Rezidivprotokolle ansprechen. Die möglichen Indikationen einer Hochdosistherapie scheinen vor allem in der Konsolidierung von zweiten Remissionen nach Rezidivtherapie sowie möglicherweise in der Initialtherapie von Patienten mit hohem Risiko zu liegen. Um den Wert der Hochdosistherapie möglichst bald definieren zu

können und angesichts der ingsesamt schlechten Langzeitprognose von Patienten mit rezidiviertem Hodentumor, ist es empfehlenswert, alle entsprechenden Patienten in Institutionen, an denen Hochdosistherapien durchgeführt werden können, vorzustellen.

Nur durch die konsequente Weiterentwicklung der bestehenden Therapieansätze in kontrollierten Studien wird es langfristig möglich sein, die immer noch sehr schlechte Prognose von Patienten mit refraktären und rezidivierten Keimzelltumoren zu verbessern.

Literatur

1 Waterhouse J, Muir C, Correa P, et al: Cancer incidence in five continents. Vol IV, Lyon, France, IARC Scientific Publications, 1982, No. 42.

2 Birch R, Williams S, Cone A, et al: Prognostic factors for favorable outcome in disseminated germ cell tumors. J Clin Oncol 1986;4:400–407.

3 Stoter G, Sleyfer DT, ten Bokkel Huinnink WW, et al: High dose vs low dose vinblastine in cisplatin-vinblastine-bleomycin combination chemotherapy of nonseminomatous testicular cancer. J Clin Oncol 1986;4:1199–1206.

4 Bosl G, Geller N, Bajorin D, et al: A randomized trial of etoposide + cisplatin vs. vinblastine + bleomycin + cisplatin + cyclophosphamide + dactinomycin in patients with good prognosis germ cell tumors. J Clin Oncol 1988;6:1231–1238.

5 Williams SD; Birch R, Einhorn LH, et al: Treatment of disseminated germ cell tumors with cisplatin, bleomycin and either vinblastine or etoposide. New Eng J Med 1987;316:1435–1440.

6 Einhorn LH, Williams SD, Loehrer PJ, Birch R, et al: Evaluation of optimal duration of chemotherapy in favorable prognosis disseminated germ cell tumors: A Southeastern Cancer Study Group Protocol. J Clin Oncol 1989;7:387–391.

7 Levi JA, Thomson D, Sandeman T, et al: A prospective study of cisplatin based combination chemotherapy in advanced germ cell malignancy: role of maintenance and long term follow up. J Clin Oncol 1988;6:1154–1160.

8 Horwich A, Brada M, Nicholls J, et al: Intensive induction chemotherapy for poor risk nonseminomatous germ cell tumors. Eur J Cancer Clin Oncol 1989;25:177–184.

9 Ozols R, Ihde DC, Linehan M, et al: A randomized trial of standard chemotherapy vs. a high dose chemotherapy regimen in the treatment of poor prognosis nonseminomatous germ cell tumors. J Clin Oncol 1988;6:1031–1040.

10 Motzer RJ, Bosl GJ, Yagoda A, Golbey R: Treatment of poor risk nonseminomatous germ cell tumor patients with carboplatin + etoposid + bleomycin. Proceedings AACR 1987;28:202.

11 Cavalli F, Klepp O, Renard J, Röhrt M, Alberto P, et al: A phase II study of oral VP-16-213 in nonseminomatous testicular cancer. Eur J Cancer 1981;17:243–249.

12 Fitzharris BM, Kaye SB, Saverymuttu S, et al: VP-16-213 as a single agent in advanced testicular tumors. Eur J Cancer 1980;16:1193–1197.

13 Bremer K, Niederle N, Krischke W, et al: Etoposide and etopside-ifosfamide therapy for refractory testicular tumors. Cancer Treat Rev 1982; 9 (suppl A):79–84.

14 Wheeler B, Loehrer PJ, Williams SD, Einhorn LH: Ifosfamide in refractory male germ cell tumors. J Clin Oncol 1986;4:28–34.

15 Motzer RJ, Bosl GJ, Tauer K, Golbey R: Phase II trial of carboplatin in patients with advanced germ cell tumors refractory to cisplatin. Cancer Treat Rep 1987;71:197–198.

16 Schultz S, Loehrer P, Williams S, Einhorn L: A phase II trial of epirubicin in salvage therapy of germ cell tumors. Proc ASCO 1987;6:99.

17 Harstrick A, Schmoll HJ, Wilke H, et al: High dose epidoxorubicin salvage therapy for refractory nonseminomatous germ cell cancer patients. Proc ECCO 1989;5:844.

18 Reynolds TF, Cvitkovic E, Golbey R, Young RB: Phase II trial of vindesine in patients with germ cell tumors. Proc. ASCO 1979;338.

19 Williams SD, Birch R, Gams R, Irwin L: Phase II trial of Mitoxantrone in refratory germ cell tumors: a trial of the Southeastern Cancer Study Group. Cancer Treat Rep 1985;69:1455–1456.

20 De Jaeger R, Cappelaere P, Armand JP, et al: An EORTC phase II study of mitoxantrone in solid tumors and lymphomas. Eur J Cancer Clin Oncol 1984;20:1369–1375.

21 Drasga RE, Williams SD, Einhorn LH, Birch R: Phase II evaluation of iproplatin in refractory germ cell tumors: a Southeastern Cancer Study Group trial. Cancer Treat Rep 1987;71:863–864.

22 Clavel M, Monfardini S, Gundersen S, et al: Phase II study of iproplatin in advanced testicular cancer progressing after prior chemotherapy. Eur J Cancer Clin Oncol 1988; 24:1345–1348.

23 Williams SD, Duncan P, Einhorn LH: Phase II study of AMSA in refractory testicular cancer. Cancer Treat Rep 1983;67:309–310.

24 De Jaeger R, Siegenthaler P, Dombernowsky P, et al: Phase II study of 4-(9 acridinylamino)-methan sulfon-m-aniside (m-AMSA). Proc AACR and ASCO 1981;22:367.

25 Chun H, Bosl G: Phase II trial of mitoguazone in patients with refractory germ cell tumors. Cancer Treat Rep 1985;69:467–468.

26 Chun H, Bosl G, Golbey RB: Phase II trial of 1,2-diaminecyclohexane-(4-carboxyphtalato) platinum in patients with refractory germ cell tumors. Cancer Treat Rep 1985;69:459–460.

27 Miller JC, Loehrer PJ, Williams SD, Einhorn LH : Phase II study of oral VP-16 in refractory germ cell tumors. Proc ASCO 1989;8:145.

28 Williams SD, Einhorn LH, Greco FA, Oldham R, Fletcher R: VP-16-213 salvage therapy for refractory germinal neoplasms. Cancer 1980;46:2154–2158.

29 Pizzocaro G, Pasi M, Salvioni R, et al: Cisplatin and etoposide salvage therapy and resection of the residual tumor in pretreated germ cell testicular cancer. Cancer 1985; 56:2399–2403.

30 Bosl GJ, Yagoda A, Golbey RB, et al: Role of etoposide-based chemotherapy in the treatment of patients with refractory of relapsing germ cell tumors. Am J Med 1985;78:423–428.

31 Lederman GS, Garnick MB, Canellos GP, Richie JP: Chemotherapy of refractory germ cell cancer with etoposide. J Clin Oncol 1983;1:706–709.

32 Hainsworth JD, Williams SD, Einhorn LH, Birch R, Greco FA: Successful treatment of resistant germinal neoplasms with VP-16-213 and cisplatin: results of a Southeastern Cancer Study Group trial. J Clin Oncol 1985;3:666–671.

33 Hansen SW, Daugaard G, Roerth M: Treatment of persistant or relapsing advanced germ cell neoplasms with cisplatin, etoposide and bleomycin. Eur J Cancer Clin Oncol 1986;22:595–599.

34   Trump DC, Hortvet L: Etoposide and very high dose cisplatin: Salvage therapy for
      patients with advanced germ cell neoplasms. Cancer Treat Rep 1985;69:259–261.
35   Loehrer PJ, Einhorn LH, Willams SD: VP-16 plus ifosfamide plus cisplatin as salvage
      therapy in refractory germ cell cancer. J Clin Oncol 1986;4:528–536.
36   Loehrer PJ, Lauer R, Roth BJ, et al: Salvage therapy in recurrent germ cell cancer:
      Ifosfamide and cisplatin plus either vinblastine or etoposide. Ann Intern Med 1988;
      109:540–546.
37   Cooper K, Bajorin D, Dmitrovsky E, et al: Salvage chemotherapy with etoposide,
      ifosfamide and cisplatin in refractory germ cell tumors. Proc ASCO 1989;8:561.
38   Salvioni R, Piva L, Pizzocaro G: A modified cisplatin plus etoposide or vinblastine
      and ifosfamide salvage therapy for germ cell testicular tumors. Proc ECCO 1989;
      5:788.
39   Harstrick A, Wilke H, LeBlanc S, et al: Cisplatin, etoposide and ifosfamide salvage
      therapy in relapsing or refractory nonseminomatous germ cell cancer. Proc ECCO
      1989;5:843.
40   Ghosn M, Droz JP, Theodore C, Pico JL: Salvage chemotherapy in refractory germ
      cell tumors with etoposide plus ifosfamide plus high dose cisplatin. Cancer 1988;
      62:2427.
41   Mulder POM, de Vries EGE, Schraffordt Koops H, et al: Chemotherapy with maxi-
      mally tolerable doses of VP-16-213 and cyclophosphamide followed by autologous
      bone marrow transplantation for the treatment of relapsed or refractory germ cell
      tumors. Eur J Cancer Clin Oncol 1988;24:675–679.
42   Wolff SN, Johnson DH, Hainsworth JD, Greco FA: High dose VP-16-213 monothe-
      rapy for refractory germinal malignancy: A phase II study. J Clin Oncol 1984;2:271–
      274.
43   Blijham G, Spitzer G, Litham J, et al: The treatment of advanced testicular carcinoma
      with high dose chemotherapy and autologous marrow support. Eur J Cancer 1981;
      17:433–441.
44   Droz JP: High dose chemotherapy for testicular cancer. Intern. Meeting at UCLA,
      May 1988.
45   Nichols CR, Tricot G, Williams SD, et al: Dose intensive chemotherapy in refractory
      germ cell cancer. A phase I/II trial of high-dose carboplatin and etoposide with auto-
      logous bone marrow transplantation. J Clin Oncol 1989;7:932–939.
46   Marangolo M, Rosti G, Leon M, et al: Very high dose carboplatin and etoposide and
      ABMT in refractory germinal cell tumor. A pilot study. Proc ASCO 1989;8:142.
47   Linkesch W, Höcker P, Kührer I: Ultra high dose chemotherapy with autologous
      bone marrow rescue in refractory germ cell tumors. Blut 1989;59:304.
48   Biron P, Brunat-Mentigny M, et al: Cisplatinum – VP-16 and ifosfamide + autologous
      bone marrow transplantation in poor prognostic nonseminomatous germ cell
      tumors. Proc ASCO 1989;8:148.
49   Scheulen ME, Niederle N, Bremer K, et al: Efficacy of ifosfamide in refractory
      malignant diseases and uroprotection by mesna: Results of a clinical phase II study
      with 151 patients. Cancer Treat Rev 1983; 10 (suppl A):93–101.

Dr. A. Harstrick, Abteilung Hämatologie/Onkologie,
Medizinische Hochschule Hannover, Konstanty-Gutschow-Str. 8,
D-3000 Hannover 61 (BRD)